旁观者道德研究

Moral Research on Bystanders

黄岩 著

人民出版社

序

　　构建社会主义和谐社会是建设中国特色社会主义的重大战略任务，它反映了建设社会主义现代化国家的内在要求，体现了全党全国各族人民的共同愿望。在构建社会主义和谐社会的征程中，道德始终发挥着极其重要的作用。正如胡锦涛同志在 2007 年 9 月 18 日在接见全国道德模范时发表的重要讲话中深刻指出的：道德力量是国家发展、社会和谐、人民幸福的重要因素。加强社会主义道德建设，倡导爱国、敬业、诚信、友善等道德规范，形成男女平等、尊老爱幼、扶贫济困、礼让宽容的人际关系，培育文明道德风尚，是社会主义精神文明建设的重要任务。

　　我国传统儒家伦理思想，非常重视和谐、仁爱、互助的道德观念。儒家创始人孔子视"爱人"为道德的根本要求，主张"己所不欲，勿施于人"，"己欲立而立人，己欲达而达人"的为人处世原则。孟子继承孔子的仁爱思想，进一步强调，人之所以异于禽兽，就在于人有"良知"，就在于人有禽兽所没有的"同情"、"怜悯"、"关心"和"慈爱"之心。我国历史上流传着"据财不能以分人者，不足与友"、"免人之死，解人之难，救人之患，济人之急者，德也"等颂扬互助精神的不朽格言。尤其是"见义勇为"、"舍生取义"的中华民族传统美德，融汇在伟大的民族精神之中，深深根植于华夏大地，生生不息、薪火相传，引导着中国社会的道德风尚。

中国共产党人历来强调互助美德,是中华民族传统美德的继承者和弘扬者。早在革命战争年代,毛泽东就指出:一个共产党员,应该"关心党和群众比关心自己为重,关心他人比关心个人为重"①。新中国成立后,我党又明确提出:"在社会公共生活中,要大力发扬社会主义人道主义精神,尊重人,关心人,特别要注意保护儿童,尊重妇女,尊敬老人,尊敬烈军属和荣誉军人,关心帮助鳏寡孤独和残疾人。"②邓小平同志曾多次强调,要在青少年中大力提倡"助人为乐"的革命风尚,培育广大青少年的集体主义精神。江泽民同志也强调,"要发扬互相帮助、互相友爱、助人为乐的集体主义精神"③。新世纪新阶段,胡锦涛同志更是明确提出要"以团结互助为荣、以损人利己为耻",这是社会主义荣辱观的一项基本要求,也是对社会主义人际关系的精辟概括。

改革开放的不断深入、现代化进程的快速推进,极大地冲击了我国传统社会那种生存空间狭小、职业划分简单、社会结构单一和社会身份稳定的状况。社会存在的多元化,使人们的价值观念、道德标准、行为取向呈现多元、多样、多变的态势。在这样的背景下,尽管植根于中华儿女心中的"见义勇为"、"舍生取义"价值取向仍然是当今中国社会风尚的主流,但不能忽视的是,在这块神圣的土地上,我们常常能从新闻报道中听到一些让人颇感不和谐的"新闻":"受骗民工挥刀自残,冷漠看客高呼再来一刀","助人为乐却被诬为'黑车'","扶起孕妇却被反咬一口"……接二连三的类似事件,让我们不禁要问,一向以礼仪之邦著称于世的中华民族究竟怎么了?

黄岩博士的专著《旁观者道德研究》一书,基于营造和谐人际关系的良好愿望,从伦理学的视角对现实社会生活中存在的不和谐因素——"旁观者"——进行了比较深入系统的研究。该书是一部时代性、理论性

---

① 《毛泽东选集》第二卷,北京:人民出版社1991年版,第361页。

② 中共中央文献研究室编:《十二大以来重要文献选编》(下),北京:人民出版社1988年版,第1182页。

③ 《农民思想政治教育读本》,北京:中国农业出版社1995年版,"序言"第1页

和实践性较强的学术著作,从选题、研究方法到框架体系的建构,都有一定的独到之处。具体来说,主要有如下方面:

其一,研究选题的针对性。当前,我们正在从传统意义上的"熟人社会"走进一个"陌生人社会"。在传统的"熟人社会",人们生于斯、长于斯,日常生活圈子狭小,每个人对其他人都是"道德警察",因而比较容易产生道德互信、道德自觉乃至道德自律。而在市场化、城市化、个体化、网络化的今天,在"没有人知道我是谁"的背景中,传统道德"图式"的合理性遇到强劲挑战,"见死不救"、"见义不为"等令人感到震惊和愤怒的现象屡见不鲜。可以说,现代旁观者的产生是现代社会发展的必然产物,也是对社会正常伦理秩序的一种挑战,它无疑不利于社会主义和谐社会的构建。本书从伦理学的视角直面旁观者产生的个体和社会化原因,积极探索将旁观者转化为见义勇为者的可行途径和方法,为形成良好的人际关系提供主体素质提升的理论支撑,具有强烈的现实性。

其二,研究方法的综合性。旁观现象的产生,无论是置他人危难而不顾,还是对不义之恶缺少起码的正义感,都是道德冷漠心态的暴露,本书选择从伦理学视角进行分析,可以说是恰到好处。但无论是社会历史文化、个体成长环境、事件发生情景还是其他看客的行动,都会对旁观者的行为产生深刻的影响。因此,对旁观现象的研究,必然要借助于不同学科的知识,乃至于实实在在的调查研究。作者在研究的过程中,运用了多学科综合研究的方法,在坚持以伦理学方法研究为主的基础上,综合运用了哲学、社会心理学、社会学、法学等多学科知识,在进行个别分析的基础上开展综合研究,较为全面地把握了旁观者的多种特征,其结论具有较强的科学性。

其三,理论分析的系统性。本书的主旨在于促进旁观者向见义勇为者的转化,但作者并不是简单地提出对策和建议,而是在厘清旁观者、勇为者与作恶者等基本概念的基础上,选择以人们道德行为形成的过程为切入点,从道德认知、道德情感、道德意志、道德行为等几个方面着手,层层深入。在每一步探讨的过程中,作者既深入分析了旁观者产生的社会和个体原因,也强调了该现象对社会以及个体可能造成的危害,在此基础上,作者再从理论和实践两个角度对旁观现象进行了深入批判,继而结合旁观现象出现的原因以及个体道德提升的规律,提出促使旁观者向勇为者转化的途径与方法。这样一种框架结构,前后连贯、逻辑严密,大大增强了全书的理论说服力。

当然,旁观现象产生的原因异常复杂,其研究的难度之大,所涉及的问题之多,远非一书数文所能穷尽,因此本书也难免存在一些不足与遗憾。如某些观点不够成熟,有些理论分析不够深入,对策设计上也存在泛化现象。

黄岩是我指导的博士研究生,在求学的坎坷道路上,他脚踏实地、静心定神、执着进取。该书是在他的博士论文基础上充实、修改而成的,也是他的第一本专著。该书的出版,既是对他过去学术研究的一个肯定,也是对他未来研究的一个鞭策。希望黄岩能够以此为契机,在今后的学术生涯中,精益求精,不断进取!

是为心愿与文序。

吴潜涛

2010 年 5 月于北京海淀区世纪城

目　录

导　论 …………………………………………………………（1）

第一章　旁观者的内涵及类型 ………………………………（19）

  第一节　"旁观者"的内涵 ………………………………（20）

  第二节　旁观者的主要类型 ……………………………（32）

第二章　旁观者的道德认知分析 ……………………………（45）

  第一节　道德认知的内涵与功能 ………………………（45）

  第二节　旁观者道德认知的支撑 ………………………（56）

  第三节　旁观者道德认知的缺失 ………………………（66）

第三章　旁观者的道德情感分析 ……………………………（79）

  第一节　道德情感的构成及功能 ………………………（80）

  第二节　旁观者的道德情感分析 ………………………（92）

  第三节　旁观者道德情感中的误区 ……………………（104）

第四章　旁观者的道德行为分析 ……………………………（113）

第一节　道德行为的构成 ……………………………………（113）

第二节　旁观者道德行为的定性分析 ………………………（129）

第三节　旁观者行为的责任认定 ……………………………（138）

第五章　旁观者道德批判 ………………………………………（151）

第一节　旁观者道德批判的理论基础 ………………………（151）

第二节　旁观者道德批判的历史考察 ………………………（163）

第六章　旁观者向敢为者转化的实践方略 ……………………（179）

第一节　实施有效的公民道德教育 …………………………（180）

第二节　弘扬见义勇为的崇高精神 …………………………（194）

第三节　强化旁观现象的舆论监督 …………………………（207）

第四节　加强道德制度建设和行为调控 ……………………（217）

结束语　走向互助和谐的道德生活 ……………………………（227）

参考文献 …………………………………………………………（234）

后　记 ……………………………………………………………（245）

导　论

贫穷与愚昧并不可怕,真正可怕的是冷漠和麻木。

————卢跃刚《大国寡民》

一、问题的提出:旁观者道德研究何以必要?

2007 年 9 月,胡锦涛在接见全国道德模范时发表的重要讲话中深刻指出,道德力量是国家发展、社会和谐、人民幸福的重要因素。加强社会主义道德建设,倡导爱国、敬业、诚信、友善等道德规范,形成男女平等、尊老爱幼、扶贫济困、礼让宽容的人际关系,培育文明道德风尚,是社会主义精神文明建设的重要任务。然而,日常生活中,人们通过新闻媒体屡屡看到关于见死不救、见义不为的报道。据 1995 年 6 月 5 日《扬子晚报》的文章统计,自 1986 年 1 月至 1993 年底,仅国内媒体披露的见死不救案例就有 1300 多起。《中国青年研究》2006 年第 2 期卷首语提道:"央视 12 频道《社会与法——道德观察》栏目播出这样一个故事,一位年轻孕妇在发现窃贼对他人行窃时,挺身而出,制止犯罪,不幸被恼羞成怒的窃贼用刀扎伤,结果失去了孩子。而当时在场的有许多人,谁也没有站出来协助孕妇,反而让窃贼逃走了。更令人不解的是,在公安机关调查的时候,那位受益人竟然拒绝为孕妇作证。遗憾的是这并不是偶然事件,这种冷漠的场面,现实中已经不再是奇闻:汽车把人撞伤了,驾车人逃之夭夭;小偷把手伸进老人的口袋,看见的人视若无睹(把头扭过去);孩子掉进水里,岸边的围观人讨价还价;流氓当街调戏妇女,众目睽睽却无人上前施救,一避了之⋯⋯同类性质的事件,从文明的大都市到城乡角落,几乎每天都在不断地发生着。在冷漠的人当中,不仅是一般公众,还经常看到警察、官员、医生等等公职人员的身影。"①近年来,随着社会公共生活的发展,关于冷漠旁观现象的报道有增无减。在各种紧急情况下,对他人危难的坐视不救,对公共利益的漠视,乃是推卸社会责任的表现。这些真实发生在我们身边的"集体围观"现象,所伤害的不仅是受害者当事人的利益,它更从某个侧面折射出社会道德风尚存在的问题。不可否认,在现实生活中,也不乏见义勇为者,但毕竟属于少数。况且那些因见义勇为而受伤,由于无钱治疗或留下身体残疾,给个人和家庭造成巨大影响的报道,救人英雄"流血又流泪"的尴尬,多少也挫伤了人们见义勇为的积极性。尽管道德或多或少要以自我牺牲为前提,但是,如果让充满着爱心的见义勇为者在流血的同时,还要付出流泪的代价,则不能不说是社会制度安排中的某种缺憾。从伦理学视角看,旁观行为的泛滥是一种极为消极的道德现象,虽然"旁观者"并没有做什么,但他们的"不作为",却是对关爱他人、崇尚正义、扬善抑恶、见义勇为等美德的挑战。这种消极的道德指标,必将严重损害人们的道德信仰,影响到社会主义和谐社会的建立,应当引起人们的高度关注和反思。

旁观现象不是单纯的现代现象,前现代社会同样存在着旁观现象,并一度引起学者的关注。在近代特定的历史背景下,我国学者梁启超、鲁迅等就曾深入剖析过旁观者的丑恶嘴脸。进入现代社会,旁观现象不仅有了更为坚实的社会基础,而且又出现了一种新的旁观者——对危害生态环境行为的旁观。当然,这并不是说前现代社会,没有针对自然的旁观现

---

① 方奕:《和谐社会拒绝冷漠》,《中国青年研究》2006 年第 2 期。

象,而是因为这种现象到现代社会才引起高度重视。自然和环境是人类共同的家园,也是我们获得幸福生活的基础。对于各种破坏生态环境的行为,如果视而不见、袖手旁观,同样是应当进行谴责的行为,甚至可以看做是犯罪者的"同谋"。无论是对他人还是对大自然,人们都没有旁观的权利。因为对他人的困难和不幸无动于衷、麻木不仁,对危害生态环境环境行为的冷漠观望,或者说"见死不救"、"见义不为",不懂得关爱他人的生命,不懂得保护生态环境的意义,乃是对正常社会伦理的极大挑战。当然,现代旁观者出现了新特征。据国外学者研究,当代旁观者大量存在与各种传媒技术的高度发达有关。人们坐在电视机前,对他人的苦难和不幸,以一种"欣赏"的态度观看,久而久之会造成同情心的弱化,对他人痛苦和不幸的冷漠。此外,剧烈的社会竞争,人们利益关系中的冲突,容易引发个人心理和行为的失常,也会造成对对手的潜在敌意。这是现代旁观者形成的主要原因。① 对于各种旁观者的存在,以往人们总是怀着某种道德义愤,对此类现象进行各种道德谴责。固然我们需要道德义愤,对社会丑恶现象要大力加以鞭挞,但道德义愤不能代替冷静的理性分析。况且单纯道义谴责是软弱无力的,对弘扬见义勇为精神没有助益。只有对此进行深刻的理论剖析,才有可能找到问题的根源,从根本上提出解决问题的对策。目前,国内外学术界对旁观者的研究,大多局限于社会心理学的分析,或者是对旁观者问题的立法研究,专门进行道德研究的成果尚不多见。实际上,无论是关于旁观者立法的讨论,还是旁观行为的社会心理分析,都无法全面深入地揭示这种现象的本质。旁观行为本质上是道德问题,应当作为伦理分析的对象。在公共生活中,人们旁观的对象总是陌生人。个人对待陌生人的态度,个人的同情心和道德感,能够反映社会公德的发展水平以及个人的人道主义情怀。要准确分析旁观者的道德问题,就必须深入分析人们对待陌生人(或大自然)的道德心理,了解道德

---

① 参见〔英〕齐格蒙特·鲍曼:《被围困的社会》,郇建立译,南京:江苏人民出版社2005年版,第220页。

情感和道德行为的特点是什么,弄清人们行为自由的合理性限度,以及应当在何种意义上承担道德责任等,也就是说,要弄清道德自由和道德责任的关系以及造成个人旁观的个体根源和社会根源等。只有将这些问题进行完整的梳理,才能对旁观者进行准确的道德定位。对旁观者进行道德研究,从道德心理、道德情感、道德行为的自由和责任等多方面进行剖析,目的在于把握旁观者形成的道德机制,为有效地转化旁观者,提高他们的道德认知和道德行为能力,实现旁观者向勇为者的转化提供理论依据。需要指出的是,本书研究的旁观现象,与日常生活中观看戏剧、观赏动物等旁观行为在性质上是完全不同的。这些不属于本书研究的对象。

《公民道德建设实施纲要》提出了"爱国守法,明礼诚信,团结友善,勤俭自强,敬业奉献"的二十字道德规范。其中的"团结友善"就是强调公民之间互助友爱、助人为乐、见义勇为的行为。而旁观者的大量存在,与《公民道德建设实施纲要》所倡导的团结友善是根本对立的。无论什么时代,见义勇为都是社会需要的美德。见义勇为是正义和良知的体现。当个人遇到困境乃至危险时,若依靠个人力量无法摆脱,就需要他人及时有效的救助。维护我们的良好生态环境,也是公民共同的道德责任。每个公民都有维护环境的道德义务。建设社会主义公民道德,需要倡导人们之间的互助友爱、助人为乐的精神,倡导爱护环境的道德要求,它对于密切人与人之间的关系,建设人与自然之间的和谐都有重要意义。当然,要做到这些就必须转化旁观者。转化旁观者既需要个人道德素质的提升,也需要得到全社会的支持,特别是社会的制度支撑。例如,为见义勇为者提供法律和经济保障,保护他们的切身利益和正常生活。在公共生活和人际交往中,助人为乐、见义勇为是每个公民应尽的社会义务,也是建设公民社会的迫切需要。丰富和完善关于旁观者的道德研究,有助于我们深入把握个体道德的发生和发展规律,深化对个体道德的认识,而个体道德行为的发生又属于社会事件,所以研究旁观者的道德问题,既有助于发现个体行为的道德价值,又有助于深化对社会道德的认识。

努力研究和正确把握旁观者发生的道德根源,从而采取有效的治理措施,转化各种场合的旁观者,弘扬见义勇为的英雄主义美德,是建设社会主义和谐社会的客观要求。维护社会的公平和公正,既是法律问题,也是道德问题,并且主要是道德问题。首先,它体现在人与人的关系上。当代社会,威胁人际和谐与社会和谐的主要因素来自人本身。社会和谐是依靠个人行为创造的。见义勇为就是善待自然、善待生命。现代社会异常复杂,人们有可能会遇到各种各样的困难,意外的自然灾害、社会问题时常威胁着人们,由于个体能力的有限性,许多困难单纯依靠个人无法摆脱,甚至是无法维持自身的生存,它需要人们之间的互助合作来解决。可以说,助人为乐是任何社会都期望和倡导的,团结友爱是公共道德的核心。见义勇为有助于建立和谐有序的人际关系,对维护社会公正、促进社会和谐也有重要意义。只有人与人之间互助友爱,个人学会关心他人和社会,人们之间团结友爱、和睦相处的局面才能形成。因此,努力改变旁观者的立场和态度,积极地行动起来,为创建和谐的生活而奋斗,这是每个公民义不容辞的道德责任,也是公民为创建和谐社会做贡献的基本方式。

其次,它体现在人与自然的关系上。实现人与自然的协调发展是人类追求的理想。为了实现这种理想,我国历史上曾颁布过保护水源、动物、森林的各种法令,明确限制某些损害自然生态的行为。进入工业化社会以来,由于人类凭借各种新的技术手段,对自然界进行了过度开采,导致人与自然关系的高度紧张。近年来,各种各样自然灾害的频频出现,已经向人类敲响了警钟。人类与自然环境的尖锐对立,最终受到惩罚的还是人类自己。就世界范围看,生态环境已经成为威胁人类生存的重大问题。人类只有一个地球,为了实现人类的可持续发展,必须改变传统的发展模式,代之以科学的发展观。生态伦理学的产生,就是重建人与自然和谐关系的道德努力。可以说,将人文关怀从人类扩展到自然界,实现人与自然的和谐,是取得社会和谐的基础。反过来,人们对社会和谐的认识,又在更高层次引导人与自然和谐关系的创立。因此,认真研究旁观现象的存在及根源,为转化旁观者提供理论依据,实现他们个体道德素质的提升,从而使旁观者转化为勇为者,敢于并善于同各种不良现象作斗争,不仅有助于创建良好的人际关系,而且有助于建立和谐的人与自然的关系,从而实现创建和谐社会的理想目标。

二、问题的回应:旁观者问题研究的多维视角

尽管我国经济发展过程中所面临的道德问题,也引起了学术界一定程度的重视。但专门针对旁观者的研究,目前还较为薄弱。从已有的研究来看,尚未见到旁观者道德研究的专著。只是在某些社会心理学著作中,有一些关于旁观者心理和道德分析的内容,如美国社会心理学 R. A.巴伦和 D. 伯恩编著的《社会心理学》(第十版)下册(黄敏儿、王飞雪等译,华东师范大学出版社 2004 年版);我国台湾学者杨国枢著的《现代社会的心理问题》(台湾巨流图书公司 1986 年版);英国社会学家齐格蒙特·鲍曼著的《被围困的社会》(郇建立译,江苏人民出版社 2005 年版);等等。在中国期刊网上以"旁观者"为检索词,能够查阅到的国内学者的有关学术论文有 35 篇(截止日期 2010 年 3 月 15 日)。这些论文大多从社会心理学、社会学、伦理学等视角,对旁观现象进行了有一定深度的研究,取得了比较重要的理论成果。这些成果主要从以下四个领域对这一问题进行了研究:

第一,关于旁观者概念的界定。国外学者佩特卢斯卡·克拉克森认为,旁观者就是这样的一个人:当他人需要帮助时,他并没有积极地行动起来。① 国内学者朱力认为,从内容上看,集体旁观可以视为"集体性坐视不救"行为。这种"集体性坐视不救"主要有两类:一类是突发性灾难,常见的有落水、车祸等,有旁观者而无舍己救人者;另一类是受到犯罪分子的攻击,如被侮辱、被抢夺等,有围观者而无见义勇为者,或见义勇为者

---

① 参见[英]齐格蒙特·鲍曼:《被围困的社会》,郇建立译,南京:江苏人民出版社 2005 年,第 215 页。

得不到声援、帮助。旁观者主要指紧急事件发生时临场聚居起的围观者，他们与事件本身并无联系，但从社会的伦理角度看，他们具有不可推卸的道德责任和义务，因而具有某种精神上的联系。① 有学者认为，旁观者就是那些面对他人需要帮助而不去提供帮助的人。② 在旁观者现象的研究中，比较突出的一类行为是见死不救。因此，有学者重点分析了"见死不救"行为，给予"见死不救"以合理的界定。在危及人身安全或生命的危机事件发生过程中，目击者能够救助而不予救助的情形被人们称为见死不救。这种行为常常引起社会公众的强烈愤怒和谴责，同时也冲击着人们对社会的信心。③

　　第二，关于旁观者产生的主要原因。有学者认为，旁观者行为出现的原因十分复杂。现代社会中，主要可以从以下几个方面进行考虑：(1)从社会心理学方面看，主要是情况不明、判断模糊；期待暗示、相互误解；屈从压力、盲目从众；责任分散、相互推诿；怕惹麻烦、危及自身等。(2)从伦理道德方面看，现代社会的旁观者，实质上是道德冷漠的表现。道德冷漠不同于其他的情感冷漠，它是人与人之间道德意识沟通的阻塞，道德心理互感的缺乏，道德情感或同情的丧失，道德行为上的互不关心等。(3)从社会学视角分析，各种"英雄流血又流泪"的现象，是畸形社会风气的体现，道德生活的异化和扭曲。旁观者冷漠的现象，实质是围观者怕危及自身利益的自保心理。其社会根源是人际关系的磨损、消极文化的影响、社会支持不足等。④ 有学者认为，我国目前冷漠的旁观者的存在，主要原因在于社会转型期出现的各种现象。这些现象主要是：(1)人际关系经

---

① 参见朱力：《旁观者的冷漠》，《南京大学学报》(哲学·人文·社会科学)1997年第2期。
② 参见刘翔平：《旁观者效应的道德决策模型》，《北京师范大学学报》1996年第4期。
③ 参见池应华：《"见死不救"行为的事实认定与法律评价》，《法商研究》2005年第6期。
④ 参见朱力：《旁观者的冷漠》，《南京大学学报》(哲学·人文·社会科学)1997年第2期。

济化,即人际交往中感情的、友谊的因素弱化,经济和功利的因素强化。(2)道德规范软化,即现行道德规范对人的行为缺乏应有的约束力,或道德的约束力失效。集中表现在人们道德信念的倒塌。(3)价值观错位。我国从计划经济向市场经济的转型,发生新与旧的社会规范和价值标准的冲突,一些人见死不救,对他人没有善心,乃是价值观错位的结果。① 学者对旁观者现象成因的分析,是近年来关于旁观者研究的重点。

第三,关于旁观者行为的道德决策分析。有学者认为,旁观者的道德决策有特殊的模型。我们通常接受道德规范教育,得到的都是普遍化的道德要求。但是,普遍适用的道德规范,在具体生活中会随着情景而改变,从而导致理解的歧义,导致不同的道德行为。同时,人们在进行道德判断时的推理,在不同的阶段上有不同内容,因而无法保证个人行为的一致性。在具体场景中,道德冲突并不必然激发人的道德行为。激活道德规范的条件,主要有道德内化的程度、个人的同情心、个人的心境和利益比较等。旁观者在道德决策中采取了逃避的模型。人们的利他和助人行为,实质上是个人的选择或决策。大多数人的助人行为,都要经过权衡、比较、道德规范激活和实施行为过程等。大多数人在实施道德行为时,都会采取两种截然相反的态度,或者见义勇为,或者见死不救。对后者来说,功利主义显然有着重要作用,所以,如何抵抗功利主义就成为道德建设的关键。② 关于"见死不救"的立法研究。有学者认为,见义勇为的法律性质与无因管理相同。它不以意思表示为要件,也不要求无因管理的管理人必须有民事行为能力,故见义勇为属事实行为而非法律行为,具备无因管理的全部要件。各种见义勇为因其高度的危险性,可能导致对实施者的伤害。对见义勇为的救济,在司法实践中往往适用《民法通则》第109 条的规定,当然,它必须以实施防卫、制止不法侵害的正当防卫为前

---

① 参见胡晓阳:《对"旁观者冷漠现象"的思考》,《国际关系学院学报》1996 年第3 期。

② 参见刘翔平:《旁观者效应的道德决策模型》,《北京师范大学学报》1996 年第4 期。

提。此外，我国还存在行政法规、地方性法规、规章对见义勇为进行鼓励，从而为见义勇为有效地撑起法律的保护伞。① 还有学者进行了见义勇为的立法比较研究。在对古犹太法、英美法、大陆法系主要国家、社会主义国家、中国的见义勇为立法进行比较研究后，得出的结论是，不同法域的见义勇为立法涵盖的范围不同、立法重心不同。同时，还评价了道德法律化运动对见义勇为立法的影响，认为中国的见义勇为立法人性标准设定过高与警力不足有关联，此外还考察了见义勇为的立法实效问题。② 关于见义勇为的法律认定与保障。有学者认为，保障见义勇为行为，应当在法律和道德之间寻求和谐。国内地方性法规对见义勇为的界定存在差异。在分析见义勇为性质的基础上，认为见义勇为存在着复杂的法律关系，远非一种法律关系所能概括。见义勇为的立法保障应定位于社会保障法范畴，由国家对见义勇为者负补偿的责任，然后由国家向有关行为人追偿。③ 还有的学者认为，《现代汉语词典》界定见义勇为就是看到正义的事情而勇敢地去面对，从法律角度看，见义勇为的主体是不负有特定义务的人。构成见义勇为的条件，主要是在遇到突发灾害、意外事故时为保护国家、集体和他人人身或财产权益免受损害，冒着较大的人身危险而实施的保护、施救行为或者为维护公共安全、社会秩序，与违法犯罪行为作斗争的行为。完善见义勇为的社会保障，需要做好以下几个方面的工作：设立见义勇为管理机构；对见义勇为者实施奖励；对见义勇为者予以补偿、赔偿；对见义勇为者提供医疗救助；对见义勇为者提供劳动保护；对见义勇为者的人身安全保护和社会优抚等。④ 其实，无论将见义勇为限定

---

① 参见苏如飞：《见义勇为的法律审视》，《广西政法管理干部学院学报》2006 年第5 期。

② 参见徐国栋：《见义勇为立法比较研究》，《河北法学》2006 年第 7 期。

③ 参见于杰兰、李春斌：《保障见义勇为行为的另一种思路》，《乐山师范学院学报》2005 年第 9 期。

④ 参见曾佳蓉：《见义勇为的认定与社会保障》，《十堰职业技术学院学报》2006 年第2 期。

为人际关系,还是扩展到人与自然的关系,同样存在取证困难的问题。可见,见义勇为的认定和保障尚有许多问题值得研究。

第四,关于解决旁观者现象的对策。有学者提出,要消除旁观者的冷漠现象,需要从以下几个方面入手:其一,坚持正确的道德价值导向,加强道德舆论监督,形成扬善抑恶的巨大威慑力。强化公民的公德意识和正义感,对青年志愿者的赞誉和支持。其二,对见义勇为行为提供有力的法律保障。其三,营造良好的社会环境,激发善行的发生,抑制恶行的发生,在这方面领导干部要作出表率。其四,教育为本,提高全民族的素质。在青少年的教育中,要坚持求知与做人相结合,从各方面培养公德心,使孩子从小树立是非观念。① 有学者认为,转化旁观者是一项艰苦的道德建设和社会治安综合治理过程。需要从以下几方面的工作。首先,必须加强英雄主义教育。见义勇为是和平时代的英雄。普及英雄主义教育,应当汲取古代文化中的英雄主义传统,颂扬现实生活中的英雄人物,澄清对英雄主义的模糊认识等。其次,对见义勇为者进行重奖和保障。对于铲除邪恶、弘扬正气,激励人们的见义勇为是十分必要的。再次,强化应付突发事件的处理系统。加大对治安力量的投入,改革治安管理体制,教会人们见义勇为。最后,用规范来支持见义勇为,如设立见死不救罪等,制止各种自私自利的行为等。② 对此,还有学者提出了"见义智为"的概念。

此外,还有关于特殊群体中旁观者群体的研究,如校园中的欺负、受欺负与旁观者群体的研究。这些学者认为,校园中的欺负和受欺负是中小学普遍存在的攻击行为,对儿童的心理和成长产生较大影响。在实际的情境中,旁观者多对欺负行为产生他们并不期望的推动作用,如参与或漠视欺负行为意味着对欺负行为的鼓励——至少是承认——而不是反对,这样的态度会促进欺负行为的发生。国外非常重视对旁观者群体的

---

① 参见胡晓阳:《对"旁观者冷漠现象"的思考》,《国际关系学院学报》1996年第3期。

② 参见朱力:《旁观者的冷漠》,《南京大学学报》(哲学·人文·社会科学)1997年第2期。

描述,而国内学术界对此方面的相关描述比较缺乏,几乎未看到相关的系统研究报告。① 旁观者作为个人的行为习惯,是否存在个体的内在根源,这种根源的成因何在,是否因为从小受到欺负或形成的旁观者心理的影响等,这些问题都还有待于我们从理论上给予科学的回答。

已有的研究成果从不同角度、不同层面对旁观者以及旁观现象所作的研究,为我们提供了极为丰富的思想资料和极有价值的思维启迪。但需要指出的是,一方面,上述学者对"旁观"现象只是就某一具体问题展开讨论,缺乏系统深入的研究,到目前为止尚没有一本专门研究旁观者的专著;另一方面,旁观行为本质上是道德问题,应当作为伦理分析的对象;再者,旁观者出现的原因必然因不同国家政治经济文化背景的不同而有所不同,国外学者的研究显然难以解决中国旁观者出现的问题。因此就迫切需要学者从我国的实际出发,在借鉴已有成果的基础上,对旁观者的道德问题进行系统深入的研究。

三、问题的解决:旁观者道德研究如何实现?

旁观者是流动的现代性社会中面对陌生人而普遍存在的一种社会现象。从目前已有的研究来看,学者们并没有将这一现代都市社会常见的现象予以专门的分析和研究,这无疑影响了对它的纵深探讨和通约性把握,致使对该问题的研究一直不够深入。旁观行为本质上是道德问题,应当作为伦理分析的对象。基于这样一种考虑,为了进一步深入分析和把握现代社会中隐藏在旁观者背后的深刻个体与社会原因,并根据这些深层原因以及个体道德提升的内在规律,为有效转化旁观者提供相应有效的、可操作性的对策,本书以历史唯物主义为指导,在学界同仁已有研究的基础上针对存在的上述理论问题,试图从伦理学的视角对旁观者问题

---

① 参见王中杰、刘华山:《校园欺负中的欺负/受欺负者和旁观者群体研究综述》,《心理发展与教育》2004 年第 1 期。

作一深入系统的研究。

(一)研究方法

旁观者出现的原因异常复杂,有效转化旁观者的手段也必须是多管齐下,因此本书在研究过程中将主要采用以下几种研究方法:

1. 唯物史观的基本方法。唯物史观认为,人的思想和行为的发生都是具体的历史的现象,是特定社会关系的产物,特别是经济关系和交往关系的产物。它要求我们对旁观者的研究,必须具有辩证的历史的思维,即将其置于特定的历史背景下,结合当时的特定条件来认识。由于旁观者的"不作为"属道德行为范畴,因此,本书运用唯物史观的立场、观点和方法,对以往的行为和道德行为理论进行历史分析,尤其侧重于对不良道德行为的理论分析,发现问题的实质并尝试提出解决对策,为有效改善和提升旁观者行为提供理论解释和方法论方面的指导。

2. 个案分析研究法。个案分析属于微观研究的领域。在公共生活中,大量旁观行为的发生,都是以个体或群体方式出现的。因此,选取具有典型性、代表性的旁观者个案,如某种情况下的"集体性坐视不救"等,从某个学科的角度进行分析,深入研究和把握其主要成因、基本特点和变化规律,有利于进一步发现此类现象的共性和矛盾的根源,从而尝试提出解决的对策。当然,人们的旁观行为深奥而复杂,其发生往往与多种因素有关。所以,对个体性旁观行为的考察,必须依次从行为的内外两方面,即内在动机、情感、意志、信念和外在环境、规则、历史背景、文化传统等展开,分析各因素在行为中分别发生什么作用、它们之间的关系如何等,根据各种旁观行为的不同特点,进行有针对性的微观研究。

3. 跨文化比较研究法。从现有的资料看,旁观现象并非我国所独有的,在其他国家和地区也同样存在。因此研究我国的旁观现象,应当采取跨文化比较研究的方法。进行比较研究的目的,在于形成具体的普遍性,即不是进行抽象的理论分析,而是根据旁观者行为形成的社会历史条件,进行具体的、历史的研究。正如黑格尔所说,历史的现实是各种行为实现的前提,同时,行为又创造出新的现实;主体的行为在现实中进行,同时,行为形成现实内容。这时,主体进行自我选择,内在的、可能的东西转化为现实行为。其他国家在治理旁观者行为、提升个体公民道德素质的有益经验和加强社会公德建设的好做法,都可以为我们所吸收和借鉴。当然,这种比较研究应该充分考虑到国情和制度差异,因而是有条件的、具体的。

4. 综合研究法。旁观者的出现原因不是单一的,而是有着复杂的社会文化和内在心理依据,需要借助不同的学科知识进行综合研究,乃至于进行实实在在的调查研究工作。故本书对旁观者的道德研究,综合运用了哲学、伦理学、社会心理和和社会学等学科知识,在进行个别分析的基础上开展综合研究,力图深入旁观者及其道德行为的各个侧面,较为全面地把握旁观者的多种特征,完整地把握旁观者行为的成因。只有在此基础上,才能对旁观现象进行整体归纳,形成明确清晰的理论结论,从而为治理和转化旁观者,提升他们的个体道德素质,使他们成为见义勇为者提供充足的理论支持。

(二)研究思路与叙述结构

旁观现象是一个涉及多学科领域的现象,这一现象的存在也是对社会正常伦理秩序的挑战。毫无疑问,写作本书的最终目的,不只是为研究而研究,更不是要为旁观者进行辩护,而是要在研究这一现象出现的原因基础上,探寻有效地促使旁观者向勇为者转化的有效途径。旁观者出现的原因非常复杂,既有当事人自身的原因,也有传统的文化因素以及当今社会转型时期的特殊环境因素。因此,要准确有效地分析这一现象,关键是要选准一个点,从这一点入手,层层分析,进而找出旁观者现象出现的规律。

基于上述考虑,本书选择从人们的道德行为形成的过程入手,即从道德认知、道德情感、道德意志、道德行为等几个方面入手,着重分析旁观者在知、情、意、行等几个方面之所以出现偏离的原因及其所可能导致的现实危害,在分析的每一个过程中,都尽可能地考虑个体及社会多方面的因素。在篇章设计上,本书将道德意志和道德行为放在一章进行讨论,主要是因为人们的意志与自由、自由与责任联系得相当紧密,而道德责任感的缺乏无疑又是旁观行为出现的一个重要原因。在分析旁观者出现原因的基础上,针对旁观现象出现的特点以及个体道德提升的规律,本书的最后落脚在于促使旁观者向勇为者的转化,走向互助和谐的道德生活。

循此思路,本书在结构上分为三大部分,主要由导论、六章正文以及结束语构成。

第一部分:包括导论和第一章,是全书的总论部分。这部分主要是确立全书的基本框架,明确论题研究的思路,梳理、澄清和界定核心概念。

导论部分主要是阐明论题的依据和意义、论题研究的国内外现状与存在问题、全书的研究思路及研究框架以及研究方法等。第一章厘定、分析和阐述了"旁观者"概念的内涵、特征以及类型。"旁观者"是论题的核心概念,本书运用对比分析的方法,将"旁观者"与"敢为者"与"作恶者"放在一起,进行深入比较,由此揭示出旁观者的本质内涵。本书从社会伦理学的角度,将旁观者界定为"在特定的时空环境中,当他人或社会公共生活领域遇到困难或危机需要帮助时,一味地消极观望或等待,而没有积极地行动起来,协助受难者摆脱困境的某种个人或群体"。旁观现象的主体既包括本国公民,也涵盖外国公民;其客体既涉及人与人,也涉及人与自然。旁观者主要有四个特征:不确定性、未介入性、中立性、可评价性。就事件发生的现场来看,存在着多个不同的主体,如作恶者、受害者和目击者。旁观者和敢为者都是从目击者中分离出来的。本书对"旁观者"与"敢为者"界定的一个最大特色,就在于它突破了以往仅仅只将"公共领域"局限于人与人之间关系的局面,而将其扩展到人与自然的关系,从而形成了全新的具有时代特色的道德观念。旁观行为作为一种"仁慈的杀戮",理应受到道德谴责。不过我们在追究其道德责任的时候,必须针对不同的个体分别对待。因此,本书将旁观者分为三类:有行为能力的旁观者和无行为能力的旁观者;有专门义务的旁观者和没有专门义务的旁观者;有同情心的旁观者和没有同情心的旁观者。对旁观者现象出现的原因,只有从人们的道德认知出发,对其道德情感、道德意志和道德行为等方面进行深入研究,才可能形成清晰的结论。

第二部分:包括第二、三、四章,是全文的主体部分。这部分立足于道德认知、道德情感、道德意志、道德行为的基本理论,从人们道德品质形成的这四个环节入手,深入分析了旁观者出现的原因及其严重后果。可以说,造成旁观者知、情、意、行错位的原因是不能截然分开的,本书为了研究的方便,在阐述的时候难免有一些重复的地方。

第二章提出旁观者道德认知的主要支撑在于常识性道德经验和习俗性道德思维,其常识性道德经验是习俗性道德思维形成的基础。常识性道德经验所引导的思维活动表现在处理人际关系方面,就是按照情感远近及其决定的价值大小排序,分别采取不同的行为策略。我们将这种思维模式称为习俗性道德思维,它对陌生人往往是不公平的,历史上的"推己及人"、"兼爱"都是对它的批判。旁观者的道德认知存在两个明显的不足,即道德认知失调和道德忽视。认知失调是指由于态度之间或态度与行为之间存在不一致时,而导致的心理不愉快。它会影响个人行为的意志力,个人对自我行为的正确道德评价以及形成消极的从众心理和行为方式。道德忽视是指人们在对行为评价时,更倾向于个人取得的成就(绩效)和物质利益,而忽视或漠视行为本身的道德意义,由此导致人们无视自己的道德责任。造成旁观者道德认知失调和道德忽视的原因是多方面的,既有个人的因素,也有社会应当担负的责任。这就要求我们要深入人们的道德心理世界,认真找出问题产生的症结。

第三章提出道德情感是理性和非理性的统一、社会性与个体性的统一、稳定性与易变性的统一。旁观者的同情心、义务感、荣辱感表现差异的原因是非常复杂的。其同情心的丧失既与个人的人生经历和生活体验有关,也与见义勇为的社会支持氛围弱化存在很大关联;其道德义务感的淡漠,既涉及道德义务教育的有效性,也涉及道德义务自身的不明性;其荣辱感的模糊,主要在于行为的认知归因问题,亦即来自社会舆论的谴责与本人的认识出现了背离。旁观者道德情感的错位可以从人际互动的"道德冷漠"和情感交流的"沟通阻滞"两个方面来寻找原因。前者是指人们道德情感的匮乏和道德判断欠思考或道德行为麻木,后者是指道德情感交流中的障碍。人们道德冷漠的原因既有个人因素,也有市场竞争、网络技术的发展、全球化等社会因素。人们情感交流"沟通阻滞"的原因主要在于,现代化进程的加快导致社会的个体化趋势日益加剧,个体间异质性不断增强,社会差异不断加大,从而在道德上折射出价值观的多样性。

第四章提出人们道德行为选择的自由表现为社会自由和意志自由两种形式。所谓社会自由是指道德选择的各种外在可能性,而意志自由主要表现为人的主观能动性的发挥情况。意志自由是道德责任的前提和基础。在道德行为实现的过程中,个体道德意志存在一定的差异性,旁观行为则是个体道德意志薄弱的重要表现。旁观行为的出现与旁观者道德行为的偏差以及意志自由的误区有很大关系。所谓道德行为的偏差,就在于将行为与道德人格人为地割裂开来,认为自己的行为完全是"个人的",而不是社会行为的组成部分。所谓意志自由的误区包括:认为个人对自己的行为拥有裁决权;人们只要道德自由而不用承担道德责任;从众行为是规避道德责任的一种策略;个人的行为不违背法律就是正当的。本书认为,旁观者这样的"不作为"现象,只有在行为者负有特定的法律义务的情况下,才能追究其法律责任。对普通公民来说,则只能是进行道义上的谴责。当然,其道德责任的大小与其意志自由能力、承担的社会义务大小、事件本身对受助者影响的严重程度以及社会影响范围等存在一定的关联性。只有对人们的道德行为进行有效的道德评价,才能唤起人们的道德责任意识,真正达到"扬善抑恶"的目的。

第三部分:包括第五、六两章以及结束语部分,这部分是全文的最终落脚点,也是本书写作的主旨所在。主要内容是对旁观者提出批判,并结合前面分析过的旁观现象出现的特点以及个体道德提升的规律,相应地提出对策,促使旁观者向见义勇为者转化,以最终实现互助和谐的道德生活。

第五章主要是从理论和实践两个角度对旁观者进行批判。旁观者的出现,无疑是对社会正常伦理秩序的一种挑战。从理论上来说,从道德心理学、人道主义理论、社会公德理论与后现代伦理学理论都能找到对这种行为进行批判的依据。从道德心理学的角度来看,无论是孟子、孙中山、罗洛·梅、克鲁泡特金、达尔文还是马克思,都认为互助才是人类进化的重要原因。从人道主义理论的角度来看,马克思主义人道主义已经由革命的人道主义发展为社会主义人道主义,其基本精神就在于"人是最可宝贵的"。从社会公德理论的角度来说,助人为乐、见义勇为是社会公德的基本要求。从后现代伦理学的角度来看,后现代伦理学本身就是一种关于爱的伦理学。从实践上来看,在近代史上,以梁启超、鲁迅为代表的中国知识分子,对以旁观者现象为表现形式的国民劣根性进行了深刻的批判。在当代社会中,学者们大多将旁观现象归因于传统。国外有学者从"责任扩散"来寻找原因,即认为现场人越多,旁观者助人的可能性就越小。不管什么原因,同情被害者应该是我们做人最基本的标志。然而,我们不愿意看到的是传统的见义勇为美德受到严峻挑战。大量旁观者的存在,不仅不利于人与人、人与自然的和谐,而且也影响到中国在世界的整体形象。因此,结合旁观现象形成的深层原因以及个体道德提升的内在规律,采取有效措施,促使旁观者向勇为者转化,便成为我们一项义不容辞的道德责任。

第六章则主要是谈论促使旁观者有效转化的实践方略。本章提出在我国现阶段,转化旁观者首先需要进行有效的公民道德教育,形成有利于社会主义公民道德建设的道德教育机制,提升公民道德素质,改善旁观者道德认知失调的状况。其次,要大力弘扬见义勇为的崇高精神,确立社会所倡导的核心道德典范。见义勇为是世界各民族公认的崇高美德。只有大力弘扬助人为乐和见义勇为精神,才能达到纠正旁观者价值判断错位的目的。再次,要充分发挥社会舆论的道德监督职能,在舆论宣传的形式、内容和手段等方面采取一系列新的措施,营造一种良好的社会道德环境氛围,以提高旁观者的道德责任感。最后,要加强道德制度建设和行为调控,完善各种社会保障制度和措施,解除见义勇为者和旁观者的后顾之忧。只有把多种措施有机地结合起来,才能恢复道德主体的健康品质,重建心心相融的道德关系。

全书的结束语部分以走向互助和谐的道德生活为题,强调了和谐社会的内涵、意义及弘扬见义勇为美德在促进社会和谐中的重要地位和作用。这一结束语既是对研究本课题的理论意义和实践意义的再次重申,也是对未来美好生活的向往。

总之,从伦理学视角探讨旁观者产生的深刻原因,积极引导人们自觉履行法定义务与社会责任,对于社会主义和谐社会的构建以及让人们在相互关爱中真正感受做人的价值和尊严,体验人生的美好和幸福,具有重大的理论意义与实践价值。

第一章　旁观者的内涵及类型

　　恩格斯说过,任何一个社会的进步都要付出道德的代价。社会的现代化似乎永远伴随着人类道德的困惑和阵痛。在现实生活中,我们屡屡听到对人们道德水平下降的抱怨。其中,最骇人听闻的倒不是那些强盗、小偷日益猖獗的传闻,而是对那些见死不救、见事就躲的冷漠旁观者的报道。2005 年 4 月 18 日,河北衡水市街头的一个公厕,一位 19 岁女孩在如厕时,被尾随而来的拾荒男子强奸,受害时间长达 20 余分钟。公厕外面很快聚集起一大群人,这些人抱着看热闹的心态,没有一人出手搭救,也没有一人报警。后来还是刑警路过才将受害女孩救出。① 这是一起典型的现代旁观者冷漠现象,在这起事件中,聚起来的一大群人就是旁观者。"旁观者"是一个涉及社会学、法学、心理学、政治学、伦理学等多方面、多领域的问题,要准确分析这一现象的危害及采取相应的有效措施,首先必须对旁观者的内涵与特征、类型等问题作出深入分析。只有在明确旁观者基本概念的基础上,才有可能从理论上对"旁观"现象进行有效的分析和评价,深入揭示旁观者出现的社会心理根源和历史根源,促使"旁观

---

　　① 　参见《女孩公厕内被拾荒男子强奸,40 余人围观无人制止!》,《燕赵都市报》2005年 4 月 26 日。

者"向"勇为者"积极转化，从而最终实现人与人、人与自然之间的和睦相处，真正实现道德化的社会生活。

第一节　"旁观者"的内涵

古希腊哲学家亚里士多德认为，"人类不同于其他动物的特性就是在于他对善恶和是非合乎正义以及其他类观念的辨认"①。正是由于道德的形成和修为，人才从"野兽"群类脱离出来，并且有"一半"成了"天使"。旁观现象的产生并不是因为"旁观者"这一道德主体缺乏道德知识或道德观念，也不是因为一般心理意识和能力的丧失，而是指取消了对道德的感受力，窒息了"去思考、去行动"的勇气，脱离了正常道德关系的心理状态。"道德不仅是一种特殊的社会意识、一种行为规范，更重要的就在于它是人类的实践精神，是人类把握世界的特殊方式"②，这种精神应该是知、情、意的综合体，是道德信念的凝结，这种实践应该是知识向行动的转化，是知与行的统一。旁观者的出现，主要是道德实践功能正常发挥遭到了阻力。因此，要有效研究这一现象，首先必须对这一概念有个科学而准确的把握。

一、旁观者概念的界定

旁观者是一种重要的社会现象。目前学术界关于旁观者的研究，存在多种不同的理论观点，归纳起来，这些观点大概有四类：一是作为社会心理学概念，研究旁观者的心理及其特征，以及对社会生活的影响。例如，社会学家斯坦利·科恩在研究旁观者时，总是把旁观者与作恶者紧密联系起来，认为他们在现实生活中，从来没有长期地分离过，而且也总是

---

① ［古希腊］亚里士多德：《政治学》，吴寿彭译，北京：商务印书馆1998年版，第8页。

② 罗国杰主编：《伦理学》，北京：人民出版社1989年版，第54页。

寻求对方深情而友好的拥抱,在他的理解中,旁观行为就是"没有积极地反对罪恶或预防它的发生"。① 社会心理学家齐格蒙特·鲍曼在谈到佩特卢斯卡·克拉克森的观点时说:"'所谓旁观者就是这样的一个人:当他人需要帮助时,他并没有积极地行动起来。'为了进一步澄清这个定义,她列举了一些例子。'如果一个人见证了一个有关种族歧视、厌恶妇女或憎恶同性恋者的笑话而没有对抗它,那么,他就是在旁观。让一个朋友酒后开车就是旁观。如果你没有面对或帮助因精神紧张、筋疲力尽或吸毒而伤残或受损的同事,那么,你就是在旁观。'"②南京大学朱力教授认为,"旁观者"主要是指紧急事件发生时现场临时聚集起的众多围观者,他们与事件本身并无联系,但从社会的伦理角度看,他们具有某种不可推卸的道德义务、责任,因而具有某种精神联系。③ 二是从教育教学中引申出的观点,主要指教师在德育教学过程中,要教会学生体验生活、体验角色,而不是把学生仅仅看做旁观者。德育的实践性、体验性和养成性都很强。德育是对学生思想道德品质的教化和培养。不能仅仅依靠外在的说教和灌输,而应通过受教育者自觉接纳来实现。德育活动作为实现德育目标的有效载体,应当吸引学生广泛参与,让学生从中得到体验,并将这种体验升华为自我道德准则。④ 三是政治学视角下的旁观者。有学者认为,在西方社会,知识分子已经超越了具备知识这一基本属性,而被看做是具有完整意义的社会良心的承担者,他们代表着正义与良知,除了弘扬知识和思想以外,还肩负着社会批判的职能。知识分子与政治生活的关系非常密切,应当积极参与社会政治生活,对政治问题发表评论,成为"介入的旁观者"。为了更好地说明这个问题,该学者引用了萨义德的

①　参见[英]齐格蒙特·鲍曼:《被围困的社会》,郇建立译,南京:江苏人民出版社2005年版,第210页。

②　同上书,第215页。

③　参见朱力:《旁观者的冷漠》,《南京大学学报》(哲学·人文·社会科学)1997年第2期。

④　参见张志敏:《变"言语德育"为"行动德育"》,《上海教育》2004年第2期。

"我一向觉得知识分子扮演的应该是质疑,而不是顾问的角色,对于权威
与传统应该存疑,甚至以怀疑的眼光看待"。① 四是从法律角度进行的研
究。主要涉及旁观者行为的法律认定问题:在某些危急事件或重大事件
发生的过程中,某些人表现出的"见死不救"、"见义不为"的举动,是否能
够被定罪的问题。因为定罪需要以事实为依据,只有在事实被认定的情
况下,才能作出法律评价。而旁观者行为的事实认定比较困难。因此,有
学者认为对于普通社会公众"见死不救"的行为,不能寄希望于通过法律
的途径来加以评价。②

斯坦利·科恩对旁观行为的界定较为宽泛,对行为的主体以及客体
都没有作出比较明确的说明,因而显得概念过于模糊。克拉克森对旁观
者的界定,形象地刻画出旁观者的心态和行为特征——消极观望,对准确
把握旁观者的心理和行为,进而深化对旁观者现象的道德批判具有重要
意义。但其不足之处在于,仅仅将旁观者看做个体,而没有对作为"群
体"的旁观者进行研究,这种定义方式无疑是不完善的。朱力教授的定
义固然强调了"群体"旁观者这一特性,但是,他忽略了旁观者的个体特
性。日常生活中,"旁观"现象有个体行为,但更多地表现为一种集体行
为,主体是准群体中的群众,按美国社会学家赫伯特·布卢默对群众的分
类,它属于群众中结构最松散的那种,即"临时人群"。因而,"集体性坐
视不救"具有许多集体行为的特征,心理学的"责任转移"理论也证明了
这一点。从社会心理学看,当人们认识到别人也目睹了此事时,个人的责
任感就减弱了,感到自己没有责任采取行动的必要。换句话说,旁观者越
多,他们每个人所承担的责任就会越少。③ 由此看来,旁观现象的出现,
某种程度上与人们的从众行为有密切关联。在学校的道德教育中,学生

---

① 参见鲁小双:《介入的旁观者》,《人文杂志》2004 年第 5 期。

② 参见池应华:《"见死不救"行为的事实认定与法律评价》,《法商研究》2005 年第
6 期。

③ 参见[美]埃利奥特·阿伦森:《社会性动物》,郑日昌等译,北京:新华出版社 2002
年版,第 49 页。

应当学会体验生活，设身处地去感受生活，积极介入并深刻感受角色的意义，不做生活的旁观者。这里指的是德育教学的方法论问题。其实从广义来说，现实生活并没有旁观者，人们之间的区别仅在于介入生活的深浅程度，完全与世隔绝的人并不存在。因此，德育教学中的"旁观者"有其特定含义。政治学视角下的旁观者，主要指西方现代知识分子与政治生活的关系。其实关于政治参与问题，中国的知识分子一向也以"士不可以不弘毅，任重而道远"为己任，强调知识分子的政治批判态度。而法是道德的底线，法学界对旁观者及其行为的考察，无疑对我们从道德领域分析旁观者具有极为重要的借鉴意义，但诚如有些学者所言："而对于普通社会公众，虽然人们认识到社会总是期望有更多的人作出更多的亲社会行为，且施之于人即是施之于己，但这种社会期待只是社会的倡导，而不是与社会角色相对应的社会期待。因此，这种期待对普通社会公众是没有法律约束力的，他们的不救助行为自然不能被认定为犯罪。"[1]

　　上述对旁观行为的界定，尽管各自的出发点不同，得出的理论结论各异，但人们对旁观现象的共同关注足以表明，这种现象有着广泛而深刻的社会影响，并且这些影响或多或少与道德评价有关。道德作为人类社会特有的现象，始终渗透在人们生活的方方面面，内在地支配着人们的观念和行为方式。另外，旁观者也是日常生活中司空见惯的现象，每一个成熟的社会人都曾经遇到过类似的现象，或者运用自己的道德知识对此有过思考乃至道德谴责。对整个社会来说，见义勇为是为人们普遍认同的道德行为。因为每个人都有可能遇到困境乃至生命危险，当依靠个人的力量无法摆脱时，都希望他人能够给予及时有效的救助。然而，面对这种现象旁观者却消极观望，对他人的不幸无动于衷，或者说是"见死不救"、"见义不为"，这是对社会道德伦常的极大挑战。因此，旁观现象不是单纯的学术问题，更是发生在人们身边的真实的社会现象。这些典型旁观

---

　　[1]　参见池应华：《"见死不救"行为的事实认定与法律评价》，《法商研究》2005年第6期。

现象的存在,给我们的和谐生活造成了极大的不良影响,危及人们对古老人道主义的信仰。因而,透过纷繁复杂的社会现象,深入发掘旁观现象背后的文化心理基础,对准确把握旁观者出现的原因,进而探寻解决这种"道德顽症"的途径,增进人与人之间的和谐相处,促进互助友爱的和睦人际关系的建立,以及实现人与自然之间的和谐相处之道,都有重要的理论意义和现实意义。

关于旁观者的概念界定,有广义和狭义之分。我们通常所说的"当局者迷,旁观者清"中的"旁观者"是广义上的意思,它泛指某件事情发生时在旁边观看的所有人。诸如在日常生活中观看戏剧表演、观赏动物戏耍、观看电影演出等进行正当休闲活动的个人或群体,都属于这个意义上的旁观者。从性质上来看,这些不是本书研究的主要对象。本书所理解的旁观者主要是从社会伦理视角来进行考察的,也就是狭义上的"旁观者"。这种旁观行为与广义旁观者的根本区别就在于可以进行道德评价,即其行为是具有社会意义的行为。对于狭义上的旁观者又有两个不同的思考角度,一类人是见人做好事而不参与,诸如见到"义务献血"等公益活动而袖手旁观的人,这类人属于"见善不为"的旁观者。这种"旁观者"在现实生活中也大量存在,一份慈善公益组织的调查显示,我国工商注册登记的企业超过 1000 万家,99% 的企业从来没有参与过捐赠;1998 年我国人均慈善捐助仅有 1 美元,2000 年下降到不足 1 元人民币,而 2003 年美国人均捐献善款为 460 美元;我国志愿服务参与率按目前 4000 万人计算为 3%,而美国为 44%。① 另一类人是见人做坏事而不制止,以至于由于自己的不作为而导致受害者遭受损失的人,这类人属于"见恶无为"的旁观者。本书讨论的旁观者主要是属于后面一种情况。也就是说,本书所分析的旁观者心态以及其产生的社会原因,主要是针对"见恶无为"的分析。这种"见恶无为"的行为既可能是一种主动的责任推拒,也可能是一种无意识的道德麻木,即在面对道德问题时没有反应,

---

① 参见方奕:《和谐社会拒绝冷漠》,《中国青年研究》2006 年第 2 期。

意识不到问题的存在,体会不到道德的召唤。对于在某些危急事件或重大事件发生的过程中,某些人表现出的"见死不救"、"见义不为"的举动是否能够被定罪的问题,本书亦同意法学界学者池应华的观点,即定罪需要以事实为依据,只有在事实被认定的情况下,才能作出法律评价。而旁观者行为的事实认定比较困难,因此,对于普通社会公众"见死不救"的行为,不能寄希望于通过法律的途径来加以评价。①

基于这种理解,本书提出:所谓旁观者就是指在特定的时空环境中,当他人或社会公共生活领域遇到困难或危机需要帮助时,一味地消极观望或等待,而没有积极地行动起来,协助受难者摆脱困境的某种个人或群体。就旁观现象本身而言,事件的主体就是没有积极行动起来的个人或群体,它既包括本国公民,也涵盖外国公民;客体指的是遭受损失的他人或社会公共生活,特别要提出的是,这里的社会公共生活领域不仅指的是人与人之间的生活,也应该包括人生活在其中的生态环境,因为"如今我们的责任已经扩展到整个'人类'……完全接受'野蛮人'、'土著居民'、'部落成员'、'观光者'和其他类型的没有人性的人、不完全的人、并非真正的人,这依旧是一个'未竟的事业',但是,还没有成为'人'(换言之,还没有成为伦理关注和道德责任的对象)的那些生物的名单在迅速地扩充,他们的扩充速度即便不是更快,也同已经获得居住许可的那些人一样快"②。因此,人类"必须追求反对国土的滥开发和破坏自然、关于人和自然怎样生存才是合适的伦理"③。这里的特定时空环境,是指在公共生活中不确定的时间和地点。所说的困难或危机,可能是生活琐事,也可能是危及人身安全或公共秩序的重大事故。当这些事件发生时,总是会有某

---

① 参见池应华:《"见死不救"行为的事实认定与法律评价》,《法商研究》2005 年第 6 期。

② [英]齐格蒙特·鲍曼:《被围困的社会》,郇建立译,南京:江苏人民出版社 2005 年版,第 218 页。

③ [日]岩崎、允胤主编:《人的尊严、价值及自我实现》,刘奔译,北京:当代中国出版社 1993 年版,第 53 页。

些个人或群体,出于好奇而围观,希望了解事态的发展及其可能出现的结果。从事件发生的原因来说,它与围观的个人或群体本身并没有联系,正如鲍曼所言:"讲粗鲁的和具有侮辱性的笑话,是爱讲笑话的人作出的决定;酒后开车是朋友自己的选择;同事是因为自身的行为不端或草率的行为而给自己带来了麻烦。'旁观者'并不为他人作出的这些选择而承担责任,更不会为导致了当前困境的一系列过去的选择而承担责任;旁观者并'不真正'为他们看到的恐怖事件承担责任,对于这样的罪行,旁观者是无辜的。"①然而,从社会伦理的角度来看,他(他们)具有某种不可推卸的道德责任、义务,因为"无辜并不能成为原地不动和拒绝出力的借口(旁观者的罪恶是其他的罪恶,换言之,这是不作为的罪恶)"②,"罪犯的行为和受难者的痛苦之间的因果联系的缺失,并不足以消除罪恶;这是因为,绝对的人类团结这样的假定是所有道德的基石,并且,它与道德立场密不可分"③。因此,旁观者与这些突发的偶然事件有着某种精神上的联系,从表面上看,它仅是对自己责任的一种否定,但实际上它是人性堕落的一种表现。从受害者与围观者的关系来看,一般来说,当事人对于每个围观者而言都是相互独立分散的"陌生人",正是这种凝聚度的松散给"旁观"行为提供了生长的温床,使公平、正义等集体道德力量无法彰显。

由于旁观者的性别、年龄、职业、身份、地位等差异,再加上事件发生的历史背景以及事件本身所造成的社会影响不同,对于这种个人或"集体围观"现象,是否进行道德评价,能否进行道德评价,进行什么样的道德评价,不能够一概而论。只有在明确分析各种具体情况的基础上,才能从各种立场或角度对其进行分析和道德批判。一般来说,凡是涉及公共生活中的人际关系,主要是运用社会公德和法律规范来评价。对这种旁观现象,以往人们总是怀着道德义愤进行各种各样的道德谴责。但是不

---

① [英]齐格蒙特·鲍曼:《被围困的社会》,郇建立译,南京:江苏人民出版社2005年版,第216页。
② 同上。
③ 同上书,第217页。

加分析地批判,或者一味地进行道德谴责并不可取,因为单纯的道义谴责
是软弱无力的,不可能真正触及问题的实质,因而对于弘扬见义勇为的精
神也不能起到非常明显的作用。此外,还有一点值得补充的是,本书所研
究的旁观者与亚当·斯密所理解的"公正的旁观者"有着本质的不同,因
为在斯密的理解中,旁观者是处于一种超然中立的角色,而本书中的旁观
者貌似中立,实则处于应该受到道德谴责的地位。

二、旁观者的主要特征

有学者认为,旁观者的主要特点有三个方面:在现场围观;人数众多;
没有援助行为或有意回避。① 这一规定对准确把握旁观者的定义有着非
常重要的意义。但从本书对"旁观者"的界定来看,在现场围观和人数众
多这两个规定都存在着一定的缺陷。尽管旁观者听到或看到某件事情的
发生甚至发展,但首先他不一定就是"围观",比如说半夜在家睡觉,突然
听到外面有人呼救而无动于衷者;其次,旁观者的人数既可能是多数,也
可能是少数,并不能以人数的多寡来决定其行为的性质。因此这一规定
还有许多有待完善的地方。根据本书中旁观者的定义,我们认为旁观者
有以下几个方面的特征:

(1)不确定性。在现实生活中,旁观者总是偶然的、不确定的某些
人。因为人们具有旁观者的身份,总是与现实中所发生的某些偶然事件
分不开,或者说,他们只能是某些特定事件的旁观者。究竟何时何地会发
生偶然事件,发生哪些偶然事件,发生多少件偶然事件,这些偶然事件的
性质如何,等等,这些都是人们难以预料和无法确定的。同时,在事件的
发展过程中,哪些人有可能目睹这些事件,也是无法提前预知的。所以,
旁观者的身份始终难以确定。由于生活和工作本身纷繁复杂,人际交往
频繁多样,导致每天都有大量偶然事件发生。个人或群体作为生活的主

---

① 参见朱力:《旁观者的冷漠》,《南京大学学报》(哲学·人文·社会科学)1997 年
第 2 期。

体和参与者,都有可能成为旁观者。只是不同的人遇到此类事件时,所采取的态度和行为方式不同,这一点是可以确定的。

(2)未介入性。俗话说:"袖手旁观","袖手"的意思就是未介入。一般来说,对旁观者而言,无论作恶者还是受害者都是陌生的"他者"。在整个突发事件中,旁观者总是将自己置身事外,感到自己与这件事毫无关系。自己之所以成为事件的旁观者,仅仅是因为好奇心的驱使,作为第三者目击了事件的发生。既然事件的发生与自己无关,既不会给自己带来好处,也不会带来危害,所以能够以超然的心态静观其变,并且能够获得有关这件事的处理方式或这件事最终处理结果方面的信息。奉行"不介入"的行为策略,能够使自己得到某种安全感。同时,旁观这种事件的整个过程,以及事件最终如何得到解决,在某种程度上也能满足自己的好奇心。

(3)中立性。对旁观者的中立性可以从两个角度进行理解:第一,"旁观"现象体现了一种人际道德关系上的隔膜和孤独化,以及由此引起的道德行为方式的相互冷淡、互不关心乃至相互排斥和否定,如同存在主义哲学家萨特所描述的"他人即是地狱"。其结果是使人在人际之间和社会公共生活领域里变形为一个冷漠无情的道德"局外人"、"陌生者",从而表现出一种道德中立的样式。它是一种非道德的行为,不能算是反道德的恶行为。但是,它表面上的非道德性其实包含着对他人和社会的拒斥,只不过是以一种消极的方式来否定他人和社会的存在而已。第二,每当有偶然事件发生时,都有可能涉及多方面的利益关系。旁观者不介入的原因,主要是不打算掺入这种利益纠纷,也就是在各方的利益冲突中保持中立,不对事件的发生及后果负任何责任。自己一旦介入,如挺身而出与犯罪分子搏斗,弘扬英雄主义道德,伸张社会正义,或者用各种方式救助受害(受难)者,不但自身有遇到麻烦的可能,自己的利益甚至生命都可能会遭受损失。所以作为旁观者,既要了解事件的性质和发展过程,又不愿意让自己介入其中,那么,就只能在事件中保持中立的姿态。如果事件的当事人有自己的熟人(如亲属、朋友等),这种中立的态度就会被打破,旁观者可能会站在某种立场上,协助受害者脱离困境,这种情况应另当别论。对旁观者而言,自己的态度和行为通常具有中立的立场。

(4)可评价性。本书所研究的旁观者与广义上所理解的旁观者的根本区别就在于这种行为涉及他人或社会公共生活的利益,即因其行为的不作为而给受害者带来一定程度上的不利后果,因而它是能够进行道德评价的行为。日常生活中,人们集中在一起观看表演、电影等纯属个人或集体的娱乐活动,不涉及他人或社会的利益,不具有任何道德意义,因而也不能从道德上进行善恶评价。马克思主义伦理学反对把个人的饮食起居、日常琐事等同他人利益无关的行为提高到道德角度来评价,力戒道德评价上的庸俗化和简单化。因而,这一类"旁观"的当事人并不能称之为本书所理解的"旁观者"。但是,由于事情本身的复杂性和联系的广泛性,如果在进行正当娱乐活动时,出现了意想不到的突发事件需要人们予以援手,而人们又没有给予及时的帮助,从而给他人或社会造成一定的损失或危害,那么,在现场的人们又可以称为"旁观者",其行为也应当予以道德评价。

三、旁观者、敢为者与作恶者

就事件发生的现场来看,存在着多个不同的主体。以某个恶性事件为例,常常有作恶者、受害者和目击者。作恶者是指由于自己的行动而给他人或社会造成一定损失或危害的当事人,受害者则是指在这一事件中由于外在因素而导致自身利益受到损害的一方。应当说,受害者和作恶者是事件的主体,其他人均是事件现场的偶然出现者(目击者)。当然,也有一些事件并没有明显的作恶者(如天灾等),还有个别事件可能只有作恶者和受害者,没有其他目击者(即没有第三者在场)。绝大多数事件都有或多或少的目击者,目睹了整个或局部事件的发生,这些目击者划分为两类:一类是遇到危难或不幸事件时,能够出于道义的目的挺身而出、见义勇为,与作恶者进行坚决斗争,从而制止犯罪活动,有效及时地帮助受害者;另一类就是在面对他人或社会的利益受到损害时,无动于衷,不采取任何措施的无所作为的消极旁观者。就整个事件来看,作恶者和受害者构成一对矛盾,正是因作恶者的行为而导致受害者的损失。作恶者的罪恶目的能否得手,受害者的利益或生命是否会受到侵害,首先取决于二者的力量对比。如果受害者在力量上超过作恶者,最终战胜对方,从而维护自身的利益乃至生命不受侵害,那么,目击者的行为是可有可无的,不必进行道德评价。相反,若受害者的力量明显弱于作恶者,其个人利益或生命受到严重威胁,那么,目击者出手相助则有重要的道德价值。此时,目击者就分为见义勇为者(简称敢为者)和旁观者。见义勇为的道德价值就在于此,即及时给予对方所需要的帮助,使作恶者的恶行不能得逞,从而减少他人或社会的损失。旁观者则因其"不作为"而应当接受道德谴责。

相对于作恶者和受害者而言,我们研究的旁观者属于第三者,也就是事件的目击者。旁观者和敢为者首先都是目击者,因为在遇到突发事件时,第三方通常对事件不太了解,他们首先要对事件的来龙去脉做充分了解,作出自己的正确判断,然后采取合理的行动方式。如果第三方具备行为能力,对事件的严重后果有清醒地认识,但在事件发生的过程中,却始终没有任何作为,而只是一味观望,静待事件的发展过程,就可以称为旁观者。当然,由于事件本身的复杂性,以及旁观者自身存在的各种不同情况,他们之中既可能有年轻人,也可能有老弱病残,既可能负有特定的义务和使命,也可能只是一个普通的公民,因此,对旁观者的态度和行为不能一概而论。不过,目击者大概分化为三种情况,即主动参与者、被动参与者、消极旁观者。主动参与者就是面临突发事件时,能够凭借道德冲动,主动实施所需要救助行为的人;被动参与者就是受主动参与者的带动和感染,协助他(她)完成救助任务的人员;而旁观者就是当他人需要帮助时,并没有积极地行动起来的个人或群体。旁观者在事件中无所作为。由于旁观者出现在事发现场,只是消极地观望,所以可称为消极旁观者。

敢为者也是从目击者中分化出来的,它是目击者中的参与者,既包括主动参与者,也包括被动参与者。任何目击者在采取行动以前,都需要考虑到整个事件的起因及后果,对作恶者和受害者之间的利益关系进行权衡,考虑到对自身的影响,然后根据自己的判断采取相应对策。所以,敢为者同样存在理性思考和利益权衡问题,只不过他们在关键时刻是把他人和社会的利益放在首位,而把自身的利益置于其后。当然,某些突发事件似乎可能没有思考的余地,此时更需要敢为者极大的道德勇气,甚至是道德冲动。如遇到儿童不幸落水,路过的年轻人奋不顾身跳入水中,舍己救人。从表面看,见义勇为者似乎没有太多思考,其实在他们的心中,人的生命重于泰山,这就是理性思考的结果。由于目击者的情况不同,道德认知能力和道德素质高低各异,不能指望所有目击者都能够挺身而出、见义勇为。现实生活中,人们的道德境界有层次性,我们必须承认这种层次的合理性。在道德理性化时代,人们对旁观者及其行为的评判,增加了更多的理性因素。比如,更多地考虑到敢为者权利的保护问题,在敢为者的利益受到损害或者身体受到伤害时,被救助者或社会给予见义勇为者的补偿等。鲍曼认为,在一般商业交易时,人们思考"这事情对我有什么好处?""我作出的牺牲会得到什么样的报偿呢?"这都是非常正常的。但是,在遇到紧急事件时,过多的个人理性算计本身就是不道德的。对此,费尔夫谈道:"使我们不幸福不满意的非道德化之所以发生,原因就在于我们坚持将理性运用于错误的场合。"①毫无疑问,旁观者过多的自我利益权衡,其实就是将理性运用于"错误的场合",它有可能会丧失最佳的救助机会,这对受害者而言是不公平的。

旁观者不是作恶者。但是斯坦利·科恩却通过大量的制度选择及其意识形态的注解,揭示了二者之间的极为隐蔽的、近乎不可见的共同点。用科恩的话来说,这个共同点就是否认(denial),即否认罪行(宣称无辜),驳回甚至贬低具有潜在危险性的破坏性指控。② 因此,在罪行与旁

---

① ［英］费尔夫:《西方文化的终结》,丁万江、曾艳译,南京:江苏人民出版社2004年版,"序言"第3页。

② 参见［英］齐格蒙特·鲍曼:《被围困的社会》,郇建立译,南京:江苏人民出版社2005年版,第212—213页。

观者之间,存在一个广阔的灰色区域。"在这个灰色区域中,旁观者不仅面临着'助纣为虐'的危险,也面临着蜕变成作恶者的危险。"①也就是说,旁观者有趋向于作恶的危险,如果旁观者看到有人作恶,却视而不见,无动于衷,无疑助长了恶势力的威风,从而使受害者遭受更大的损失。在"作恶"和"不抵抗邪恶"之间,有一种姻亲关系。对这种姻亲关系的"盲视"是故意的,是精心策划的。② 在人们的道德行为中,旁观者所表现出来的道德迟钝、麻木,对缺德行为的冷漠,实际上助长了恶行的发展。因此,旁观者的不作为行为,也意味着道德上的堕落。因为他(他们)消极地观望、畏缩不前、感受不到他人的痛苦和灾难等,自己感到对这些没有责任,从心理上已经开始倾向于堕落了。所以鲍曼认为,"旁观者是有罪的,至少这是一种因疏忽而致的罪恶"③。旁观行为是一种"仁慈的杀戮"④。在他们的理解中,他们把旁观者定性于道德罪恶(moral guilt),这种道德罪恶虽不同于法律,但是,同样应当予以惩罚。"从法律上说,没有一种恰当的和具有约束性的无辜判决可以使被告免除或摆脱道德罪恶。"⑤惩处旁观者的道德罪恶,有助于增进更多人的警醒和自觉,提升他们的道德责任感,以达到转化旁观者的目的。

第二节　旁观者的主要类型

在现实生活中,人们因年龄、社会地位、心理感受以及道德认知水平等差别,对事件的旁观也表现出不同的态势。因此,对旁观现象进行研究,就必须对不同的旁观者根据不同的情况区别对待,明确旁观者的不同

---

① ［英］齐格蒙特·鲍曼:《被围困的社会》,郇建立译,南京:江苏人民出版社2005年版,第211页。
② 参见上书,第212页。
③ 同上书,第217页。
④ 同上书,第215页。
⑤ 同上书,第217页。

类型。作为一种社会现象,人们对旁观者的关注由来已久。在中国近代史上,梁启超先生就曾对其类别作了较为精辟的区分。梁启超认为,旁观者的历史源远流长。近世以来,在强敌入侵、国难当头之际,旁观者分化为浑沌派、为我派、呜呼派、笑骂派、暴弃派、待时派。所谓浑沌派,"此派者,可谓之无脑筋之动物也"①,也就是那种没有明确的道德认知,不知道何者为善、何者为恶的人。所谓为我派,"此派者,俗语所谓遇雷打尚按住荷包者也"②,亦即那种自私自利,不愿意"拔一毛而利天下"之人。"何谓呜呼派?彼辈以咨嗟太息、痛哭流涕为独一无二之事业者也"③,指的是那种"口说身不行"之人,这种人通常也对旁观行为进行道义上的谴责,但没有认识到自己的行为也是旁观之列,而常常以"无可奈何"为自己的行为寻找借口。所谓笑骂派,"此派者,谓之旁观,宁谓之后观。以其常立于人之背后,而以冷言热语批评人者也"④。这种人通常把自己置身事外,不管别人如何去做,总不免挖苦嘲笑。梁启超认为这类人"彼辈不惟自为旁观者,又欲逼人使不得不为旁观者"⑤。所谓暴弃派者,"以我为无可为之人也"⑥,即认为自己是社会中的一个无名小卒,难以承担挽救社会美德的大任,因此总是把承担社会责任的希望寄托在别人身上。所谓待时派,"待至可以办事之时然后办之","寻常之旁观则旁观人事,彼辈之旁观则旁观天时也"⑦。这类人实际上是那种见风使舵的圆滑之徒。梁启超先生对旁观者类别的划分,虽然是在中华民族面临危机存亡之际,针对那种对国破家亡而无动于衷的人员所做的归类,但如果放在当今的社会中考查,仍然有着非常重要的现实价值。我们可以清楚地看到,

---

① 李华兴、吴嘉勋编:《梁启超选集》上卷,上海:上海人民出版社1984年版,第129页。

② 同上书,第130页。

③ 同上书,第131页。

④ 同上。

⑤ 同上。

⑥ 同上书,第132页。

⑦ 同上。

对于现实生活中的腐败现象、贫富分化现象等社会问题,敢于为民请命、为国赴难的敢为者又有多少呢? 对照一下梁启超先生关于旁观者的分类,大抵不在此列中的人为数不多吧。

当然,本书所研究的旁观者主要是在突发事件发生时没有积极行动起来,从而造成受害者遭受一定损失的个人或群体。虽然本书意义上的"旁观者"与梁启超所言的"旁观者"在表现特征上来说,有许多相似之处,但毫无疑问的是,这里所理解的"旁观者"更着重于日常生活的琐事,因此梁先生关于"旁观者"的分类也无法完全移植到现实生活当中。基于研究的需要,本书在对旁观者的类型进行划分时,遵循着如下标准:一是根据旁观者的能力和身体素质状况,将其划分为有行为能力的旁观者和无行为能力的旁观者;二是根据旁观者的职责和义务要求,将其划分为负有专门义务的旁观者和没有专门义务的旁观者;三是根据旁观者内心道德情感的不同,将其划分为有同情心的旁观者与无同情心的旁观者。

一、有行为能力的旁观者和无行为能力的旁观者

"行为能力"一般是作为一个法律用语,表示权利主体能够以自己的行为享有权利和承担义务的能力。因为不作为的成立除了要求作为义务外,还要求有作为可能性。没有作为可能性时,也就没有作为义务。按照法律规定,公民的行为能力不是随公民的出生而获得的,也不是每个公民都具有的,只有达到一定的年龄并能通过自己的意志或意识对自己的行为进行辨认与控制的公民才具有行为能力。我国《民法通则》第 12 条将公民的行为能力分为完全行为能力、限制行为能力和无行为能力三种情况:(1)18 周岁以上的公民是成年人,可以独立进行民事活动,是完全行为能力人;16 周岁以上不满 18 周岁的公民,以自己的劳动收入作为自己的主要生活来源,视为完全行为能力人。(2)10 周岁以上的未成年人是限制行为能力人,可以进行与其年龄、智力相适应的民事活动;不能完全辨认自己行为的精神病人也是限制行为能力人。(3)不满 10 周岁的未成年人和不能辨认自己行为的精神病人是无民事行为能力人。"旁观"

行为是道德意义上的"不作为",我们在对这一行为进行道德评价时,同样应该奉行"没有作为可能性时,也就没有作为义务"这一金科玉律,当然,由于"旁观"这一现象本身的特殊性,有无行为能力不能完全按照法律的规定来决定,必须具体情况具体分析。

所谓有行为能力的旁观者,主要指身体健康、智力健全,能够根据现场所发生的事件作出明确判断,从而对受害者实施救助的所有社会公民。比如,身强力壮的年轻人、职员、教师、警察、干部、工人、农民等,他们都是可能的行为主体。这里所讲的行为能力包括两个基本的要求,即针对性和现实性。所谓针对性,主要指这种能力是行为者所具有的保护受害者免遭侵犯的能力,而不是指其他的一般能力。比如,张某是一个长跑很棒的人,但是不会游泳,面对儿童落水除了下水救人别无他法时,此时张某就属于"无行为能力"的旁观者,因为他不具备"能力针对性"这一客观条件。所谓现实性,是指当受害者的权益受到紧迫而现实的威胁时,行为者有足够的时间运用其能力保护受害者的权益免受侵犯。如果行为者在特定条件下根本无法运用其能力保护受害者的利益,那么他就不在本书所理解的"有行为能力"的旁观者之列。换句话说,只有行为者既有实施救助行为的能力,客观上又有实现该行为的条件,而行为者却没有采取救助行动时,才能称得上是"有行为能力"的旁观者。这一规定也充分体现了"道德不强人所难"这句古老格言所蕴涵的人本精神。

所谓无行为能力的旁观者,并不是指道德认知水平没有达到一定的成熟程度,而是指没有实际能力对受害者实施救助的行为主体。这包括老人、儿童、病人、残疾人等。因为他们自身的能力有限,或者身体有某种疾病、残疾,即使参与救助活动,不仅对救助者无益,反而会使自身遭受意外伤害,因此,在某种意义上他们不能作为行为主体,对他们的旁观行为也不应该过多地进行道德评价。比如,2009 年 10 月 5 日,广东南雄市发生四男生(均不识水性且未成年)为救一女生而不幸全部遇难的事实,面对落水女孩,这四名男生就属于无行为能力的旁观者。即使他们在这件事中采取了旁观的态度,社会也不应该予以道德谴责,因为鼓励无行为能力的人盲目救险,其可能后果是给社会造成更大的伤害。当然,对于无行为能力者的见义勇为精神,我们同样应该给予大力赞扬和支持,尤其是要注意利用这种精神引导广大青少年树立正确的价值观,引导他们正确看待自己和社会之间的关系。因为他们是祖国的未来民族的希望,他们能否健康成长、勇于承担重任,直接关系到国家、民族的兴衰,关系到社会主义事业的成败。邓小平早就强调:"革命的理想,共产主义的品德,要从小开始培养……中小学教师和幼儿教育工作者,负有培养革命接班人幼苗的重任。"①因此,本书认为,"赖宁精神"是一种崇高的精神,永远值得青少年学习和追求。比如,遇到有人晕倒在路上,即使是中、小学生同样可以拨打 110、120,使当事人免受病痛的折磨。从这一点上来说,有行为能力的旁观者与无行为能力旁观者之间,并不存在固定不变的界限。即使无行为能力的旁观者,也有可能出于道德冲动,对受害者采取及时的救助,成为见义勇为的道德楷模。当然,作为教育者,在对无行为能力者进行教育时,尤其需要强调"为"的计谋和策略,应该在自己力所能及的范围内"见义勇为",而不应该一味蛮干。对此,列宁就曾经讲过:"假定你坐的汽车被武装强盗拦住了。你把钱、身份证、手枪、汽车都交给他们,于是您摆脱了这次幸遇。这显然是一种妥协。……但是很难找到一个没有发疯的人,会说这种妥协'在原则上是不允许的',或者说,实行这种妥协的人是强盗的同谋者(虽然强盗可以坐上汽车,又可以利用它和武器再去打劫)。"②再者,目前没有救助能力的儿童,随着年龄的增长和心智的成熟,将来很可能会成为见义勇为者。即使某些有行为能力者,由于受到复杂的心理、文化因素影响,或担心自身利益受损失,也未必能完全履行道德义务。作为主体的行为者,存在多种复杂情况,需要根据具体情况区别对待。只有具有行为能力的人,人们才可以对其进行相应的道德评价,

---

① 《毛泽东邓小平江泽民论思想政治工作》,北京:学习出版社 2000 年版,第 161—162 页。

② 《列宁全集》第 39 卷,北京:人民出版社 1986 年版,第 17 页。

对无行为能力的人或行为能力欠缺者,尽管我们鼓励见义勇为精神但不对其行为进行道德评价,也不应该过分渲染无行为能力者的英雄事迹。

二、有专门义务的旁观者和没有专门义务的旁观者

在现代都市社会生活中,每个人从他走进社会开始,就扮演着一定的社会角色。人们因所扮演的角色和承担的义务不同,常常受到不同的道德评价。所谓社会角色是一种指与人的地位相适应的行为模式,因为他要在社会中安居就必须有一定的位置,从而也必定有一套与其地位相适应的行为模式,这样才能被别人所认识、所评价,从而才可能与别人交往。角色是社会地位的外在表现,它不是描述而是规定,是对个人权利和义务的规定。这种规定反映了人的社会存在价值,体现了社会对人的需要,反映着人们对于处于特定地位上的人们行为的期待。"当人们掌握了一个角色的内容时,他就了解作为该角色的人,人们会对他提出什么期望;同时也了解到他对其互惠角色应有的期望和要求。"①而伦理角色是对处于特定地位上的人的一种道德上的期望,它影响着有时甚至是决定着其行为者相应的责任界定。"作为确定的人,现实的人,就有规定,就有使命,就有任务,至于你是否意识到这一点,那都是无所谓的。"②站在这种立场,依据人们在社会生活中对公民生命、健康和财产安全是否负有一定的保护义务,本书将有行为能力的旁观者分为负有专门义务的旁观者和没有专门义务的旁观者两类。

所谓负有专门义务的旁观者,主要是指法律或相关条例明文规定其职责就是维护公共安全、维护国家利益和公共秩序的相关人员,主要包括警察、军人、武警、保安、治安员等。如《中华人民共和国人民警察法》第21条就明文规定:"人民警察遇到公民人身、财产安全受到侵犯或者处于其他危难情形,应当立即救助;对公民提出解决纠纷的要求,应当给予帮

① 单兴缘等编:《开放社会中人的行为研究》,北京:时事出版社1993年版,第17页。
② 《马克思恩格斯全集》第3卷,北京:人民出版社1960年版,第329页。

助;对公民的报警案件,应当及时查处。人民警察应当积极参加抢险救灾和社会公益工作。"在某种程度上说,维护社会良好的道德秩序是每个公民都应该承担的义务,但这种义务只能是一定的道德义务,而不能完全作为一种强制性的要求。而对于负有特殊使命的人来讲,他们对制止危害行为的发生具有义不容辞的责任。在遇到紧急事件的情况下,无论是着装值勤还是便装下班时,他们都必须挺身而出,义无反顾地制止各种犯罪活动,维护广大人民群众的利益和生命安全,即使自己处于危险之中,也要奋不顾身相救。此外,他们还负有对其他旁观者进行说服教育,疏散相关人员,保护事发现场,维护正常公共秩序的职能。这既是他们必须履行的职业责任,也是职业道德的基本要求。如果这些人自始至终作为旁观者,而不见义勇为,那么,不仅应当接受职业道德谴责,还要受到行政处罚或记过处分,情节严重的要接受法律制裁。例如,1999 年 5 月 12 日上午,河南项城市新桥镇信用社职工陈某因醉酒从颠簸的大篷车上摔下。路过的副所长带着三名干警停车询问事由后,推说有事,而且也不肯用手机向医院拨打急救电话,关上车门扬长而去,导致陈某因抢救不及时而死亡。事后,当事警察因触犯玩忽职守罪被判刑。[①]

所谓不负有专门义务的旁观者,则是指没有法律或其他条例明文规定其应该负有实施救助义务的人员。在社会生活中大部分人员属于这一类。法律没有特殊规定,并不表明人们就可以心安理得地去做旁观者。针对这一类人员,本书又将其进行了进一步分解。一种属于共产党员或国家公职人员(如法官、检察官、司法人员或其他工作人员等)的旁观行为,另一种是普通社会公众的旁观行为。一般共产党员和国家公职人员,尽管不负有特定的义务,但因为其身份的特殊性,他们在一定程度上代表着党和国家的形象,他们的"见死不救"行为将会对社会产生更大的不良示范性,对国家公信力和政府形象造成极大的损害。"一个人自由地选

---

① 参见《河南一警察见死不救被判刑》,《检察日报》2000 年 5 月 8 日。

择了某种责任，就是自由地选择了某种不自由。"①共产党员和国家公职人员既然选择了做人民公仆的社会角色，就应当在公共生活中以全心全意为人民服务的高标准严格要求自己，为全社会树立良好的道德榜样。党风和干部道德从根本上制约着民风民德，如果共产党员和国家公职人员降低自己的立德标准，把自己混同于普通老百姓，不仅他本人会在群众中失去感召力，还会使整个社会的道德失去重心。对此，江泽民指出："要消除不正之风和腐败现象，首先要在党内真正造成一种浩然正气。"②正因为他们社会角色的特殊性，社会对他们寄予的伦理期望值也明显高于普通公民，如最近的调查显示：69.90％的受访者认为中共党员应该有比一般群众更高的道德水平，认为所有国家公职人员都应该坚持为人民服务的比例高达22.93％。③ 公众对他们寄以如此高的道德期望，也表明公众对我们党和国家干部充满信心。如果他们都不能在道德领域起到带头作用，又如何能代表最广大人民群众的根本利益？ 因此，当他们面对突发事件而置人民群众的利益于不顾，情节严重导致恶劣社会影响的时候，也应该追究其一定的责任。2004年8月最高人民检察院公布的《检察人员纪律处分条例（试行）》中就明确规定，检察人员遇到国家财产和人民群众生命财产受到严重威胁时，能救助而不救助且情节严重的，给予降级、撤职或者开除处分。

对于普通的社会公众而言，社会对其道德要求则相对较低。然而，每一个社会成员，尽管他们所承担的社会角色不同，他们作为公民这一"共通"角色的身份不可能改变。列宁认为，社会公德是"多少世纪以来人们就知道的、千百年来在一切行为守则上反复谈到的、起码的公共生活规

① 赵汀阳：《论可能生活》，北京：生活·读书·新知三联书店1994年版，第158页。
② 《江泽民论有中国特色社会主义（专题摘要）》，中央文献出版社2002年版，第707页。
③ 数据来源：中国人民大学伦理学与道德建设研究中心2006年在全国进行的公民道德现状调查统计表。

则"①。作为公民,它至少应遵循这种最起码的公共生活准则,这是对全社会成员的底线道德要求。遇见他人或社会的利益受到损害时,在不损害自己利益的基础上,使他人或社会公共利益免遭损失,也是每一个有良知的公民应尽的道德义务。比如说,在遇到凭借自身力量无法解决的问题时,可以通过报警、大声呵斥作恶者等方式,对受害者进行帮助。当然,不损害自己的利益只能是相对而言的,因为从最严格意义上讲,任何性质的行为都有可能造成对自己利益的损害,比如,救助他人可能要占用自己的时间,可能要花费自己的电话费,等等。如果说负有特定义务以及党员干部的"见死不救"行为让人感到"愤怒"的话,那么普通社会公众的这种冷漠则让人"痛心",因为它反映出社会整体道德水平的下降。当然,对于普通社会公众的"不作为"行为,只能进行社会公德的谴责,而不能进行相应的法律制裁。这就是说,就旁观这一社会现象的道德责任而言,一般普通群众、作为党员干部的旁观者、负有专门义务的旁观者三者之间呈递增趋势,所承担的社会义务越多,所承担的道德责任也就越大。

三、有同情心的旁观者和没有同情心的旁观者

在面对他人或社会公共生活所遭受的不幸事件时,人们常常会产生出一种同情的意识或情感。这就是我们通常所讲的同情或怜悯之心。笛卡儿说:"怜悯属于悲哀一类,与对某些人的爱或善意纠缠在一起,这些人,我们认为受到了他们本不应该受到的某种苦难的折磨。"②霍布斯认为,同情心是一种将心比心的推论,"发生在一个无辜人身上的苦难,也有可能发生在所有人身上"。它是我们在感受到他人灾难之后而产生的,"因为同样的灾难也会发生在我们身上"③。人何以会有同情之心,是古往今来许多伦理思想家竞相争论和关心的一个理论课题。中国古代思

---

① 《列宁选集》第 3 卷,北京:人民出版社 1995 年版,第 191 页。
② [美]莫蒂默·艾德勒等编:《西方思想宝库》,长春:吉林人民出版社 1988 年版,第 397 页。
③ 同上。

想家孟子认为,"恻隐之心,人皆有之",把这种"不忍人之心",即同情和怜悯之心看做是做人的最起码的要求,是仁德的开端或萌芽。英国思想家亚当·斯密在《道德情操论》一书开篇就提到,"无论人如何被视为自私自利,但是,在其本性中显然还存有某些自然的倾向,使他能去关心别人的命运,并以他人之幸福为自己生活所必需,虽然除了看到他人的幸福时所感到的快乐外,他别的一无所获。这就是怜悯或同情,当我们看到他人的痛苦,或只是因为栩栩如生地想象到他人的痛苦时,都会有这样的情感"①。在他看来,同情心是每个人与生俱来的情感。任何人都不可能没有同情心,一个人的后天活动无论如何也不可能使他完全丧失同情心。"纵然是罪大恶极的元凶或违法乱纪之徒,在他们身上,这样的情感亦绝非荡然无存。"②马克思主义伦理学认为,同情是一种人们在生活实践中由于和他人结成种种联系或关系而产生的一种社会道德意识和道德情感,是人对自己同类关心爱护的族类精神和整体精神的体现。既然人生活在社会之中,人的本质是社会关系的总和,那么人在生活实践中也就很容易养成同情之心,离开了人与人之间的同情怜悯之心,社会也就不复为社会,这正如著名教育家陈鹤琴先生所说:"同情行为在家庭里、在社会里是一种非常重要的美德。若家庭里没有同情行为,那父不父,母不母,子不子,家庭就不成为家庭,若社会里没有同情行为,尔虞我诈,人人自利,社会也不成社会了。"③既然如此,本书为什么还要提出有同情心的旁观者与没有同情心的旁观者之分呢? 让我们先来看下面两个例子:

案例1 2003 年 5 月 9 日中午,一名男子爬上湖南湘潭市河东大道一栋大楼,从 6 楼纵身跳下。令人震惊的是,当时竟有数百名群众驻足观望,部分群众不时发出"快跳啊"、"我都等不及了"等等的

---

① [英]亚当·斯密:《道德情操论》,余涌译,北京:中国社会科学出版社 2003 年版,第 3 页。

② 同上。

③ 转引自范玉花《青少年同情心缺失问题及其对策》,《思想·理论·教育》2005 年第 4 期。

欢呼和鼓掌声。……该男子从楼顶跌落时,围观人群中一阵悚动,竟随之爆发出热烈的鼓掌声与欢呼声。①

案例2 2005年2月28日,在重庆报刊交易市场的出口雨棚上,站着一位40岁左右的男子,赤裸着上身,右手拿着一把锋利的刮灰刀抵着胸口,……周围站着上千名看客。……营救行动中围观者竟呼"再来一刀"……一些围观者竟然喊出了:怎么还没有跳? 快点哟! ……再来一刀嗟! ……一些围观客竟然还振振有词:说要跳又不跳,算什么? 围观者的言行再一次刺激了这位男子,他嘴中乱吼着,刀子一下一下往头上扎。②

我想看完上面两个案例,大家就应该清楚本书所讲的有同情心的旁观者与没有同情心的旁观者之间的差别了。所谓有同情心的旁观者,强调的是旁观者虽然没有采取实际行动,其行为同样属于应该受道德谴责的行为,但是其内心对受害者所受到的灾难表示同情。如果将这一类人的行为与梁启超先生所划分的类型相比照,他们应该与"呜呼派"与"暴弃派"相通。梁先生将这种人的行为作了形象的描述:"如见火之起,不务扑灭,而太息于火势之炽炎;如见人之溺,不思拯援,而痛恨于波涛之澎派。"③他们在突发事件面前,常常为受难者所遭受的损失而表示自己的道德义愤,但这种"细若游丝"的同情与义愤很快就被"坚硬如铁"的责任否定所替代:或者认为自己心有余而力不足;或者认为是事件本身的性质使自己无法决断;或者认为这样的事情自然有比自己能干的人出面处理;等等。对于这种旁观者我们称之为有同情心的旁观者,只不过他们的同情感比较淡漠,是属于非能动的消极的道德情感。这种道德情感对人的

---

① 参见肖雄:《见人跳楼竟欢呼鼓掌,冷血市民怂恿他人当街自杀》,《潇湘晨报》2003年5月12日。

② 参见《受骗民工挥刀自残 冷漠看客高呼再来一刀》,《半岛晨报》2005年3月1日。

③ 李华兴、吴嘉勋编:《梁启超选集》上卷,上海:上海人民出版社1984年版,第131页。

行为性质不会产生任何影响,因为它只停留在表面的体验之中,而不能合理地组织人的思想与行为。"消极的情感,即对现实中一定现象形成的肤浅的情绪态度,是以仅仅限于主体体验为特征,而不产生行为,因为这种被体验的情感没有转化为他的行为的动机。"①但是这种消极的道德情感体验如果遇到适宜的外在条件,就会很容易向积极能动的道德情感发生转化。在面对突发事件时,如果有人振臂一呼,对受害者进行积极的援助,那么有同情心的旁观者就完全可能受到感染,其同情感的能动性就会被激发,从而也参与到救助的行动之中。日常生活中,这样的例子可以说是不胜枚举。因此,我们也可以把这类旁观者称为"准被动参与者"。

所谓无同情心的旁观者,主要是指在他人或社会公共利益受到侵害时,不但不积极行动起来,反而通过自己的言语或行动等,间接地扩大受害者所遭受的损失的人。前面两个案例中发出鼓掌声、欢叫声的观众无疑就属于这类人群。这并不是说这类观众永远没有同情心,而是指针对这件事情而言无法体现他(他们)的同情心,这就如同人们无法说在该事件中作恶者有同情心一样。如果将这类人与梁启超的分类来进行类比,他们应该与"笑骂派"相通。梁先生对这类人物的嘴脸刻画得可谓惟妙惟肖:"此派者,谓之旁观,宁谓之后观。以其常立于人之背后,而以冷言热语批评人者也。彼辈不惟自为旁观者,又欲逼人使不得不为旁观者。"②这一类旁观者在日常生活中,总是对不利于他人或社会的行为推波助澜,他们不仅自己身为旁观者,而且还希望所有的人都是旁观者,因而对他人的救助行为冷嘲热讽。时下有句时髦的用语"罪恶的旁观者是没有眼泪的",这句话用在他们身上可以说是恰如其分,不仅没有眼泪,他们还欢笑,把自己的快乐建立在别人的痛苦之上。如果说"旁观者不

---

① [苏]雅科布松:《情感心理学》,王玉琴等译,哈尔滨:黑龙江人民出版社 1988 年版,第 179 页。

② 李华兴、吴嘉勋编:《梁启超选集》上卷,上海:上海人民出版社 1984 年版,第 131 页。

仅面临着'助纣为虐'的危险,也面临着蜕变为作恶者的危险"①,那么无同情心的旁观者就已经是在"助纣为虐";如果说"没有人特别期望恶果,并因而带有恶意去行动,否则他们在道德上就是应当被责备的"②,那么,他们当仁不让就属于应该被责备一类。

当然,我们对这种现象也不必过于担忧,因为人们的道德情感也存在着相互转化的可能性。"如果消极情感在人的情感中,在他对现实的态度中占有越来越重要的位置,则人就会发生完全的蜕变。"③这里所讲的可以理解为从"有同情心的旁观者"朝"无同情心的旁观者"的蜕变,同样"无同情心的旁观者"也有可能转变为"有同情心的旁观者"或者"见义勇为者"。因此,一味地对人们的旁观行为进行情绪化上的道义谴责,或者是从理论上分析其产生的某种社会必然性,进而为这种行为的出现进行道德的辩护,这在理论上和实践上都是无益的。如果仅仅停留在浅层次的指责与谩骂上,说不定昨天的冷漠看客,可能就是今天的指责者;今天的指责者,明天也许会成为一名冷漠看客。如果从理论上为这种行为进行辩护,则只能导致这种现象进一步泛滥。因此,本书对改革开放时期旁观者现象的研究,并不认同"道德滑坡"或"公德缺失"的简单结论,而是从人们的道德认知出发,对旁观者的道德情感和道德责任评价进行深入研究,以期形成清晰明确的结论,为改进和提升人们的道德认知水平,实现由旁观者向勇为者的转化提供理论依据。

---

① [英]齐格蒙特·鲍曼:《被围困的社会》,郇建立译,南京:江苏人民出版社 2005 年版,第 211 页。

② [英]齐格蒙特·鲍曼:《后现代伦理学》,张成岗译,南京:江苏人民出版社 2003 年版,第 21 页。

③ [苏]雅科布松:《情感心理学》,王玉琴等译,哈尔滨:黑龙江人民出版社 1988 年版,第 181 页。

第二章　旁观者的道德认知分析

　　个体的道德成熟、成长和发展,首先是道德认知(moral cognition)的成熟与发展,然后才是建立在一定成熟程度的道德认知的基础上的道德情感、道德意志,特别是道德行为的相应成熟与发展。作为一种道德选择,旁观者的行为也是在一定的道德认知的支配下,根据某种道德标准在不同的价值准则或善恶冲突中而作的自觉自愿的抉择。因此,要把握影响旁观者道德行为的因素,首先就必须深入探究和把握旁观者的道德认知现状。旁观者的道德认知常常以常识性道德经验和习俗道德思维作为支撑,从而导致"认知失调症"和"道德忽视症",这是造成道德生活中旁观者屡屡发生的认知根源。

第一节　道德认知的内涵与功能

一、道德认知的内涵

　　认知(Cognition)是现代心理学(特别是认知心理学)的一个重要范畴,它是指人们认识、理解事物或现象,保存认识结果并利用有关知识经验解决实际问题的心理活动过程。从严格的意义上来说,认知是人类所特有的理性活动。现代著名伦理学家弗洛姆指出:"人是唯一意识到自己的生存问题的动物,对他来说,自己的生存是他无法逃避而必须加以解决的大事。他不可能退回到人类以前的那种与自然和谐共存的状态,他必须优先发展自己的理性,使自己成为自然和自身的主人。"①人们的认知总是由事件发生的环境、认知主体和认知客体等要素构成,其核心是对认知主体与认知客体关系的考虑。一般来说,任何成熟的社会人,其认知总是在特定背景知识下经过认识、再认识从而达到新认识的过程。在新认识的形成过程中,背景知识是作为"图式"发挥作用的。所谓图式,就是围绕某个中心主题,帮助我们组织社会信息的心理框架。②即使人们没有遇到过某个特殊问题,缺乏解决这个问题的有效对策,也可依靠从前积累的类似的经验,应对眼前出现的新问题。这就是所谓图式的力量。其实"图式"就是在特定文化背景下,人们在长期生活形成的行为习惯。这些行为习惯或者做事的方式,帮助我们应对眼前的困境。因此,由不同文化塑造的图式成为个人行为选择的过滤器。

人们的认知活动涉及对自然的认知与对社会的认知两个方面的内容。所谓对自然的认知是建立在对自然知识的了解和掌握之上的认知活动,它侧重于求"真",主要了解世界"是什么"、"为什么"。而社会认知强调的是个人在与他人交往的过程中,观察了解他人以及与他人有关的自我的一种心理活动。道德认知是社会认知的一种重要形式,它的不同之处就在于它关注的对象是社会道德现象及其本质。③与自然知识相比,道德知识更倾向于"善"的确立,更多的了解"该怎样"、"应如何"。当然,这并不是否认道德认知真理性的存在,缺乏对道德认知真理性的认识就会走向抽象道德论的道路和道德唯心主义的泥坑。④

从认识论的角度来看,道德反映现实的方式有两种:自觉的反映和不

①　[美]弗洛姆:《人的潜能与价值》,北京:华夏出版社1987年版,第104页。

②　参见[美]R. A. 巴伦、D. 伯恩:《社会心理学》(第十版)下册,黄敏儿、王飞雪等译,上海:华东师范大学出版社2004年版,第96页。

③　参见窦炎国:《论道德认知》,《西北师范大学学报》2004年第6期。

④　参见魏英敏主编:《新伦理学教程》,北京:北京大学出版社1993年版,第423页。

自觉的反映。不自觉的反映(自发反映、直觉的反映),在速度方面优于自觉反映。"在道德范围内,直觉同样表现为在复杂、冲突、矛盾的情况下选择行为形式时的瞬息决定。"①例如,某人突然看见有人落水,万分危急的情况促使他没有思考余地,当机立断,救起落水者。这里表现出直觉的定向功能,即直觉促成或者拒绝某种行为的发生。在遭遇道德生活的矛盾冲突时,直觉的作用表现得尤为明显,"明确的、没有疑义的、形式'简单'的直觉决定,正是作为对某种生活情况的多结构性、矛盾性、'不可解决性'的反应而时常产生出来,从而,从不久前似乎是无出路的状况中找到出路。……时常在理性推论有不足之处时,就要求助于直觉,它能在深刻的道德文化水平上找到解决道德问题的办法"②。

对直觉的道德作用的研究,并不是把道德认知简单归结为直觉,或者断言直觉把理性从道德领域彻底地排除出去了。事实上,"道德直觉也像直觉的任何其他形式一样,不是先天的。它明显的'直接性'是生活经验、文化、知识和信念的复杂的融合"③。也就是说,道德直觉是人们认识达到普遍性、综合性、本质性的一种表现。只不过"直觉是与最复杂的心理过程有联系的,而这种过程只用逻辑方法是不可能揭示的"④。由此可见,在人的道德生活中,无论是心理活动还是行为过程,理性思维始终占据主导地位。道德直觉同样以背景知识、道德经验以及丰富的理性因素作基础,表现着主体的内在尺度,是主体"把对象的规定看做自己的规定,所以在对象中直观到自己"⑤。简而言之,道德直觉是理性因素和非理性因素的融合。道德直觉的这一特点,决定了人们在公共生活中遇到

① [苏]科诺瓦洛娃:《道德与认识》,杨远、石毓彬译,北京:中国社会科学出版社1983年版,第69页。
② 同上书,第70页。
③ 同上书,第69页。
④ [苏]施瓦茨曼:《现代资产阶级伦理学——幻想与现实》,刘隆惠译,上海:上海译文出版社1986年版,第48页。
⑤ [德]黑格尔:《精神现象学》下卷,贺麟、王玖兴译,北京:商务印书馆1981年版,第187页。

突发事件时,通常可以借助个人的道德直觉进行判断和行动。

与一般的认知不同,道德认知的特殊性在于:第一,主体通常从认知对象中获得道德价值取向。① 例如,当遇到突发事件时,某人作为目击者是采取救助行为还是旁观态度,其行为选择取决于事件的性质以及个人与当事人的关系。即使是非常急迫的事件,也包含目击者最基本的价值判断。这个价值判断是由个人的价值观支配的。"价值观从总体上影响一个人的态度和行为。"② 它使我们对行为及其结果进行比较,从而决定哪种行为方式最可取。一个在丰富的道德知识指导下和道德范例的感染下的人,往往会采取"人生为大众"的价值取向。而一个在利己主义思想指导下的个体则可能会选择"人生为我"的价值取向,"所有的东西——不仅是土地,甚至连人的劳动,人的个性,以及良心、爱情和科学,都必然成为可以出卖的东西"③。在公共道德生活中,只有那些能够引起主体注意和感兴趣的行为的某种特征、结果的某种意义及其某种品质,才能进入主体视野,否则就有可能为主体所忽视。④ 对此,阿尔汉格尔斯基强调指出:"道德意识从社会联系的总和中划分出自己专门的反映对象,即社会和人之间的相互关系,人们在社会里表现在其直接交往中的相互关系。"⑤

第二,道德认知以理想性和超越的形式反映现实。道德认知是具体的、历史的,表明其有相对性和现实性,它是道德本身所包含的"实然"层面。此外,由道德的本性所决定,道德认知还有绝对性和超越性,它是主

---

① 参见曾钊新、李建华:《道德心理学》,长沙:中南大学出版社2002年版,第61页。

② [美]斯蒂芬·P.罗宾斯:《组织行为学》(第10版),孙健敏、李原译,北京:中国人民大学出版社2005年版,第71页。

③ 《列宁全集》第15卷,北京:人民出版社1988年版,第153页。

④ 参见唐凯麟:《伦理大思路——当代中国道德和伦理学发展的理论审视》,长沙:湖南人民出版社2001年版,第660页。

⑤ [苏]科诺瓦洛娃:《道德与认识》,杨远、石毓彬译,北京:中国社会科学出版社1983年版,第50页。

体以理想为依托的价值取向①，即它所包含的"应然"要求。所谓实然，就是现实生活中人与人、人与物（包括自然界）之间的关系。它是道德存在的现实基础。"人们之间的社会联系、他们的行为适应或者不适应社会发展的客观需要，就是道德所反映的对象，也就是道德所反映的社会存在的那个方面。"②所谓应然则是道德生活的导向性、理想性要求。"现实和理想的相关性，以及从现实中引出理想，是道德的一个特点……理想在道德中比在其他的任何一种社会意识领域中，更具有重要意义。"③道德认知的理想性，为道德认知的发展指明了方向。在现实生活中，由于人的道德境界具有层次性，处在不同道德层次上的人，对道德规范的理解不同，个人的道德行为方式也就各异。各种不道德行为以及低层次的道德行为，只有在道德理想的引导下，逐步升华到较高道德层面，才能实现道德规范的调节目标。因此，道德认知是现实性与超越性、相对性与绝对性的统一。

第三，主体的道德认知具有一定的不稳定性。道德认知作为主体的一种心理活动，它不可避免地要受到认识主体当时态度的影响。所谓态度就是关于物体、人物和事件的评价性陈述。它包括赞成和反对两种形式。④ 态度直接反映个人的内心道德感受，受眼前的环境因素影响较大，所以态度通常缺乏稳定性。研究表明，人们寻求态度以及态度和行为之间的一致性。⑤ 在各种正式群体（如公司、学校等）中，个人的态度通常受道德规范的制约，与规范的预期要求取得一致。但在各种非正式群体（游客、旅客等）中，个人的态度在很大程度上受当时心境或境遇决定，在

---

① 参见唐凯麟：《伦理大思路——当代中国道德和伦理学发展的理论审视》，长沙：湖南人民出版社2001年版，第658页。

② ［苏］科诺瓦洛娃：《道德与认识》，杨远、石毓彬译，北京：中国社会科学出版社1983年版，第50页。

③ 同上书，第37页。

④ ［美］斯蒂芬·P.罗宾斯：《组织行为学》（第10版），孙健敏、李原译，北京：中国人民大学出版社2005年版，第77页。

⑤ 参见上书，第79页。

恶劣态度的支配下,即使有道德的成员,也可能会作出不道德的行为。此外,人们在进行道德认知的时候,还总是喜欢把自己对某一现象的道德态度同从社会环境中所获得的大众的道德态度进行对照,以判断其"真实性",从而加以选择。如果同大众的态度保持一致,就可能认为自己的道德态度也是"善"的;反之,则加以排斥。再者,公共生活的公平与否、政策或制度合理与否,甚至社会成员的某种行为举止,都可能影响到他人的态度,引起人们的不满情绪,导致各种不道德行为的发生。由此看来,道德认识能否顺利地展开自己的活动,认识主体的态度起着相当重要的作用。所以,注意改变态度是塑造积极道德认知的关键。

二、道德认知的功能

道德认知具有以下几个方面的功能:

第一,道德行为的导向功能。所谓导向功能,就是道德认知能指明道德行为的发展方向并对其作出价值评判。道德行为选择的理论基础,就是道德认知与道德行为的关系。"道德具有'知'(认识)与'行'(实践)两个方面。道德不仅是言谈议论的事情,必须体现于生活、行动之中,然后才可成为道德。"①对于道德认知和道德行为的关系,历史上曾有过多种不同的论述。如《周易》曰:"履,德之基也",将践履看做道德认知的根基。荀子说:"不闻不若闻知,闻知不若见之,见之不若知之,知之不若行之,学至于行之而止矣"②,把付诸行动看做认知的最终归宿。王阳明更是强调:"未有知而不行者,知而不行,只是未知;知是行之始,行是知之成。"③古希腊哲学家亚里士多德认为,"人不知道应该做些什么和避免什么,也正是由于这个错误,人们成为不正义的人和根本不道德的人"④。

---

① 张岱年:《中国伦理思想研究》,南京:江苏教育出版社 2005 年版,第 19 页。
② 《荀子·儒效》。
③ 《传习录·答徐爱语》。
④ 转引自[苏]科诺瓦洛娃:《道德与认识》,杨远、石毓彬译,北京:中国社会科学出版社,1983 年版,第 5 页。

尽管这些思想家诠释知行关系的角度不同,形成的理论结论各异,但是,强调"知行并进"对于道德生活的意义,却是这些学说的共同点。马克思主义伦理学认为,道德认识和道德实践是相互依存、辩证统一的关系。道德实践是道德认识的来源和基础,道德认识对道德实践有能动作用。对此,毛泽东指出:"知行合一是一件大事。陶行知主张知行合一,提倡生活教育,把教的、学的、做的统一起来,这在马克思主义看来,就是理论与实践的统一。"①马克思主义关于知行关系的科学论断,对于深化人们对二者关系的把握具有重要意义。

道德的"知"包含多个层次,既有道德观念、道德情感等感性因素,也包括道德原则、道德规范等理性化要求。在指导道德行为的过程中,这些因素是综合发挥作用的。在道德心理学看来,个体道德行为的心理准备叫作心理定势,也就是这些背景知识综合作用的结果。这些背景道德指导人们道德行为的选择过程。换句话说,道德行为的选择,首先是道德认知的选择。道德认知模式是由经验建立起来的,道德经验表现为道德生活的"图式",即以往的道德经验的积淀,形成主体价值取舍的主要标准。道德认知对行为具有指导作用,各认知要素相互依存又相互影响,其作用过程表现得异常复杂。从单纯理论角度看,人的观念就其影响人的实际生活和行为而言,可以分为三种情况,即引起直接行为的观念、引起人的情绪的观念和引起人们思考反思的观念。② 道德认知作为观念形态,对道德行为的选择作用也主要是在上述三个层面上展开的。比如,看到儿童落水,就会形成被淹死的观念,毫不犹豫地跳下水救人;看到残疾人沿街乞讨,心里不免顿生怜悯之情,然后施之以必要的帮助;等等。

道德行为的评判,主要是通过良心发挥作用的。"良心不过是社会的客观道德义务,经过道德规范从他律向自律的转化过程,而在道德主体

---

① 中共中央文献研究编辑室编:《毛泽东年谱》中,中央文献出版社 1993 年版,第135 页。

② 参见贺麟:《文化与人生》,北京:商务印书馆 1988 年版,第 127 页。

内心深处,以自律准则(内心的道德法则)的形式祭奠下来的人的道德自制能力。"①良心来源于道德认知,"良心是由人的知识和全部生活方式来决定的"②。良心的作用过程带有明显的反思性,它是在行为之后的反思中形成的心理过程。尽管良心始终以个性化的、主观的形式存在,但其内容却是客观的社会化的要求。中国有句俗话说:"天不怕,地不怕,就怕良心来说话"。古罗马思想家西塞罗也谈道:"对于道德实践来说,最好的观众就是人们自己的良心。"③作为主体的"内心法庭",良心对个人的观念和行为所起的作用,主要有三个方面:(1)在道德行为发生前,良心对道德主体的行为起着鼓励或禁止作用;(2)在道德行为过程中,良心对道德主体的行为起着"纠偏"的监督作用;(3)在道德在行为发生后,良心对道德行为起"审判"作用。④ 通过这个过程,个人才能对自身的行为进行反思,不断提高和完善自己的道德自我,提升自己做人的境界。

第二,道德自我的培育功能。所谓道德自我,就是个体意识到自身道德的存在,其标志是自我道德的形成,即意识到自己是个有道德的人。⑤苏格拉底教导人们"认识你自己",孔子提到的"为仁由己",强调的都是道德自我对人体自身生命的重要性。从道德发生学的视角看,人们对道德自我的明确意识,是在改造世界的实践中形成的,并随着行为方式的分化而日益明晰。从实践的角度来看,人的道德实践活动在本质上就表现为从"无道德自我"向"有道德自我"、从道德"旧我"向道德"新我"的转化。只有当人们对自己的行为有明确意识,能够自觉地评价行为的善恶,并自觉地扬善抑恶时,才能成为现实的道德自我主体。因此,道德行为的主体或道德自我,就是现实中有一定的经验和技能、参加道德实践的个人

---

① 参见罗国杰:《伦理学》,北京:人民出版社 1989 年版,第 207 页。
② 《马克思恩格斯全集》第 6 卷,北京:人民出版社 1961 年版,第 152 页。
③ 转引自魏英敏主编:《新伦理学教程》,北京:北京大学出版社 1993 年版,第453 页。
④ 参见罗国杰主编:《伦理学》,北京:人民出版社 1989 年版,第 208—209 页。
⑤ 参见曾钊新、李建华:《道德心理学》,长沙:中南大学出版社 2002 年版,第 65 页。

或集团,他们不仅具备某种道德认知,而且具有从事道德行为的能力。不具备这种道德能力的人,只能称作可能的道德主体。由可能主体向现实主体(成熟的道德自我)的转化,需要内在和外在条件。构成这些条件的因素包括:人的自然属性、社会属性和意识性。自然属性是指人的自然生理活动能力,社会属性是人的本质及处理社会关系的能力,意识性是作为自觉自主活动的内在机制。人们通过研究发现,人的行为自身包括精神因素(智力和意愿)、心理因素(情感、倾向、喜好)、生物因素(本能、自然节律)、机械因素(习惯、习俗、社会压力)等几个方面。① 从一定意义上来说,一个人成为什么样的人,既是社会选择的结果,更是他自己选择的结果。一个人只有把上述几个因素结合起来进行综合考虑,他才能把外在的道德要求转化为内在的道德命令,才能真正成为一个道德主体。

道德他律向道德自律的转化,乃是道德自我形成的基本途径。所谓道德他律,就是道德规范的外在约束力。"人或道德主体赖以行动的道德标准或动机,首先受制于外力,受外在的根据支配和节制。"②客观世界的规律和必然性,是个人道德认知和道德能动性发挥的前提。强调道德他律的目的,就是强调在道德领域没有绝对自由。道德自律是个人的道德行为,完全出于个人对道德义务的认知,在良心的内在驱使下,自觉自愿地履行道德使命。既然人是道德行为的主体,人的行为又是自觉自愿的过程,因此,行为者必须对自己的行为负道德责任。从个体道德发生的规律看,道德的发生、发展及成熟,经历了由道德他律到道德自律的转变过程。最初是他律过程,即人们遵守某种道德规范(习俗、族规等),主要是基于外在的要求和强制,而不是发自主体的内在道德需求。随着主体道德认知水平和行为能力的提升,对自身的义务和责任的认识越来越明确,能够把外在要求变成内在自觉,此时就发展到他律向自律的转化过

---

① 参见[意]丹瑞欧·康波斯塔:《道德哲学与社会伦理》,李磊等译,哈尔滨:黑龙江人民出版社 2005 年版,第 1 页。

② 罗国杰主编:《伦理学》,北京:人民出版社 1989 年版,第 187 页。

程。孔子所言的"从心所欲,不逾矩",就是道德他律转化为自律的最好表现。道德规范的他律性如果不转换为道德主体的自己的规律,那么对道德主体是无道德意义可言的。①

完善道德自我是道德认知的重要目的。"在道德中,认识与行动之间的心理联系是特别密切的。正是通过道德,对社会中的人们的关系,实现着最直接和最灵活的调节。这是一种影响着每个人的意识,提供行为规则和规范,进而转化为个人的动机和意向的调节形式。"②在现实生活中,道德认知与道德自我的关系,呈现出辩证依存的特征。一个成熟的道德自我,必然有强烈的社会责任感,对符合社会发展规律的道德原则和规范有更加清醒的认识。一个人越有道德知识,就越能理解道德原则和规范,从而越能将外在的道德要求转化为自身内在的道德命令,也就越能形成道德自我。与此同时,也越能够将自身认同的道德规范外化,成为个人道德实践的理论指南,引导个人始终作出良好的道德行为。所以从某种意义上说,个人道德自我的获得,与个人道德知识的积累是成正比例发展的。相对来说,一个社会中的人拥有道德知识越多,这个社会的道德风气也就越好。由此看来,道德认知对于完善道德自我的价值,同时也就是对整个社会道德发展的价值。完善道德自我与社会道德提升,二者相互依存、相互影响,不可分割地联系着。

第三,道德知识的积累功能。知识与认识是有区别的。认识是动态的行为过程,知识是静态的结论,是认识的理论成果。但二者是有机联系的,因为没有认识也就没有知识;新的知识的产生,又成为新的认知产生的条件。道德知识也是道德认知的成果。就人类道德知识的总体看,各种道德知识主要由两部分组成:一是个体性的道德知识(直接道德经验);二是理性化的道德知识(间接道德经验)。前者来自个人的直接的

---

① 参见罗国杰主编:《伦理学》,北京:人民出版社1989年版,第200页。
② [苏]科诺瓦洛娃:《道德与认识》,杨远、石毓彬译,北京:中国社会科学出版社1983年版,第44页。

道德体验；后者则是对前人或他人道德实践经验的总结，是科学的理性化的道德知识。无论何种道德知识，归根到底都来自人们的道德实践。社会道德知识的完善和积累，最终也是在道德实践中实现的，但道德认知只是道德实践的一个环节，它毕竟不同于道德实践。人们在道德实践中形成的感性道德认识，需要经过辩证思维过程，即"去粗取精，去伪存真，由此及彼，由表及里"①的思维制作功夫，才能深入到事物内部，把握客观对象的道德本质及规律。所以确切来说，道德知识是在道德实践基础上的道德认知的成果。道德认知成为道德实践通向道德知识的桥梁。

在具体的道德事件中，人们的道德活动是由道德行为构成的。道德行为不同于道德实践。实践是人们能动改造世界的对象性活动，它在人类生活中具有根本性地位，构成人类的存在方式。劳动实践使人成为社会存在物，没有劳动实践就没有人，也没有人的道德行为，所以实践对行为具有根本意义。具体来说，实践和行为的区别在于：实践的主体是作为整体的人民群众，行为的主体总是个别的人；实践是在科学理论指导下的活动，人的行为未必都有科学性；实践侧重从宏观上考察人类活动及其意义，行为侧重微观角度审视个体活动过程及其影响；人类实践是一个永无止境的发展过程，个体行为在变化中逐步习惯化、单一化而成为特定行为模式；实践的根本目的在于改造世界、造福人类，而人的许多行为，如违法行为、不道德行为等，可能是有意地破坏世界。二者的联系在于，人的积极的理性行为构成实践的重要环节。所以，人们既可以从实践角度考察道德，也可以从微观角度审视道德行为。现代社会道德知识的巨大进步，既是道德实践发展的结果，也与道德行为的巨大变革分不开。

人们的道德认识，是在道德实践的基础上不断完善、不断深化的过程。与此相适应，人类的道德知识也在不断积累。与其他知识的积累一样，道德知识的积累也要同时经历道德认知的不断提升。经过不断发展的道德实践、道德认识，道德再实践和道德再认识的过程，道德认识水

---

① 《毛泽东选集》第一卷，北京：人民出版社 1991 年版，第 291 页。

平不断得到深化和发展。也就是说，人的道德认知的发展，是在道德认知与道德实践的矛盾中实现的。当道德认知不能指导道德实践时，就对道德认知的发展提出新的要求，促使人们开展某种道德理论研究；当理论研究取得重大进步时，又成为道德行为实践的指南，引导实践向纵深方向发展。在道德实践过程中，不断推进道德认知的进步，需要人们对道德生活进行加工和提炼，形成各种具体的道德经验，再对这些具体经验进行加工和制作，逐步上升到理性道德认识，成为社会道德发展的基本规律。这既是个体道德知识的积累过程，也是社会道德进步的历史规律。无论何种道德认知活动，脱离具体的道德行为实践，都是无法实现的。个人只有参与道德生活，才能够不断积累道德经验，丰富道德知识，为今后的道德实践奠定基础。所以，道德认知与道德实践是相互促进的关系。

第二节　旁观者道德认知的支撑

"旁观者"现象作为一种现代都市社会普遍存在的现象，其道德认知的支撑主要可以从常识性道德经验和习俗性道德思维两个方面来进行分析。其常识性道德经验是习俗性道德思维形成的基础，在这一道德认知理论的支撑下，旁观者往往可以为自己行为的合理性寻找到一定的理论借口。

一、常识性道德经验

对"旁观者"的道德分析，无论其理论根据如何高深，发掘出何种有说服力的见解，都得承认这样的事实，即旁观者的道德认知，主要是基于个人常识性的道德经验。因为在日常生活中，人们的道德思考和道德行为，仅仅依靠常识就足够了。除非遇到复杂的道德判断，或者进行纯粹的理论思考时，才需要借助诸如道德原则、道德规范等，进行复杂抽象的逻辑推理。对大多数人而言，在实际行为的层面上，"常识是人们在日常道德实践中必要的和可靠的支柱"①。"它用最简便的途径去认识最简单的真理,能够驳倒最不可容忍的谎言,并揭露出明显的矛盾。"②常识因为其简明性,根据的相对充分和易于理解,规则的较多重复性等,成为人们评判事件的现实依据。鲍曼指出:"大部分人——我们中的大部分——更多的时候依据习惯和常规行事,我们与一种昨天相同的方式活动,以一种与周围的人相同的方式活动。只要没有事情能阻止我们遵循'惯例',我们将会一直这样下去。"③之所以会存在这种情况,苏联学者认为"在不断重复的情况下,人们是比较容易相互了解的。他们知道,在街上,在影剧院中,在商店里的行为规则是什么。关于彼此之间的责任和关于善、恶、正义、长处和缺陷的普遍观念造成使人们能把勇敢和狂妄,谨慎和怯懦,真正的价值和虚假的价值区别开来的常识的基础"④。例如,当某人遇到不幸事件时,旁观者视而不见被认为是丑陋的、恶劣的,这种评价依据道德常识就可以获得。常识教育人们,应当帮助那些确实需要帮助的陌生人,并且对他们的帮助是无条件的,也就是没有任何回报的动机。人们对偶发事件的道德认知,就是以这些常识性道德经验为基础,进行合理的道德判断的结果。

　　人们所掌握的常识性道德经验,大多来自长辈的反复教诲,或者自己的人生体验和感悟。这些内化为行为习惯的道德经验,对个体(群体)的道德实践有着深刻的影响。"常识、生活经验、行为模式(作为环境影响的后果、教育的结果)决定人们在日常生活情况下的行为。在许多生活

　　①　[苏]科诺瓦洛娃:《道德与认识》,杨远、石毓彬译,北京:中国社会科学出版社1983年版,第72页。
　　②　转引自上书,第74页。
　　③　[英]齐格蒙特·鲍曼:《生活在碎片之中——论后现代道德》,郁建兴等译,上海:学林出版社2002年版,第3页。
　　④　[苏]科诺瓦洛娃:《道德与认识》,杨远、石毓彬译,北京:中国社会科学出版社1983年版,第72页。

冲突中,有清醒的理智、常识和道德直觉就足够了。"①道德常识教育我们应当见义勇为。尽管人们的某些道德行为,也许经不起严格的道德理论推敲,或者逻辑论证会得出相反的结论,但大多数人依然能够遵循这些常识行动。所以,对旁观者的研究,不理会道德常识的价值无疑是不可取的。人们经常看到,"甚至完全不识字的人常常具有很高的道德修养,能采取正确的道德决定,很好地考虑什么是善和恶、义务和荣誉、良心和尊严的问题,并且本身就是道德行为的榜样"②。当他看到其他人遇到困难、迫切需要救助时,不会过多考虑自身的利益得失,与其说这是出于社会本能,不如说是常识教育陶冶的结果。常识一再告诉人们,他们的行为是理所应当的,不必进行高深的理论阐释和说明。在日常生活中人们愿意帮助他人,并为此感到某种骄傲和满足,更多的是出于某种常识性道德经验支撑下的朴素的心理需要。

但是,从另外一个角度来看,我们又不能不看到,许多人在对需要帮助的人实施了救助时,其道德观念并没有超出家族结构的氛围,即没有站在公共生活的角度,真正合理地看待陌生人,见义勇为过程"无论如何英勇,尚未超越日常生活的参数;同时(虽然不是同义)它并未废弃环绕特性建立起来的生活结构"③。在传统的农业社会尤其是在中国社会,家族制度根深蒂固,所有的仁爱亲善都是包括在家族关系(朋友可看做家族的延伸)之内的,一旦超出了这个界限,仁爱亲善便不再适用。对此,林语堂先生曾作过精辟的论述:"家族制度又似社会制度,它是坚定而又一贯的。它肯定的信仰一个宜兄宜弟、如手如足的民族应构成一个健全的国家。但是从现代的眼光看来,孔子学说在人类五大人伦中,脱漏了人对

---

① [苏]科诺瓦洛娃:《道德与认识》,杨远、石毓彬译,北京:中国社会科学出版社1983年版,第63页。

② 同上。

③ [匈]阿格妮丝·赫勒:《日常生活》,衣俊卿译,重庆:重庆出版社1990年版,第91—92页。

异域人的社会义务,这遗漏是巨大而且灾苦的。"①正因如此,苏联学者认为:"如果以常识为指导,只有在一个狭小的生活范围内——在个人生活、家庭、日常生活、人们的日常交往中才能够正确地定向和采取正确的决定。"②也就是说,常识性道德经验的有效使用,具有明显的时空范围限制,不能任意推广到所有人,尤其是对于复杂社会的陌生人身上。因为不仅常识适用的范围变了,而且评判行为正确的标准也变了。恩格斯也谈道:"常识在日常应用的范围内虽然是极为可尊敬的东西,但它一跨入广阔的研究领域,就会遇到极为惊人的变故。"③一旦常识受到"陌生人"的挑战,或者自己的友好行为受到欺骗,人们对常识的信念便会产生动摇。在一个流动性的现代社会,"常识越来越难以将公共道德看做它需要为之努力的合理工程和恰当的目标"④。因此,我们认为道德常识始终只是个别的经验,尽管对个人的道德判断和行为选择有价值,但不具有普遍意义。

所以,传统农业社会形成的道德常识,在社会剧烈变迁的历史过程中,能否适用于工业文明的复杂社会现实,存在许多问题值得深入研究。另外,人们的观念和思维方式能否适应这种转变,例如,按照"推己及人"的法则要求,对待陌生人就像对待自己的家人,则依个人的生活环境、背景知识和实际经验的差别而存在多种不同的情况,需要人们区别对待。

其实,芸芸众生并没有旁观者与勇为者的区别。唯有面对道德冲突时的态度和行为,能明确显示出二者之间的分野。区分的标志就是个人能否凭借道德意志,将社会公认的道德品质——见义勇为、互助友爱、同情慈善等美德,恒久地坚持下去。随着社会文明化的步伐,理性化成为不

---

① 林语堂:《吾国与吾民》,北京:华龄出版社1995年版,第182页。
② [苏]科诺瓦洛娃:《道德与认识》,杨远、石毓彬译,北京:中国社会科学出版社1983年版,第74页。
③ 《马克思恩格斯选集》第3卷,北京:人民出版社1995年版,第360页。
④ [英]费夫尔:《西方文化的终结》,丁万江、曾艳译,南京:江苏人民出版社2004年版,"序言"第6页。

可阻挡的潮流,个人的权利和义务愈益受到尊重,即个人强化了对自身利益的关照,但是,这并不能成为无视陌生人的理由。在传统乡土社会里,由于人际交往比较单一,日常生活圈子狭小,人们彼此间互通有无,困难时相互扶助、患难与共,似乎成为情理之中的事情,作为优良的习俗不必给予更多的理由。但在现代都市社会,由于高度专门化分工,人的工具性活动为纪律和行为定向所控制,它一方面把人从事无巨细的繁杂劳动中解放出来,另一方面也把对现代人的损害推向了极致。用雅卡尔(A. Jacquard)的话说,就是精细分工制造了"独立的个体"、"残废的个体"、"失望的个体"。① 人们之间缺乏坚实的基础和亲密关系,人与人之间变得不信任,相互猜疑。在需要救助的陌生人面前,人们始终有天然的防范心理,不会轻易用熟人通用的规则来对待陌生人。面对由陌生人构成的话语体系,尤其是一些特殊的"他者"——残疾人、鳏寡孤独或流浪儿童等,人们在情感心理上很难适应。对他们的各种不幸遭遇,是产生同感、共鸣并伸出友爱之手给予无私的帮助,还是佯作旁观者冷漠处之,恐怕是抽象的爱心演绎难以解决的。在当今的道德生活中,传统道德"图式"的弊端短期难以消除,这种"图式"的合理性在今天遇到强劲挑战。这种挑战的实质在于,普遍性的道德义务与个人道德习惯之间的矛盾。在公共生活中,当遇到陌生人或偶发事件时,这种矛盾冲突可能会表现得异常明显。

社会道德教育的过程,很重要的一项内容就是将抽象的道德规范体系,转化为可以操作的常识性道德经验。因为常识也是生活经验的结晶,"在道德关系范围内,对常识的信赖,与此同时,对整个日常知识的信赖是在人的社会生活实践中形成起来的"②。只有与常识性道德相结合,道德才能够真正落到实处。将常识性道德经验普遍化,使之成为对待每个

---

① 参见[法]阿尔贝·雅卡:《科学的灾难? 一个遗传学家的困惑》,阎雪梅译,桂林:广西师范大学出版社2004年版,第20页。

② [苏]科诺瓦洛娃:《道德与认识》,杨远、石毓彬译,北京:中国社会科学出版社1983年版,第73页。

公民的道德义务,也就是社会道德教育付诸个人行为实践的过程。同时我们更应该看到,尽管"在日常生活中,惯例在形式上是具体的,它们高度精确地详细地规定了个人的行为"①,但是,由于"日常伦理道德如同一般日程生活一样是异质的"②。因此,脱离道德理想引导的完全世俗化的道德,其道德的价值就必然降低了,或者说,没有道德原则和道德理想的引导,常识性道德经验就失去了方向。如果人们的行为完全以常识性道德经验来考量,将道德心理或行为置于常识的评判之下,人们道德生活的高尚性也就被取消了。应当看到,常识性道德经验具有两面性。"常识是我们完全有理由为之骄傲的基本感官属性,但如果被运用在错误的场合和时间,常识也可能被证明是一种危险的工具。"③因此,我们既不能完全信赖常识,也无法排除常识的现实意义。改造和提升常识性道德,并不是消除其中的合理因素,也不是完全消弭它的影响力,而是如何结合新的时代条件,更新和完善常识性道德经验,有机融入规则化的道德要求,使之适应复杂多变的现代生活。

二、习俗性道德思维

"习俗(Ethos,Sitte)无非是为了维持共同的生活以自然发生的形式形成的、为类的成员在无意识中接受的、共有的社会常规。"④这种基于社会常规基础上的习俗的思维活动,表现在处理人际关系方面,就是按照情感远近及其决定的价值大小排序,分别采取不同的行为策略。我们称之为习俗性道德思维。这种思维模式的存在,尽管人们不能完全以对错加

---

① [匈]阿格妮丝·赫勒:《日常生活》,衣俊卿译,重庆:重庆出版社1990年版,第90页。

② 同上。

③ [英]费夫尔:《西方文化的终结》,丁万江、曾艳译,南京:江苏人民出版社2004年版,"序言"第1页。

④ [日]岩崎、允胤:《人的尊严、价值及自我实现》,刘奔译,北京:当代中国出版社1993年版,第44页。

以评判,但至少在对待陌生人问题上是不公平的。为了克服这种思维模式的弊端,我国古人提出了"推己及人"的思维模式,墨子的"兼爱"也是对它的批判性回应。现代伦理中的公共道德规范对所有人都一视同仁。坚持在道德面前人人平等,至少是相对意义上的平等,乃是道德规范保证其权威性的前提。如果道德生活被划分出特权阶层,形成某种特权性的道德思维模式,那么,其有效性将会大打折扣。习俗道德思维和现代伦理思维究竟有何区别?二者各自的优劣分别在哪里?对于这些问题,只有深入研究习俗和伦理的关系才能找到答案。

这里的"习俗"主要指其中的道德内涵。在《尼各马科伦理学》中,亚里士多德首次阐明习俗与德性的关系。他认为伦理是由风俗习惯沿袭而来,"习俗"(ethos)的拼写方法略加改动,便成为"伦理"(ethike)。习俗不是自然生成的,自然生成的本性无法改变,而习俗可以改变。① 他虽然未将习惯与风俗加以区分,但明确指出伦理形成的基本思路,为我们认识习俗和伦理提供了重要线索。习俗是习惯和风俗的简称。"习惯"通常是个人化的行为取向。"风俗"是为多数人普遍认可的、大众化行为取向。习惯侧重个人行为的差异性,风俗侧重不同成员行为的一致性;习惯是个人生活经验的积淀,风俗更多考虑他人和公众舆论的意见。无论习惯还是风俗,都是在人们在长期生活中自然生成的、逐渐积淀于潜意识之中、为社会成员被动遵守的规则。"伦理"则是为了调整社会利益关系,人们自觉提出的规范性道德要求。"从自然发生的习俗向作为社会规范的伦理的转化,是质的飞跃,而非连续性的。这是因为,伦理是由'应该怎样做'、'不应该怎样做'的明确的规范意识来维持的,是自觉地形成的。"②所以,自然生成与社会规范,乃是习俗与伦理的根本区别,亚里士多德没有看到这点。在传统社会里,风俗习惯的积极职能是维护共同生

---

① 参见苗力田主编:《亚里士多德全集》第8卷,北京:中国人民大学出版社1994年版,第27页。

② [日]岩崎、允胤主编:《人的尊严、价值及自我实现》,刘奔译,北京:当代中国出版社1993年版,第47页。

活。所以习惯和风俗既是行为方式，又积淀为行为规范。而习惯与风俗对行为的调节，主要依靠外在制裁起作用。作为古老文化的重要组成部分，习惯和风俗渗透于人们生活的方方面面，如婚丧嫁娶、财富分配、宗教仪式、农业生产等。"习俗无意识地内化于个人之中，沉淀于他们意识的深层，决定着他们对事物的见解和生活态度等，成为他们的行为方式。因此，习俗可称之为'第二自然'。"①

与习俗共同发挥作用的，就是人们的习俗性道德思维。习俗道德的强制性表明，它的要求不是理性的东西，因此无法用明确的理性规则解释。也就是说，人们感到这样做出于自然，方便实用且为大多数人所认同，因此不必给予更多的解释。个人道德行为的决策，必须以正确的道德认知为基础。正确的道德思维方式，无疑是形成正确决策的前提。习俗性道德思维的特点是简易、迅速、直接，根据自己的生活经验，完全可以对公共生活中的事件作出合理判断，除非个人的道德认知能力有问题。但是，习俗性道德思维的弊端，在于其内倾性思维方式——将熟人和生人分开，按照亲情远近分别给予不同的价值评判。费孝通先生在谈到中国人的这一思维方式就说："中央是宗族或家庭，将由道德义务联结起来的人们聚在一起。围绕这一核心的是相邻的联合村，可以为其下个定义，那就是一致对外的团结一致的集团。……在一切同外部世界的关系上，中国人始终优先考虑相应层次的内圈。"②因此，就习俗性道德思维发挥作用的领域来看，它无疑是狭隘的，仅仅适用于特定的亚文化圈子。在现代公共生活中，"我们几乎被陌生人所充斥"，对他人而言，"我们本身也是陌生人"③。在这样的条件下，习俗的偏见和狭隘就暴露无遗。不同地区有

---

① ［日］岩崎、允胤主编：《人的尊严、价值及自我实现》，刘奔译，北京：当代中国出版社1993年版，第45页。

② 转引自安德烈·比尔基埃等主编：《家庭史》，袁树仁等译，北京：生活·读书·新知三联书店，1998年版，第307—308页。

③ ［英］齐格蒙特·鲍曼：《通过社会学去思考》，高华、吕东等译，北京：社会科学文献出版社2002年版，第20—21页。

不同道德风俗,它们彼此之间存在差别,甚至存在着较大冲突。习俗性道德思维没有考虑人们之间的平等,以及整个社会权利和义务的统一性。这种习俗性道德思维及其支配的行为习惯,影响到对陌生人的合理价值评判,也必然制约某种道德行为的发生。此外,习俗道德侧重调节人际关系,其中较少包含对待自然环境的道德要求,因而它显然很难应对现代化社会发展的需要。

现代社会中,人们的道德行为是习俗的延伸。其中包括两个层面:一是由传统习俗向伦理规范的转化;二是现代道德主体的生成。每个人自诞生之日起,就不断受到某种习俗的熏陶,逐渐内化成为行为方式的一部分。伦理规范生成于文明社会,是人的意识自觉的结果。由于现实利益关系造成的纠纷、冲突增多,人们制定明确的道德规范,以"应当"或"不应当"的形式约束和引导行为。所以,习俗向伦理的转化,是社会利益关系复杂化的必然反映。当然,这个过程伴随着伦理规范主体的生成。作为社会的主人,人们不仅意识到自身利益,同时也明确意识到他人利益,能够合理协调二者关系。所以,习俗道德向伦理道德的发展,与道德主体的生成是一致的。当然,在现代生活的感性层面,仍然存在大量习俗及习俗性道德思维,发挥着调节人际关系的作用,"认为作为社会常规的习惯已化作无用之物,是没有道理的"①。习俗在世代传承过程中,以无形的力量对人发挥潜在作用。因此,理性化的道德规范如果能转化为习俗,为公众所接受和认同,必然会对个人道德素质的改善及全社会道德水准的提升产生积极影响。由于习俗性道德思维缺乏道德理性的支撑,"他不能理解他所遵循的道德体系的根据,也不能理解向他提出的行为的具体规范、命令和指令的道德体系的根据"②。"普通常识的这种偏见,常常也会渗透到道德理论中去。那时就会把单个人在形式上服从他周围的道

---

① [日]岩崎、允胤主编:《人的尊严、价值及自我实现》,刘奔译,北京:当代中国出版社1993年版,第46页。

② [苏]科诺瓦洛娃:《道德与认识》,杨远、石毓彬译,北京:中国社会科学出版社1983年版,第115页。

德,说成是合乎道德的标准。"①所以,一旦脱离特定的历史条件,习俗思维的惰性就会成为社会陋习,顽固地桎梏人的思想和行为。所以,无论习俗上升为规范,还是规范转化为习俗,都必须注意其两面性,因时因地加以积极有利的引导。

习俗性道德思维的现代更新,归根到底是社会变迁的要求。个体的道德行为,并非完全发自个体的道德认知,还取决于当时特定的社会环境。在具有流动性的现代社会,人们道德思维的特点发生了显著变革,即不再以某种一成不变的眼光审视他人,同样,也不再将自己的道德评价固定于某个方面。随着人们由简单角色向复杂角色的转变及社会生活环境的改变,适用于某地某时的习俗道德标准,可能会完全不适于另外的地区。"有一件事情我们可以确信:在一个承认道德无根源、缺乏效用,而且仅靠习俗这块易碎的跳板来沟通深渊的社会中既存的或可能存在的任何道德,都只可能是无伦理根据的道德。"②因此,落后的习俗性道德思维若不能迅速适应这种变革,就很可能成为道德生活的落伍者。社会生活是个人道德改善的最终根源,因为"道德不是以客体的最初的自然形态来反映客体,而是通过人类道德经验、社会需要和阶级利益的影响来反映客体"③。也就是说,道德思维体现着个人与社会的相互关系,个人的道德心理和道德行为,应当是这种社会关系的产物。况且单纯凭借个人自然生成的习俗道德思维,无法完全解释现代人的道德心理和行为。因此,现代人的道德思维处于传统与现代的夹缝中,面临着多种选择的可能性。当代社会伦理或公共道德的优势在于,它完全摆脱了地域性习俗道德的局限性,将平等和公正原则置于伦理的首位,对每个公共生活的参与者都

---

① ［苏］科诺瓦洛娃:《道德与认识》,杨远、石毓彬译,北京:中国社会科学出版社1983年版,第115页。

② ［英］齐格蒙特·鲍曼:《生活在碎片之中——论后现代道德》,郁建兴等译,上海:学林出版社2002年版,第10页。

③ ［苏］科诺瓦洛娃:《道德与认识》,杨远、石毓彬译,北京:中国社会科学出版社1983年版,第50页。

一视同仁。这既是人们道德思维应当遵循的基本原则,也是社会文明进步的必然趋势。

第三节　旁观者道德认知的缺失

　　旁观者也是普通人,与其他社会成员没有明显区别。旁观者与勇为者产生分化,是在偶发事件过程中形成的。也就是说,在公共场合以及没有熟人监督的情况下,出现了旁观者这个特殊的群体。这种现象的产生足以表明,特殊的时空条件对人的心理和行为有着特殊影响,其影响首先表现在旁观者的道德认知方面。本书认为,旁观者道德认知的特殊性,主要表现为道德认知缺失。这种缺失体现在道德认知失调和道德忽视两个方面,二者是紧密相关的。由于道德认知失调而导致道德忽视;而道德忽视的发生,又强化道德认知失调的负面效应。

一、旁观者"认知失调"的归因

　　"认知失调"是美国社会心理学家费斯廷格使用的概念。他认为,人的认知由若干元素构成。这些元素构成认知的基本单位。各单位之间的关系有协调、不协调和不相关三种情况。当两种元素含义一致、彼此不相矛盾时,就称为协调;当两种含义彼此不牵连时,叫做不相关;当两种认知彼此矛盾,或含义不一致时,就会出现失调,并导致紧张的心理状态,产生动机冲突。① 费斯廷格认为,一个人的认知必须协调或平衡,一旦出现不协调,就会产生内在压力和动机冲突,造成行为失去常规。将这种理论用于"旁观者"现象的分析,我们可以看到许多问题。对于旁观者而言,内在心理冲突始终存在,表现为态度的暧昧不明,动机的相互冲突等。因为当你问及旁观者为何没有救助时,回答最多的恐怕是,他们的确需要救

---

　　① 参见叶浩生:《西方心理学的历史与体系》,北京:人民教育出版社 2005 年版,第467—468 页。

助,但自己心中却存在种种顾虑,因而始终没有采取救助行为。心理学家对此的解释是,这是心理和行为之间的认知不协调的结果。所谓认知不协调,指的就是当人们感觉自己的各种态度之间或者态度与行为之间存在某种程度上的不一致时,心理上所产生的不愉快的状态。① 在这个时候,"人往往对产生在自己身上的情感持肯定态度,这表现在人总是让自己的情感自由发展不受阻碍"②。比如说,很多吸烟的人都会找出各种证据证明吸烟的害处很小,或者只有少数烟鬼才受其所害,又或者吸烟的优点(如减轻压力、有效控制体重)远远超过其缺点。③ 具体涉及旁观这一现象时,许多人也会进行无矛盾的解释,"人们有时想通过没有按道德感的要求去做进行辩解,来平息自己良心上受到的谴责"④。比如说,旁观者可能会认为,这年头人人都自扫门前雪,不管他人瓦上霜,如果自己遇到了这样的困难,别人也不会管,所有人都如此,那么我又何必出风头。

在现实生活中,认知失调的发生较为常见。道德活动中也同样存在认知失调问题。道德是人们以"实践—精神"的方式把握现实世界的过程,客观世界矛盾的复杂性,人类精神生活的多元性,主体反映客体方式的多样化等,都有可能导致道德认知失调的发生。就公共场合的偶发事件来看,旁观者是否付诸行动、其行为动机如何,主要取决于个人自我保护的需要、期待救助者的需要、社会舆论的压力、外界环境影响等因素。诸多因素相互交织在一起,造成个人道德动机中的复杂矛盾冲突,制约着个人行为的积极性,影响个人道德判断的准确性,即难以在瞬间作出有效判断,或导致个人价值判断的失误。造成这一现象的原因,不能不说与农

---

① 参见[美]R.A.巴伦、D.伯恩:《社会心理学》(第十版)下册,黄敏儿、王飞雪等译,上海:华东师范大学出版社2004年版,第182页。
② [苏]雅科布松:《情感心理学》,王玉琴等译,哈尔滨:黑龙江人民出版社1988年版,第189页。
③ 参见[美]R.A.巴伦、D.伯恩:《社会心理学》(第十版)下册,黄敏儿、王飞雪等译,上海:华东师范大学出版社2004年版,第183页。
④ [苏]雅科布松:《情感心理学》,王玉琴等译,哈尔滨:黑龙江人民出版社1988年版,第189页。

村生活相联系的种族或区域文化有着很大的联系。"因为这些亚文化不具备与工业化职业相关联和应付都市生活所需的内容,同时缺少与陌生人打交道的有关行为规范,也缺乏对城市现实的观念,个人去城市的目的也不明确。简言之,源于俗民社会的亚文化不具备把青年人引向都市社会的条件。"①但是,从本质上看,人们奋斗所争取的一切,都同他们的利益有关,义和利的矛盾冲突才是个人价值判断失衡的根源。在现实生活中,义和利都是人们的客观需要,为人的自由和全面发展所不可或缺。当义和利二者能够统一时,反映在个人道德生活中则是认知和谐,道德行为选择合理;相反,当二者处于对立和冲突时,反映在个人的道德心理和行为中,则是个人道德选择中的痛苦和焦虑,道德认知失调现象的发生。"道德和身体一样,需要饮食、衣服、阳光、空气和住居,如果缺乏生活上的必需品,那么也就缺乏道德上的必要性。生活的基础也就是道德的基础。"②在现实生活中,当人们的道德付出常常得不到相应的回报时,甚至"有德者"反而有所失,个人道德选择的态度呈现出千差万别的态势也就不足为怪了。因此,无论道德认知协调还是认知失衡,发生均有某种合理性。

道德认知失调的不良后果,主要有以下几方面。首先,产生各种消极的道德情绪,影响个人行为的意志力。道德意志是人们在道德活动中的主观心理状态,表现为人们履行道德义务时自觉克服困难的毅力,导源于人们的道德认知。当人们坚信某种道德信念并决心变成行动时,便在思想上产生坚强的信念,这种信念成为作出某种道德行为的巨大动力。道德意志体现着人们对美好道德理想的追求。旁观者身上所发生的道德认知失调,不论是由何种因素造成的,都会造成消极道德情绪,制约着个人道德行为的意志力。因为"对道德观念与实际现实之间,对理想与生活

---

① 单兴缘等编:《开放社会中人的行为研究》,北京:时事出版社 1993 年版,第 29 页。
② [德]路德维希·费尔巴哈:《费尔巴哈哲学著作选集》上卷,北京:商务印书馆 1962 年版,第 569 页。

之间,对应该的东西和现实的东西之间的不一致的感觉导致两种不同的道德立场:道德上的怀疑主义,即不相信能够改善生活,怀疑可以达到所渴望的理想和对现实的改造;以及为改造世界、同缺陷和邪恶作斗争(以培养自己对破坏道德规范的不容忍性为前提)而进行的活动中表现出的乐观主义立场"①。人们不良道德心理的存在,造成人们的道德心理扭曲,道德悲观主义情绪蔓延,这些都可能成为良好道德心理的杀手。引起这些情绪的原因有多种,它或是狭隘的习俗性道德思维的产物,或个人当下的痛苦境遇使然,或来自社会环境的巨大压力等。当下社会生活的复杂性,各种媒体关于勇为者因救助而致残,自己和家人生活陷入困境的报道,也不同程度地激起人们的旁观心态,影响到道德意志力的发挥,最终制约着救助行动的及时展开。

其次,影响个人对自我行为的正确道德评价。个人对自身行为的道德评价,主要受制于个体道德认知。正确地认识自我,始终是完善自我、发展自我的前提。对自身的合理的道德评价,乃是个人道德认识和道德进步的前提。如果没有认识到自己行为的道德缺失,或者对道德缺失认知不十分清楚,就很难正确地剖析自我和评价自我,道德素质的改善或道德生活的提升就会成为空话。一般来说,人们对自身行为的道德评价,主要是按照社会公认的道德准则来进行。然而在实际生活中,这种评价更多受制于习俗或惯例的影响。习俗的作用方式主要是社会舆论。社会舆论就是个人行为的社会期待。但是,公共舆论未必都正确,对此,黑格尔就曾经指出:"公共舆论又值得重视,又不值一顾……谁在这里和那里听到了公共舆论而不懂得去藐视它,这种人绝对做不出伟大的事业来。"②因为舆论发出的主体各有自己的立场,所作的评价也是从自身立场进行的自以为合理的道德评判。作为他们所赖以评价依据的道德习俗,尽管

---

① [苏]科诺瓦洛娃:《道德与认识》,杨远、石毓彬译,北京:中国社会科学出版社1983年版,第41—42页。

② 转引自罗国杰主编:《伦理学》,北京:人民出版社1989年版,第435—436页。

渗透着道德规范的基本要求,完全可以作为道德评价的依据,但公众对道德规范的理解有主观性,甚至包含着某些错误认识。所谓"众口铄金,积毁销骨",从某种意义上说,就是不良舆论误导个人自我认知的事实。由于个人受制于外在舆论的压力,难免对自己的评价失去公正,从众心理及其相应行为的存在即是证明。因此即使个人有强烈的道德感,也必须接受来自社会舆论的筛选。总而言之,社会环境及社会舆论的倾向性,都会给道德认知带来某种负面影响,造成个人对自身道德行为评价的失误。

再次,形成消极的从众心理和行为方式。从众行为是社会心理学中的一个主要概念,从众(conformity)指人们自觉不自觉地以某种集体规范和多数人意见为准则,作出社会判断、改变态度和行为,以保持与大多数人相一致的现象。日常生活中,"单个人的道德具有明显的顺从主义色彩,谁能适应自己环境的条件和道德要求,谁就是更有道德的人"①。一般来说,从众现象的发生乃是由于众目睽睽的压力所致,对个人的行为有"归队"的期待,也就是说,要求个人与周围的他人在行为上保持一致。从众行为就是个人对自身行为的调整,以适应社会期待的过程。由于社会压力的不可抗拒性,个人面临"随大流"的选择,它表明社会对个体的巨大影响力,而这种影响通常是通过公共规范发挥作用的。"大多数人在大多数时间里都会遵守社会规范,换句话说,他们都表现出了强烈的从众倾向。"②这种倾向的存在,对于推进社会道德教育,实现个人自觉遵守公共规范,发挥从众心理的积极效应有特殊意义。就社会道德建设而言,从众心理能够引导个人遵循道德规范,将被迫遵守道德规范变成自觉的行为习惯。例如,公共场合通常有详尽而明确的规章制度,在众目睽睽之下缺乏自觉性的个人也不得不遵守规定,逐渐学会自觉地理性地行动,这样就能够逐步训练个人的道德自觉性。然而,盲目的从众行为是个体独

---

① [苏]科诺瓦洛娃:《道德与认识》,杨远、石毓彬译,北京:中国社会科学出版社1983年版,第114页。

② 参见[美]R. A. 巴伦、D. 伯恩:《社会心理学》(第十版)下册,黄敏儿、王飞雪等译,上海:华东师范大学出版社2004年版,第452页。

立性消逝的一种表现,它常常以消极的形式存在,即看到别人对某件事无动于衷,自己也寻求与他们相一致的态度和行为。所谓的"随波逐流"、"人云亦云"即是从众的鲜明写照,人们时常看到的"群体围观"现象就是旁观者消极从众心理和行为的突出表现。从众现象其实也是一种缺乏自信心的表现,不相信自己基于理性的判断是正确的,"Asch(1951,1955)的报告指出一些毫无保留地从众的人往往认为他们自己是错的,而其他人是对的"①。正是这种强烈的自我否定,导致人们在行动时没有主见。从众行为同时还是一种不愿承担责任的一种形式,俗语说"法不责众"、"枪打出头鸟",基于这样一种心态,旁观者在自己的行为与原有的认知不协调的时候,总是这样来安慰自己:"既然别人可以这样做,我为什么不能呢?"所以,从众心理具有积极和消极的两面性,它既有助于个人遵守某种道德规范,自觉维护社会秩序;也会造成对不良社会现象的盲从,导致诸如"群体围观"现象的发生。

二、旁观者"道德忽视"的危害

"道德忽视"是本书提出的新概念。所谓道德忽视就是人们对行为评价的标准,倾向于个人取得的成就(绩效)和物质利益,忽视或漠视行为本身的道德意义。这种评价标准实际应用的后果是,道德不再被看做是做人的必要条件,而仅仅是某种附加条件,也就是重视人们所取得的成就和业绩,而忽视或轻视品格和道德的意义。在不断变革社会中,个人从社会获得物质利益的多少,首先要看个人为社会所做的贡献大小。因此这个标准自有其合理性,也是社会进步的必然要求。但是,个人成就与道德人格性质各异,对社会发展的意义也不同。二者不能放在同一架天平上衡量,也就是说,人们的诸如道德行为之类的精神存在不可能完全以物质利益作为标尺加以衡量。然而在现实生活中,人们为了发展经济的需

① [美]R. A.巴伦、D.伯恩:《社会心理学》(第十版)下册,黄敏儿、王飞雪等译,上海:华东师范大学出版社2004年版,第461页。

要,在重视物质利益的同时,往往有意或无意忽视道德本身的意义。有人甚至认为,讲道德会限制个人发展,为了个人发展甚至可以牺牲道德,将道德作为社会进步的"代价",从而导致对道德要求的不适当忽视。

无论什么时代,人的行为总是有明确的目标定向。不过,在不同的社会条件下,行为定向存在明显差异。传统农业社会是封闭的,人们往往有固定的生活圈子,彼此间较为熟识,心理和行为目标接近且大多可预期。它要求个人有稳定的德性、良好的行为自律,以符合社会期待。在传统社会中,相比于工具性的交往而言,人际间大多数关系更具有情感性,人们往往把"做人"的意义放在第一位。因此,日常生活中,人们更容易将维持社会共同生存基础的习俗道德转化为个体道德自觉,并通过人格力量得以外显出来。现代社会是陌生人社会。商品经济导致人际交往的普遍化,由于职业、教育、收入等原因,人们不再受传统的地域、血缘或职业束缚,社会流动性明显增强,公共生活的冲突和摩擦也随之增多。① 在这种情况下,人际间的关系也大踏步向工具化方向发展,以往的区域性习俗无法获得普遍认同,不能适应维护社会秩序的要求。由大量陌生人构成的现代社会,个人德性固然重要,但已很难受到重视。在瞬间性的人际交往中,人们注意对方是否诚实守信,是否遵循共同制定的规则、制度、条约、守则等,用以约束人的行为,以实现"做事"的愿望。特别是在我国,由于市场经济的迅速发展,商品关系的扩张和物质的丰富,使一些人迷失在物欲的旋涡中,错误地以为市场经济规则可以畅行于所有领域,并错误地把它嫁接到道德生活中,以市场经济的"利益最大化原则"替代社会道德生活准则,进而在人的价值评价上以成败论英雄,以金钱为尺度。因此,由重视"做人"过渡到重视"做事",成为不可避免的历史趋势。

做人要以道德和人格目标定向,做事则以利益和成就定向。当代社会的显著特点是,"做人"与"做事"相比较,后者无疑占据主导地位,并成

---

① 参见单兴缘等编:《开放社会中人的行为研究》,北京:时事出版社1993年版,第55页。

为引领时代潮流的东西。若二者能够同时兼顾,则"德才兼备"的要求能够实现;一旦二者发生冲突时,或者根本无法同时兼顾的情况下,个人行为的成就定向无疑成为压倒性优势,相对而言,道德要求就退居其次。当道德变得不那么重要的时候,取而代之的便是成就和利益。至于个人的道德品质或者操守,只能成为轻描淡写的东西。这是道德生活中的重大变化。人们在实际生活中,已经深深感受到这种变化的深刻影响,并成为独立的个体无法抗拒的力量。不能否认,道德是无形的潜在的东西,无法为社会带来具体的物质财富,它只能体现在人们的生活中,通过行为中的默契调节各种关系。我们很难想象,个人只有良好的道德品质,而实际工作能力较为有限,会受到用人单位的欢迎。在道德与成就的二难抉择中,能力和成就必然成为首选因素。久而久之,它影响到个人道德思维的塑造,这种思维和行为发展的结果体现在旁观者的行为中,就是对需要救助者的道德关注减弱。同时,对自身的道德评价不再重视,或者说,某些旁观者从未有过这种感受——意识到自身行为的道德过错。即使确实存在着道德问题,其严重程度也不足以归结为道德上的恶,充其量不过是看看热闹而已。既然自己没有危害他人的行为,你也不能把我怎么样,也不应当按照道德或法律去评判。所以,在公共生活中,常常存在着社会与自我评价矛盾的现象,即自我感觉自己的行为是无害的,但社会却认为你的不作为行为是有害的,或者至少说是不道德的。事实上,"人有着作为人的目的,做人就是实现人的目的,一个实现着人的目的之人即有道德的人,所以说,做人就是去符合人的概念"①。"做人是伦理学最根本的维度,是做事的伦理意义的根据。如果不以做人为最终根据,那么任何一件事情都可以具有'道德价值',因为制造一种有利于某件事情的规范或理由是很容易的,只要乐意就可以编造出种种理由……做事的价值是相对的,而做人的价值是绝对的。"②

---

① 赵汀阳:《论可能生活》,北京:生活·读书·新知三联书店1994年版,第38页。
② 同上书,第39页。

　　道德忽视危害的表现就在于旁观者仅仅关注个人行为本身,而无视个人自身行为的道德后果,也就是无视自己的道德责任。如果说在其他场合中,道德忽视的危害是可以忽略的,那么,面对突发事件需要救助时,旁观者道德忽视的危害则是十分严重的。尤其在许多紧急状态下,无视受助者的道德需要,也就是无视对方的生命权。因为在依靠受害者自身无法解脱的情况下,只有旁观者能够协助受害者,帮助他摆脱困境的束缚,获得生存或生命的基本权利。就是说,在现代文明社会中,旁观者对于受害者而言,没有更多地顾及或考虑受助者的权利。实际上,从道德角度看,受助者的生命或生存权利需要得到相应的道德保护。这既是法律问题,也是道德问题,对这一问题的忽视理应受到法律或道德的谴责。亚当·斯密在提及由忽视而造成的后果时就说:“严重的疏忽在法律上被看做是几乎等同于蓄意预谋。当由于如此严重的疏忽碰巧造成不幸的后果时,那个疏忽大意的人常常要受到惩罚,就好像他实际上是故意要造成这些后果。”①当然,对于这样的问题,我们宁愿将其看做道德认知问题,而不愿归结为社会环境造成的影响。因为假若将问题仅仅归咎于外在大环境,那就是一种不道德的推诿和漂亮的托词。

　　人们在认识问题过程中,由于客体对象的复杂性,以及认识主体本身的局限性,造成某种程度的疏忽或失误是难以避免的。甚至可以说,一定程度的疏忽和失误是正常情况。人们也许为自己辩解说,我这样做不是故意的(有预谋的),而完全是由于疏忽所致。疏忽与失误是两个不同性质的问题。疏忽本来是可以避免的,而失误则难以避免。疏忽往往是由个人的主观条件造成的,失误却是无法避免的客观规律的结果。人们不能为失误而苦恼,却应当为疏忽而承担责任;在某些事件上,你必须因为自己的疏忽而承担责任。有人认为,由于个人认知的有限理性,造成个人的疏忽是无法避免的。但是,这并不能够因为自己的疏忽,而免除自己的

---

　　① [英]亚当·斯密:《道德情操论》,余涌译,北京:中国社会科学出版社2003年版,第112页。

道德责任。也就是说,个人的疏忽与应承担的责任之间,存在事实上的因果关系。尽管没有明确的证据作为支持,因此可以免除行为的法律责任,但不能免除个人的道德责任。法律责任是具体的、有限的,道德责任则是抽象的、无限的。当然,个人行为的道德责任,最终还是由人的良心来审判和评定的。

　　道德忽视发生的对象人群,通常都是与己毫不相干的陌生人。人们总是感到陌生人与自己无关,因此道德忽视现象的发生比较频繁。比如,我国当代社会的农民工,就是被忽视的典型对象。他们对城市建设作出巨大贡献。然而,城里人对他们的人文关怀很少,尤其是道德忽视现象大量地存在。反过来,人们对自己的家人和亲属朋友,则很少出现道德忽视的现象。道德忽视发生的时间和地点,就是某个特定的公共环境。在某个公共场合中,受助者对他人而言是陌生的,面对于己无关的偶然事件,个人感觉自己仅仅是偶然旁观者(目击者),在心理上没有对这些事情负责的态度。即使发生道德忽视现象,个人也觉得心安理得,不会形成良心上的任何愧疚感。相反,如果是自己的熟人遇到困难,个人无论出于何种目的,也不会发生道德忽视的现象,毕竟存在外在的监督力量。这里既有个人道德心理上的满足问题,也有个人所顾忌的"面子"问题。不过,社会在正常发展过程中,有必要通过各种具体的制度和保障措施,形成调节个人道德行为的内在机制,防止个人行为过度偏离正常轨道,引导个体行为朝向公共道德目标发展。正如某些学者所指出的:"在成就定向的现代社会中,要保证将追求目标的行为纳入社会赞许的轨道上去。当个人的目标与行为规范不吻合,其他人就会认为它危险。当行为结果违反法律规范时,就被认为是犯罪。"①对于"旁观者"现象的存在,还有一种分析认为,与传统熟人社会不同,现代社会是陌生人社会,人们彼此之间互不相识。在公共生活中,每个人对他人而言,通常都是匿名的陌生人,彼

----

　　① 单兴缘等编:《开放社会中人的行为研究》,北京:时事出版社 1993 年版,第141 页。

此间的责任感也随之降低。"由于大家觉得反正别人不知道他是谁,所以很容易产生一个现象,那就是社会责任感的降低。……出了事情他不管,别人也不会说他什么。"①按照杨国枢的分析,"没有人知道我是谁"的感觉,就是现代社会很容易导致自我隐遁,这就是旁观者出现的心理根源。故旁观者可称为"匿名"旁观者。

在人与自然相互依赖的关系问题上,人们的道德忽视现象更是频频发生。爱护环境、保护自然是处理人与自然关系的最基本的一条道德律令。但是,长期以来,人们仅仅看到自然对人类的使用价值,在自然面前任意施展主观能动性,对自然界任意掠夺和肆意开采,忽视自然界发展的道德需要,忽视了人类对自然事物的道德权利的尊重,拒绝把与我们息息相关的自然当做道德关怀的主体。在饮食方式上,天上飞的,地上跑的,水里游的,统统都可以纳入饕餮之口。幸运的是,一些有识之士对此早已有了清醒的认识。"让-雅克·卢梭在两个世纪前就指出,动物和人类一样具有道德照料的权利,……动物对人类而言是有用的,而且,要想使它们有用,它们需要被照料、被喂养,首要的是不要受到伤害。因此,考虑动物的需要恰恰是人类对自己的职责。"②当代社会,生态伦理学蓬勃发展,更是对此类道德忽视作出检讨和批判。有学者指出,人类所居住的家园——地球正受到来自人力破坏的巨大威胁。"核冬天"的恐怖,"温室效应"的灾难性影响,"厄尔尼诺"现象频繁出现,以及人口爆炸、生态危机、粮食短缺、能源匮乏等都在向人类迫近,我们不得不面对这些危机。如今的人类生存危机首先具有整体性,地球上每个国家、地区、民族都笼罩在危机之中,无一幸免;其次具有紧迫性,物种的消失、土壤的沙化、人口的增长、耕地的侵占、能源的消耗都在以极快的速度增长着;再次具有人为性,地球的被破坏在今天主要不是天灾,而是人祸,即是由于人类不

① 杨国枢:《现代社会的心理问题》,台北:台湾巨流图书公司1986年版,第56—57页。

② [英]齐格蒙特·鲍曼:《被围困的社会》,郇建立译,南京:江苏人民出版社2005年版,第220页。

合理的生产方式和生活方式所直接导致的恶果。① 当人们对自身的道德要求降低时,行为就会变得越加肆无忌惮,同类相残(战争)、破坏生态等事件就相继发生了。不过,在不同的历史时期,道德忽视的起因和表现不同,造成的危害也各异。传统社会的道德忽视,可能是基于人的道德认知能力低,对许多事物没有明确的认知。当代文明社会中,道德忽视的原因却是认知的过度膨胀,人们追逐的价值目标太多,以致无法分辨行为的正确方向。随着人际关系危机的发生,人与自然之间的危机也接踵而至。由此看来,道德忽视的弊端是显而易见的。

探究道德忽视问题的成因,人们不难发现,在现代都市社会,人们的社会分工明确,每个人都遵循明确的时间规律。快节奏的生活方式疏离了人与人、人与自然的关系。人们似乎视同陌路,或者不愿意操心别人的事,或者根本无暇顾及这些事情。在复杂的现代生活中,面对形形色色的突发事件,人们在短暂的相遇中,仅凭以往的经验很难作出正确判断。环境、他者的多变和不确定性,使个体关注的焦点转向了自身。"正如卢曼所说,对现代个体而言,自身成了一切内在经验的所在和焦点,然而因边缘的小接触而成碎片的环境,则失去其轮廓及其绝大部分确定意义的权威。"②卢曼在这里所刻画的,正是现代人复杂的矛盾心态。既然街头遇到的乞者是否是骗子,进门推销的青年是否是盗贼都无法断定,那么,旁观者的冷漠和犹豫显然就是正常的。面对不期而至的陌生"他者",消极自保显然是最佳策略。不过,许多事情却是人们依靠常识能够作出正确判断的。比如,面对抢劫妇女的歹徒,落入深水呼救的儿童等,其实并不需要复杂的道德思维和抽象推理,瞬间就能完成判断并采取行动。此时,如果旁观者依然犹豫不决,不能不说是对受害者生命的不尊重,对其人身权利的极大漠视。对于某种危害生态环境的行为,如果采取事不关己的

① 李培超:《环境伦理》,北京:作家出版社 1998 年版,第4—5 页。

② 参见［英］齐格蒙特·鲍曼:《现代性与矛盾性》,邵迎生译,北京:商务印书馆 2003年版,第 145 页。

态度,无疑是对社会公正的侵害。所以,对于旁观现象的频频发生,除个人应负的道德责任外,社会也应当担负相应的责任。因为个人在社会生活中,对许多事情是无能为力的。所以,我们说,道德化的批判固然重要,但人们不能不看到,社会生活越复杂,对个体道德的要求就越高。相反,我们的道德能力并没有取得同步的增长。对此,万俊人教授也曾指出:"社会的经济转型要求文化道德转型的同步,而这两种转型的实际脱节却未能真正克服。"①也有学者明确指出,现代社会"不是由于越来越失去良知,而是道德的要求更高"②。这种观点确实反映了某种真理性的认识。总之,在剖析旁观者的道德认知问题的同时,如何深入他们丰富的道德心理世界,把握现代生活对人精神生活的深刻影响,找到问题产生的内在症结,以期获得有价值的理论结论,也理应成为我们这个时代的重要话题。

---

① 万俊人:《现代社会道德和理性基础论证——兼及中国现代化运作中的道德问题》,《北京大学学报》(哲学社会科学版)1996 年第 2 期。
② [德]奥特弗利德·赫费:《作为现代化之代价的道德》,邓安庆、朱更生译,上海:上海世纪出版集团 2005 年版,第 4 页。

第三章 旁观者的道德情感分析

　　个体的道德情感始于道德认识，但并不是有了某种道德意识，就会产生相应的情感。对此，苏联学者有着深刻认识："道德及其标准，不是在简单地被人认识的时候，而是当它成为情绪态度的客体的时候，才能成为人的行为的基础。没有把生机勃勃的因素带入所感知的社会道德标准中去的道德感，这些标准实际上对人仍然是格格不入的。"① 只有当道德认识与道德情感相融合，形成一定的道德信念，才能促成道德认识向道德行为的转化。因此，要想了解旁观行为发生的情况，就必须对其道德情感进行认真的分析。旁观者的道德情感同样由同情心、义务感、荣辱感等几方面构成，但又有自身的特殊性。旁观者道德情感中的诸多缺失，主要由人际互动的"道德冷漠"和情感交流的"沟通阻滞"造成。前者是指人们道德情感的匮乏和道德判断欠思考或道德行为麻木，后者则是道德情感交流中的障碍。它们是造成人们旁观行为的主要情感诱因。

---

　　①　[苏]雅科布松:《情感心理学》,王玉琴等译,哈尔滨:黑龙江人民出版社1988年版,第188页。

第一节 道德情感的构成及功能

一、道德情感的构成

阿尔诺·格鲁恩认为："良心和罪责感被看做是我们社会生活的道德基础。我们认为,没有这个基础社会就不起作用。"[①]这里所说的良心和罪责感就是人类道德情感中的重要因素。情感是主体对客体是否满足自身需要而产生的一种内心体验和态度。在人类复杂多样的情感中,道德情感是其中的重要形式之一。所谓道德情感就是指基于一定的道德认识(包括感性认识),从某种人生观和道德理想出发,对于现实生活中的道德关系和道德行为,所产生的倾慕或鄙弃、爱好或憎恶等的情绪态度。[②] 从这一定义我们可以看出,道德情感的基本心理形式虽仍是情感,但已是受道德理性内控的感情。主体情感活动保持方向性、有序性和可控性,这是道德情感与自然情感的最大不同。

具体来说,道德情感的特征表现在三个方面:第一,道德情感是理性与非理性的统一。道德情感产生的前提条件就是人们内心已形成了一定的内在观念和价值标准,从而能对道德行为和道德关系进行认识与评价。"只有当一个人体验到道德标准对于他是一种比起只是从表面上限制他的愿望和意向更为重要的东西时,他的情感才能成为道德感。"[③]同时,道德情感作为在情绪基础之上产生的一种高级情感,它不可避免地具有情绪的天然的冲动性和盲目性,"同一对象对于同一个人,在不同的时间

---

① [德]阿尔诺·格鲁恩:《同情心的丧失》,李健鸣译,北京:经济日报出版社2001年版,第107页。

② 参见罗国杰、马博宣、余进编著:《伦理学教程》,北京:中国人民大学出版社1985年版,第357页。

③ [苏]雅科布松:《情感心理学》,王玉琴等译,哈尔滨:黑龙江人民出版社1988年版,第188页。

内,可以引起不同的情感"①。道德情感中的理性因素使人们的道德行为总是受一定道德法则的支配,而非理性因素则使人们的行为表现出一定的盲目性和冲动性。第二,道德情感是社会性与个体性的统一。人的本质是一定社会关系的总和,生活在一定社会中的人群,总是或多或少、或强或弱地产生某种相类似的道德情感,"道德概念本身要求一种人类情感,这种情感使各个角落、最遥古的人的行为也成为道德上赞许或反对的对象"②。因此,社会性是道德情感的基本属性。但是,道德情感作为主体对客体刺激而所产生的一种心理感受,又具有鲜明的主观倾向,"亲者痛,仇者快"就是对人们情感差异的典型表示。只有把道德情感的社会普遍性与个体特殊性有机地结合起来,才能使人类的情感和谐共振,魅力无穷。第三,道德情感是稳定性与易变性的统一。道德情感积淀在人的心理结构之中,构成深层心理定势,因而具有恒久性、稳定性的特点,会在主体各种社会交往中反复表现出来。③ 但道德情感并不是一成不变的,人们通常所说的"乐极生悲"、"化恨为爱"等都是日常生活中道德情感变化的典型事例。

道德情感的特殊性,在于它是构成人的道德品质的内在因素,即人们对于正邪是非的感觉,一种所有理性生物的自然本能。④ 它作为个体行为的内驱力,依靠内化了的社会善恶准则,激发、引导和评判人们的行为。在个体道德行为中,道德情感通常以个人的习惯或经验为基础,通过情绪直接地、本能地对环境作出反应。"情感是人类道德发生的直接心理基础,也是道德选择的重要心理依据。"⑤因此,培养人们的道德情感,引导道德情感积极健康地发展,被看成是道德教育的重要环节。

---

① ［荷兰］斯宾诺莎:《伦理学》,贺麟译,北京:商务印书馆,1995 年版,第 215 页。

② 参见周辅成主编:《西方名伦理学家评传》,上海:上海人民出版社 1987 年版,第365 页。

③ 参见徐启斌:《论道德情感的基本特征》,《江西社会科学》1997 年第 2 期。

④ 参见［美］弗兰克·梯利:《伦理学概论》,何意译,北京:中国人民大学出版社 1987 年版,第 24 页。

⑤ 罗国杰主编:《伦理学》,北京:人民出版社 1989 年版,第 347 页。

人类的道德情感的内容是极其丰富的,依据人的道德情感指向的对象来看,主要涉及人与他人、人与社会、人与自我三种道德关系。这三种道德关系分别观照着三种在人的道德品质形成和发展过程中具有决定性意义的情感,即同情心、义务感和荣辱感。

同情心是道德情感中的核心内容,指的是人们对他人利益和幸福的关注,对同胞的善意和爱心。"正是更多地同情别人,更少地同情我们自己,约束我们的自私自利之心,激发我们的博爱仁慈之情,构成了人性的完善;也只有这样,才能在人类中产生得体与合宜即在其中的感情的和谐。"①斯密对心理共鸣的解说,相当于人们常说的"换位思考"。在人的道德情感发展历程中,同情心出现得比较早,将近1岁的儿童在与周围人交往时,就开始能对他人的情绪表露出直接的反应。这虽然很难说是道德情感体验,但它却是发展同情心的基础。在思想家们看来,尽管同情心是生而具有的道德情感,但有些人的同情心能够在后天的社会生活与实践中不断得到培养和扩充,而有些人的同情心则在生活和行为中不断泯灭甚至接近于零。这诚如孟子所说:"恻隐之心,人皆有之……或相倍而无算者,不能尽其才者也。"②诚然,把人的同情心看做是人的自然属性这一观点是错误的,"不依赖于人而存在的,而人又与之有着密切联系的现实世界是情感赖以产生的源泉"③。但同情心确实是道德情感中非常重要的内容。因此,注重培养社会公民对老弱病残者的关心,对因天灾人祸惨遭不幸者的支持和支援,这不仅是一种情感上的移情和共鸣,而且也是"助人为乐"的情感升华,是高尚道德情操形成的基础性情感。

义务感是个人对所负社会责任的认识和体验,也是一个人应该具备

---

① [英]亚当·斯密:《道德情操论》,余涌译,北京:中国社会科学出版社2003年版,第22页。

② 《孟子·告子上》。

③ [苏]雅科布松:《情感心理学》,王玉琴等译,哈尔滨:黑龙江人民出版社1988年版,第17页。

的基本道德情感。① 马克思曾说："作为确定的人,现实的人,就有规定,就有使命,就有任务,至于你是否意识到这一点,那都是无所谓的。"②这里所说的特定的责任和使命,反映在内心深处就是义务感。义务感从实质上来说,就是社会责任感的内心自觉意识和体验。黑格尔曾经指出:"义务所限制的并不是自由,而只是自由的抽象,即不自由。义务就是达到本质、获得肯定的自由。"③也就是说,一旦人们将义务化为自己的良心,则在履行道德义务时就能完全自觉自愿地履行而不会产生把义务视为负担的感觉。"一个人可能由于性格脆弱而没有去做道德义务提示他去做的事情。而当他没有按照与他的道德体验同时产生的道德义务动机去做时,便会引起他的不满、不安和内疚。人们有时想通过没有按道德感的要求去做进行辩解,来平息自己良心上受到的谴责。"④因此,义务感不是被动地承担道德义务,而是勇于承担道德责任,并以此作为人生之快事的一种道德情感。本书主要研究人们之间的道德义务。它与法律义务的差别在于它主要是依靠人们在长期实践中形成的风尚、习惯和舆论的力量来约束,尤其是依靠人们的内心信念自觉地履行。道德义务的这个特点,也决定了人们对道德义务及其边界的认识往往是模糊不清的。

所谓荣辱感,就是人们依据一定的道德标准,在进行自我评价和社会评价活动中形成的关于荣辱观念的道德体验。这里的"荣",就是荣誉,即人们充分履行社会义务后得到的褒奖和肯定,它是人们自我实现的一种重要方式。人们的荣誉感不是盲目的自我陶醉,而是以社会对个人行为的肯定和褒奖作为道德价值尺度和客观基础。"辱"就是耻辱,或羞耻心,也就是由于个人背离社会义务而给予的否定性道德评价,表现为个人

---

① 参见曾钊新、李建华:《道德心理学》,长沙:中南大学出版社 2002 年版,第 135 页。

② 《马克思恩格斯全集》第 3 卷,北京:人民出版社 1960 年版,第 329 页。

③ [德]黑格尔:《法哲学原理》,范扬、张企泰译,北京:商务印书馆 1961 年版,第 167 页。

④ [苏]雅科布松:《情感心理学》,王玉琴等译,哈尔滨:黑龙江人民出版社 1988 年版,第 188 页。

谴责自己的行为、动机和道德品质的意向和情感。马克思曾说过,"羞耻是一种内向的愤怒"①,因为对错误道德行为的悔恨和羞恶,往往能够唤起失足者的良知,从而成为道德自我发展的新开端。对此,斯宾诺莎也谈道:"羞耻如同怜悯一样,虽不是一种德性,但就其表示一个人因具有羞耻之情,而会产生高尚生活的愿望而言,也可以是善的……一个人对于他的行为感觉羞耻,虽在他是一种痛苦,但比起那毫无过高尚生活的无耻之人,究竟是圆满多了。"②这一切都表明羞耻感是抵制不道德行为的强有力的抗毒剂。有正确荣辱感的人们都会十分珍惜自己的荣誉而力戒耻辱,从而促进个体健全的人格和良好社会道德风尚的形成。因此,柏拉图这样谈道:"假如没有这种羞恶和崇敬,无论是国家还是个人,都做不出伟大优美的事情来。"③

上述分析表明,人的社会生活离不开道德情感,道德情感是道德行为的感性基础。德国思想家石里克甚至认为,伦理学的核心就是心理学问题。因为人的心理动机和对于规则的遵守,只有揭示精神生活规律的经验科学才能解决。④ 这种认识的确包含一定的合理性。个人道德行为的发生,既涉及个体复杂的生理和心理机制,也包括道德情感的驱动作用。若没有丰富的道德情感作基础,人们就无法透过纷繁复杂的道德现象,把握隐藏在它背后的本质和规律,道德理性的产生就会沦为空谈。所以,道德情感对伦理研究具有重要意义。但是,这并不意味着道德情感可以超越道德理性。伦理学之所以研究人的道德情感,是因为它所关心的并非情感本身,而是其中的"情绪的内容、源泉以及指向的目标"⑤。从本质上

① 《马克思恩格斯全集》第47卷,北京:人民出版社2004年版,第55页。
② [荷兰]斯宾诺莎:《伦理学》,贺麟译,北京:商务印书馆1995年版,第215页。
③ 转引自魏英敏主编:《新伦理学教程》,北京:北京大学出版社1993年版,第436页。
④ 参见[德]莫里茨·石里克:《伦理学问题》,孙美堂译,北京:华夏出版社2001年版,第23页。
⑤ [苏]科诺瓦洛娃:《道德与认识》,杨远、石毓彬译,北京:中国社会科学出版社1983年版,第94页。

说,人是理性的存在物,较之于道德情感,道德理性在行为中占据主导。人的道德心理具有较大的不确定性,更多地受制于外在因素的影响。若将不确定的个体心理归结为道德的核心,个人的道德责任也就难以确定,这无疑取消了个人行为的道德责任。因此有学者认为,从情感中引出道德,又把道德归结为情感是不正确的,原因有二:首先道德情感不是第一性的;其次,道德情感并不总是有积极作用。① 所以,将伦理学的核心完全看做心理学问题,或者完全排斥伦理学的心理基础,都是不正确的理解。人们应当具体地、历史地认识道德情感,把握道德情感的特定社会作用。即使是公认的良好道德情感,对于其作用也要给予合理的评价。所以,诸如"怜悯、仁慈、报恩的感情以及相反的感情,都通过反省带到心灵面前,成为心灵的对象"②。

　　道德情感之所以成为反思的对象,从哲学上说,它涉及理性因素与非理性因素的关系。人的认识和实践都是意识支配下的活动,在这些活动中,人的理性、情感和意志是融合在一起的。其中,以理性思维为主导,同时又包含着非理性因素的参与。理性因素是指人的理性直观和理性思维能力,它为人的活动指明方向,解释复杂多变的现象,科学预见事物的发展趋势。非理性因素是指人的情感、意志、动机、欲望、信念、习惯、本能等,它们不属于人的认识能力,但对认识的发生与停止有控制和调节作用。在承认理性因素主导的前提下,要强调理性因素和非理性因素的互补关系,并注意非理性因素的消极影响。作为现实的人,自觉地、理性地行动是首要的。道德情感和欲望等非理性因素的作用,必须接受理性的支配和制约。行为的自我反思是理性特有的能力,因为只有理性才能对行为负责任。人们能意识到自身行为的后果和责任,这单纯依靠情感是无法做到的。由于非理性因素的盲目自发的特点,道德情感作为认识中

---

　　① 参见[苏]科诺瓦洛娃:《道德与认识》,杨远、石毓彬译,北京:中国社会科学出版社1983年版,第92页。

　　② [美]弗兰克·梯利:《伦理学概论》,何意译,北京:中国人民大学出版社1987年版,第24页。

的非理性因素,也必须接受道德理性的支配。在道德活动中,人们对行为后果进行的反思,实际上就是行为的价值评判过程。"人就是从道德价值的角度出发提出自己的感情判断的。不同人的反应因立场不同而各异:人们对同一个人作出不同的评价,不是因为情绪反应上的差别,而是由于立场上的差别。"①

二、道德情感的功能

人的行为的产生受多种因素影响,其过程也是错综复杂的,在这一过程中,并非只有理性因素在起作用。如果我们否认非理性因素的作用,那么行为主体就不再是一个活生生的具体的人,而只能是一个抽去了丰富具体内容和真正的实在性的"抽象的人"。对此,苏霍姆林斯基指出:"道德情感——这是道德信念、原则性、精神力量的血肉和心脏,没有情感的道德教育就变成了干枯的、苍白的语句,这种语句只能培养出伪君子。"②道德情感作为非理性因素中的一个重要环节,渗透在道德生活的方方面面,有着十分重要的功能。

(一)对道德行为有动力功能

道德情感的动力功能,是指在由道德认识转化为道德行为和内心信念的过程中道德情感起着契机和催化剂的作用。③ 对道德情感的不同作用,沙甫慈伯利作出了具体分析,他认为支配行为的情感主要有三类,即天然情感(引向公众的好处)、自我情感(引向仅对个人的好处)和非天然情感(不趋向于个人或公众的好处)。人的行为之所以有善或恶的不同结果,无非是驱动行为的情感不同所致。④ 上述观点确实有某种合理性,

---

① [苏]科诺瓦洛娃:《道德与认识》,杨远、石毓彬译,北京:中国社会科学出版社1983 年版,第 148 页。
② 转引自《湖南教育》编辑部编:《苏霍姆林斯基教育思想概述》,兰州:甘肃人民出版社1998 年版,第 75 页。
③ 参见曾钊新、李建华:《道德心理学》,长沙:中南大学出版社2002 年版,第 151 页。
④ 参见宋希仁主编:《西方伦理思想史》,中国人民大学出版社2004 年版,第 218 页。

但不能从中引出道德结论,因为人们不能对情感本身进行道德评价。道德情感之所以被认为具有动力功能,主要是因为道德知识与科学知识不同,它不是一种实然知识,而是一种应然知识。外在的道德原则和个体掌握的道德知识,如果不能得到个体在道德情感上的认同和共鸣,就不可能演化为人们的道德行为。著名的心理学家汤姆金斯的研究表明,人类活动的内驱力信号必须具有一种放大的媒介才能激发人们去行动和认识,这种起放大作用的就是情感,因为情感与内驱力比较起来具有更大的驱动性。正如恩格斯所说:"就个别人来说,他的行动的一切动力,都一定要通过他的头脑,一定要转变为他的愿望的动机,才能使他行动起来。"[①]西方著名伦理学家休谟也认为,"理性,由于冷漠而又超然的,因而不是行动的动机,仅仅通过给我们指明达到幸福或避免苦难的手段而引导我们出自欲望或爱好的冲动",而情感"由于它产生快乐或痛苦并由此构成幸福或苦难之本质,因而就变成行动的动机,是欲望和意欲的第一源泉和动力"[②]。个体如果仅仅具有道德认知能力,而无情感上的需要,那么,他与外部世界所建立的道德关系,只可能是一种被动的反映与被反映的关系。这样的个体由于缺乏窥视、了解自身的需要、动机与情感,以及不断提升、深化这种需要动机与情感的能力,就难于在主体中产生出强烈的道德动机,形成正确的道德态度,主动地进行道德活动。

日常生活中,人们面对突发的事件时,并非不知道什么是善、什么是恶,而是由于没有道德情感上的需要,明明知道善与恶、是与非,却不能从善如流、嫉恶如仇。例如,当看见歹徒在光天化日之下抢劫东西的时候,没有人不知道这种行为是恶的,但是许多人却采取袖手旁观的态度,其根源就在于人们的道德情感的缺失。一旦有了情感对人类活动内驱力的强化,人们就能够在实现活动的目标过程中,始终拥有饱满的热情、坚定的意志,而轻松的情绪、欢愉的心境又能够使道德行为的目标更容易实现。

---

① 《马克思恩格斯全集》第 21 卷,北京:人民出版社 1965 年版,第 345 页。
② [英]休谟:《道德原则研究》,曾晓平译,北京:商务印书馆 2000 年版,第 146 页。

人们道德信念的形成,乃至道德行为的发生,在很大程度上和相当广泛的范围内都是道德情感的结晶化,只有在强烈的道德情感的支配下,才能使道德认识付诸行动。在许多突如其来的道德境遇中,人们根本不可能进行详细的道德认知、分析思考,而只是在道德情感的推动下,出于良心的呼唤、情绪的激荡、责任感的驱使,迅速作出道德上的善举。

道德情感不仅在人们道德行为发生过程中起着动力作用,而且是人们的道德认识转化为道德信念的重要动因。"道德情感是道德实践活动中的探索机制,而这种机制是获得道德信念的根据和最初渊源。"①一定的道德原则和道德规范,如果没有道德情感方面的熏陶,就会硬化为语言的外壳,也就难以在道德主体心中扎根。一个人如果长期迫于外在道德舆论的压力被动地服从道德要求,个人情感与道德理智始终处于分裂状态,那么,道德只能成为徒有其名的摆设,而且还会导致人格的分裂。要促进人们内在道德信念的深化,就必须努力营造良好的道德情感氛围,从家庭到社会都要积极创造一种理解人、关心人、同情人的良好的环境;对冷漠、残酷等言行,要造成强大的社会公愤,使人们在社会情绪范围内感受到正义与道德的威严。人们只有具有良好的道德信念,并能将之付诸积极的道德行动,才能进一步养成良好的道德人格。对此,朱小蔓教授也认为:"没有情感作为人的行为的动力机制,缺乏情感在人的行为系统中的调控作用,忽略情感在建立道德信念过程中的本源性基础,个体的道德人格大厦将无从矗立。"②

(二)对道德行为的激发(抑制)功能

道德情感的激发功能是指通过激活主体内在状态,充分发挥道德主体的潜能和创造性,抑制一些不符合主体需要的道德认识和实践活动,以提高人类道德行为的效率。众所周知,人的情感是基于人的欲望和需要

① [苏]H. N. 古巴诺夫:《感性反映中的形象和符号问题》,《哲学问题》1982 年第 5 期。

② 朱小蔓:《中国传统的情感性道德教育及其模式》,《教育研究》1996 年第 9 期。

而产生的,由于人需要与欲望不同,因此人的情感具有倾向鲜明性的品格。这就决定了情感将成为激发主体对道德真理执著追求的重要因素。黑格尔为此谈道:"我们简直可以断然声称,假如没有热情,世界上一切伟大的事业都不会成功。"①如果没有情感这一非理性因素激发力量,主体不但没有充足的力量去实现目标,而且还会出现"目标消失"或目标模糊的状况。没有情感的激发作用,即使理性也会黯然失色。② 狄德罗说得好:"只有情感,而且只有伟大的情感,才能使灵魂达到伟大的成就。"③从某种意义上来说,对某一道德行为的欲望和需要的强度取决于情感的强度。

按照心理学的理解,人的道德情感分为正负两种,正情感将会增加个人有利于他人和社会的可能性,而负情感则会抑制个人的助人行为。④在复杂的道德行为中,人们往往要经过激烈的思想矛盾斗争。一种积极的道德情感往往可以化作巨大的冲力,激发人们在道德认识和道德行为过程中克服困难而勇往直前,减少人们道德认知不协调的状况。"在精神状态亢奋之时,……他会变得更富有同情心、更善良、在情绪上更富有道德体验。"⑤此外,积极的道德情感还是一种自我监督的力量,它能使人的道德行为表现出明显的坚定性,在特定的情况下,使道德认知主体大脑的各部分在极短的时间内一下子都积极活动起来,调动道德认知主体的灵感和直觉,促使人们向"善"的行为方向发展。例如,在极危险的情境下要舍身去救人,需要强大道德情感的激发力量;在极度疲劳时乘车,要

---

① [德]黑格尔:《历史哲学》,王造时译,上海:三联书店1956年版,第62页。

② 参见王勤:《非理性的价值及其引导》,北京:中央党校出版社2001年版,第113页。

③ 北京大学哲学系外国哲学史教研室编译:《十八世纪法国哲学》,北京:商务印书馆1963年版,第469页。

④ 参见[美]R. A. 巴伦、D. 伯恩:《社会心理学》(第十版)下册,黄敏儿、王飞雪等译,上海:华东师范大学出版社2004年版,第521页。

⑤ [苏]雅科布松:《情感心理学》,王玉琴等译,哈尔滨:黑龙江人民出版社1988年版,第171页。

把座位让给别人,需要道德情感的支持力量。道德情感的激发力量还表现在主体间的相互影响、感染能够引起群体效应,引发出巨大的爆发力。人们之间的情绪或情感的感染激发起个体内在的冲力或冲动,主体间联合起来的冲动往往具有排山倒海的雄伟气势,力量无穷。梁漱溟先生认为,"冲动实为吾人行动所不可少的支持力;行动起来,有时奋不顾身,不计得失者在此焉"①。

反之,消极的道德情感则可能使人们意志消沉,心情沮丧,对认识的对象不能采取辩证分析的态度,从而导致人们良好的道德认知水平和能力受到干扰和抑制,竟而出现见"善"不为的不良局面。"当利己主义情感和动机与道德感发生冲突时,包含在道德感中的对于完成道德要求的内在必要性在体验中表现得尤为突出,希望保持自己的安逸的生活和习惯了的生活方式的愿望可能'暗示'人不去干预他认为不合理的事情,因为这样做很可能给他招来一些麻烦。"②与消极的道德情感相类似的是,过于积极激烈的道德情感有时同样会起到与消极的道德情感一样的作用。如果人们的情感过于激烈,就会降低人们的道德判断能力和控制力,从而使人们不能冷静地、全面地认识问题。心理学家认为,人们的认识效率和情感的强度并不是一直成正比的。当情感的强度超过其最佳状态时,认识的效率会下降,从而给人的认识造成一定程度的阻碍作用。因此,在日常的道德生活中,要引导人们的合理道德行为,既要注意激发人们的道德情感,又要充分认识到道德情感的消极影响,使其保持在最佳程度上。

(三)对道德行为有自我评价功能

道德情感的评价作用主要表现为个人良心的作用,或者说通过个人良心发挥作用。良心这一概念在伦理史上第一次由古希腊哲学家德谟克

---

① 梁漱溟:《人心与人生》,上海:学林出版社 1984 年版,第 152—153 页。
② [苏]雅科布松:《情感心理学》,王玉琴等译,哈尔滨:黑龙江人民出版社 1988 年版,第 189 页。

利特提出。他认为，良心是区分人和动物的界限。弗兰克·梯利指出："我们把所有这些道德判断所依赖的精神成分归纳在良心的名下，宣称人们之所以这样判断是因为他们有一颗良心。"[①]良心是一种羞耻感，是对自己行为善恶的自我判断能力。作为主体内心形成的一种道德自制能力，良心不是天生的，而是在理解社会道德义务的基础上，在人们的社会实践活动过程中，通过社会教育和培养的结果。人们选择的是有利于社会的行为，还是有悖于社会的行为，对个人而言主要依靠良心的作用。一般来说，个人有了正确的道德标准，就会有强烈的道德责任感，无须别人监督就能够自觉地完成社会义务。"'良心'在道德的自我评价中，总是同责任感、荣辱感和羞耻感结合在一起的，从而对于自己所作出的符合社会道德规范要求的'善'的行为，能感到光荣、崇高、问心无愧，并带来精神上的欣慰感；反之，对自己所作出的不道德行为，则感到羞愧，并对自己进行谴责。"[②]当然，良心深处的这种趋善避恶的声音，对不同道德素质的人来说，其调节作用是不同的。但是，人们追求良心上的满足，至少为个人的道德提升提供了可能性。加上外在社会条件的坚固和引导，道德提升的可能性就可以转化为现实性。

一个有良心的人，必然有明确的善恶是非观念，从而指导人们正确的行为选择。他能够懂得同情和关爱他人，对社会公共事业有高度的责任感；对正义的事业能够做到见义勇为，具有高尚的道德情操。他也懂得羞耻，即使在没有人监督的情况下，也能够自觉对照道德规范约束自己，指导和纠正自己的行为。所以，良心是个人生活世界的精神支柱。个人若丧失掉起码的良心，就会失去健康生活的方向，他的道德世界就会瓦解。因此，在某种意义上，良心就是同情心、义务感和羞耻心的同义语。"在近代伦理学中，良心作为价值判断根源的主体而受到重视。良心不仅进

[①]　[美]弗兰克·梯利：《伦理学概论》，何意译，北京：中国人民大学 1987 年版，第 78 页。

[②]　罗国杰主编：《伦理学》，北京：人民出版社 1989 年版，第 432 页。

行理性的价值判断,而且包含着情绪的作用,自己违背价值(善)的行为被个人痛心(良心的谴责)地意识到,而且良心必须和为了实现价值而规范、引导行为的意志作用相结合。这样,在真正的良心中,知、情、意被统一起来。"①也就是说,良心能够发挥所有道德情感的综合作用,从而成为这些道德情感的中心。相反,当个人有不良的道德情感时,如嫉恨和仇视他人,与他人和社会为敌,那么对自己行为的道德评价就会采取完全相反的态度,认为自己危害社会的行为是合理的。当然,良心对自我的评价不是独立进行的,而是一个与社会舆论等因素相结合、共同发挥作用的过程。

第二节　旁观者的道德情感分析

任何人都有自己特殊的情感,旁观者作为社会生活中的正常人,在具有正常道德认知能力的前提下,其同情心、义务感、荣辱感等有其存在的特殊理由。

一、旁观者的同情心

按照斯密的说法,既然同情和怜悯是人类的自然倾向,那么每个人都应当有同情心。如果连同情心都没有,他就失去了做人的起码资格。个别属于弱智的对是非善恶缺乏基本判断力的旁观者,不属于本书考虑的范围。既然旁观者也是正常人,那么我们断定,旁观者中的大多数人仍然有着对受害者的同情心。尽管我们不赞同斯密的结论,即把同情心规定为人的自然倾向,但悲天悯人乃是人之常情。这种情感不论是先天本能,还是后天社会环境的产物,都不能否认它存在的意义。在面对他人的痛苦和不幸时,我们的内心深处会形成角色交换,借助想象体验他人的痛苦

---

① [日]岩崎、允胤主编:《人的尊严、价值及自我实现》,刘奔译,北京:当代中国出版社 1993 年版,第 76—77 页。

和不幸,仿佛自己正处在与对方一样的境遇。"旁观者的同情完全来自于下述考虑:如果他落到同样不幸的境地,这也许是不可能的,而且还能用自己目前的理性和判断去对这种不幸的境地加以思考,他自己将会是什么样的感觉。"①在斯密看来,设身处地地为他人着想,他人的苦难就是我们同情心的根源。斯密把这种现象称为情感"共鸣"现象。他认为,同情能够给人们带来快乐。"当不幸者发现一个人,他们能向其倾诉自己悲伤的根由,这该使他们多么宽慰。由于他的同情,不幸者仿佛减轻了自己的痛苦;说他们同不幸者共担苦难亦无不可。"②关于这一点,古希腊哲学家德谟克利特早就有所认识,他说:"因自己的同类遭受不幸而喜欢的人,只看到一切人都是安排着受命运打击的;他们也是没有真正的快乐的。"③要获得真正的快乐,就必须同情他人的不幸。"既然我们是人,对人的不幸就不应该嘲笑而应该悲叹。"④无论同情者还是被同情者,都能从同情心中感到快乐。不幸者由此获得心灵的宽慰和生活的巨大力量,这是同情心的社会价值。

人们对旁观者进行道义谴责,认为他们缺乏同情心,实际上他们的行为是自私自利的表现。因为他们完全以自我为中心,不懂得同情和怜悯别人,不考虑他人的利益得失,因而是极端的自私自利者。"如果他心中没有一丝同情的火花,我们就不应把他看做一个有道德的人,而应把他看做一个反常的人,一个不道德的人。"⑤在现代生活中,那些人"视他人善举为怪诞;置他人危难而不顾;对不义之恶缺少起码的正义感和义务感;对他人之难失却同情,甚至反唇相讥;这一切都是道德冷漠心态的暴露。

---

① [英]亚当·斯密:《道德情操论》,余涌译,北京:中国社会科学出版社 2003 年版,第 7 页。

② 同上书,第 10 页。

③ 北京大学哲学系外国哲学史教研室编译:《古希腊罗马哲学》,北京:三联书店出版社 1957 年版,第 124 页。

④ 同上书,第 107 页。

⑤ [美]弗兰克·梯利:《伦理学概论》,何意译,北京:中国人民大学出版社 1987 年版,第 178 页。

正因为如此,它的社会后果又与其他不道德行为别无二致"①。从某种意义上说,这种结论确实洞穿了某些旁观者真实的内心世界。他们将自己封闭起来,完全以自我为中心考虑一切。不过,这种人毕竟只是少数。个人的同情心和爱心,既是个体人格健康发展的条件,也是人们重要的道德心理需要。社会生活是道德情感的依托和源泉。若无视他人和社会存在,完全以自我为中心衡量一切,片面追求自我价值和自我实现,必然使个人情感失去依托,形成孤独、寂寞、无聊的情感体验,甚至导致心理障碍和严重的心理疾病。因此在现实生活中,只有将爱心和同情心洒向全社会,懂得关心和爱护他人,助人为乐,个人的道德情感才能真正找到归宿,也才有现实意义。同情心的存在,有助于实现人们心灵上的沟通,增强共同体的凝聚力和向心力。

但是,我们也不能否认,上述对利己主义者的谴责,忽视了一个最基本的事实,即个人同情心的实现总是与特定的条件相联系的。同情心只是"利他"的可能性,这种可能性能否实现,亦即人们能否作出"利他"行为,要取决于在当下的境遇中有无实现利他的具体条件。任何可能性向现实性的转化,都需要以特定条件为基础。这些条件包含两方面。首先是行为者本身的内在条件。在特定的时空条件下,无论是积极行动还是消极旁观,均属于个人的行为选择。支撑这种选择的道德情感及其成熟程度,与个人的人生经历和生活体验有关。一个从艰难困苦中成长起来的人,在真实地感受自身苦难的过程中,也能对他人的痛苦形成高度认同感。相应的,个人的同情心和责任感也就格外强烈。相反,自小生活在优越的家庭环境中,一贯养尊处优,缺乏对生活苦难的切身经历的人,就很难理解别人的苦衷,既不能够设身处地想象他人的痛苦,也无法与他人形成情感上的"共鸣"。一个人的家庭教育对个性的发展也起着非常重要的影响。"一个人是否能充分发展人性早在童年时代就已经确定下来了。在童年时代会发生许多灾难性的错位,然后这些错位会不自觉地一

---

① 万俊人:《再谈道德冷漠》,《中国青年报》1995 年 5 月 9 日。

代一代传下去。"①我们很难想象,在一个充满暴戾之气的家庭里成长起来的孩子长大后会充满爱心。"只有通过父母充满爱心的陪伴,孩子以后才能脱离父母并发展成一个独立的自我。"②所以鲍曼说:"不同的经历产生不同的世界观和不同的生活策略。"③其实,不同的经历也产生不同的行为策略。生活经验丰富的人,懂得如何应对生活中的偶然事件。

　　其次,同情心的实现还需要相应的社会环境支撑,这里主要指见义勇为的社会支持氛围。人们对于救助者和旁观者的不同态度,制约着他们的具体行为策略。如果见义勇为的英雄反遭讥讽,舍己为人、自我牺牲等道德品质受到置疑,不计名利得失、为他人和社会的献身精神不再受到鼓励,仁爱、利他等诸多传统美德被冷落,而我行我素、特立独行却受到青睐,旁观行为并没有受到舆论谴责;那么,社会公正就会被不良风气所取代,见义勇为必然会受到冷落,同情、怜悯、互助之心也必将为冷漠、仇恨和孤行所取代,旁观行为可能反而成为人们效仿的榜样。由此看来,创造良好的社会舆论氛围,积极鼓励人们帮助他人,强化社会义务感,为同情心的实现提供良好社会支持,乃是打消个人行为顾虑,培养献身和奉献精神的根本。当然,由于现代社会的复杂性,对于某些突发性的重大事件,单纯依靠个人能力是极为有限的,并且个人可能面临各种危险的局面。因此,充分考虑给救助者带来的不利后果,建立相应的制度化措施,给予勇为者必要的经济补偿,以维护他们生存的基本权利,才是道德进步的现实依托。各种见义勇为的制度措施完善与否,勇为者在遇到意外伤害时能否得到相关机构的承认和救助,以保证他们生活的权利和自由,都是旁观者考虑的社会因素。

　　所以,在某种意义上,旁观也是个人回避风险的行为策略。在同情心

---

　　①　[德]阿尔诺·格鲁恩:《同情心的丧失》,李健鸣译,北京:经济日报出版社2001年版,第10页。

　　②　同上书,第35页。

　　③　[英]齐格蒙特·鲍曼:《个体化社会》,范祥涛译,上海:上海三联书店2002年版,第106页。

和回避风险之间,恐怕后者占据主导地位。正如西美尔所认为的那样,"对所有面孔变得模糊并且转换成无形状的统一灰点的距离之维护,这种分裂经常带有厌恶和反感气息(或者,更准确地说,力图避免同情的危险),是对在陌生人当中生活存在的危险的自然防卫"①。这在一定程度上也是人们对行为的理性思考。目前学术界对道德行为的经济分析在增多,表明经济理性已逐步进入人们的视野,这是社会理性化的必要步骤。但是,道德恰恰不能有过多的理性算计,关键时刻它需要的是道德冲动。因为对他人的同情是追求做人的价值,而理性更多的是追求对行为的用途。"使用和价值的不同取向使得理性和爱心分道扬镳。"②"如果理性希望向作为有道德的自我的人们提出建议,那么它所使用的语言也只会是关于如何谋划得失以及费用与效益——正如它通过伊曼奈尔·康德的'绝对命令'所进行的表述那样。"③由此可见,对行为的过多功利算计,本身就是对道德崇高性的挑战。在生活中人们常听说,当遇到儿童落水事件时救助者向家属索要有关费用等。人的生命是无价的,是不能够用金钱来衡量的。在生命危急的时刻还讨价还价,而不是积极地想办法救助,本身就是不道德的行为。此外,人的各种不良情绪的存在,也是造成旁观行为的重要心理原因。由于现实生活的复杂性,人们的道德情感易受到外界因素的影响,导致各种不良情绪的产生,阻碍良好道德行为的发生。由于社会变迁,致使某些人产生心理上的不平衡,也是造成对他人缺乏情感共鸣,甚至敌视他人和社会的原因。各种不良情绪都有可能遮蔽同情心。所以,情感与行为之间存在巨大的心理空间,如何合理驾驭人的道德情感,何种因素促成情感转化为行动,或者阻碍情感付诸行动,都是理论上尚未解决的复杂问题。完全不顾社会条件的影响,单纯思考同情

---

① 转引自[英]齐格蒙特·鲍曼:《后现代伦理学》,张成岗译,南京:江苏人民出版社2003年版,第184页。

② [英]齐格蒙特·鲍曼:《个体化社会》,范祥涛译,上海:上海三联书店2002年版,第212页。

③ 同上书,第214页。

心及其作用,最后只能走向纯粹的理论思辨,无助于问题的解决。

二、旁观者的义务感

公共生活中的偶发事件,往往是检验个人道德义务的试金石。旁观者与勇为者出现的分化体现在对道德义务的认知上,就是前者对道德义务的认知模糊,即一些人没有意识到自己的道德义务或道德义务意识淡漠;后者则明确意识到自己的道德义务,并且能够通过意志的力量,自觉履行道德义务的要求。

人们的道德义务感,就是对现实道德义务关系的体验。这种体验的形成取决于多种因素。其中既有个人的道德认知能力问题,也涉及道德义务教育的有效性。旁观者的义务感淡漠,主要是由于对义务了解不足。作为社会义务的重要内容,道德义务是普遍义务,不仅需要每个有行为能力的人去履行,还具体表现在生活的各个方面。然而在现实生活中,人们的义务感淡漠却是普遍现象。德国前总理施密特曾说,现代人都知道自己的权利,但对义务却了解不够。人们的义务通常有两种,即内在义务和外在义务。外在义务,如路口遇红灯停下来的义务、汽车司机不应当饮酒的义务、公民纳税和服兵役的义务等。违反这些要受警告甚至惩罚。但内在义务来自个人良知,无论公共领域还是私人领域,内在义务都不易察觉,缺乏监督和惩罚,所以往往被忽视。① 马克思认为,"人的本质是真正的人的社会联系"②,既然人只有在社会联系中才能体现人之为人的本质,那么在社会中生活的个体也就理应为社会承担一定的道德义务。如果个人只要求自己的权利,而对义务没有清醒的认识,也不能够自觉践履道德义务,人与人之间就难以和谐相处,人们就无法获得价值共识,社会公共事业就会陷入危机。换句话说,我们越是希望获得一个公正和理想

---

① 参见[德]赫尔穆特·施密特:《全球化与道德重建》,柴方国译,北京:社会科学文献出版社 2001 年版,第 209 页。

② 《马克思恩格斯全集》第 42 卷,北京:人民出版社 1979 年版,第 24 页。

的社会,就越是要为实现这种最终的道德理想尽最无偿的道德义务。

人的道德义务不是暂时的、狭隘的,而是具有普适性的意义,是对所有人都适用的道德要求。《世界人类义务宣言》第 2 条明确规定:"任何人都不应当支持任何形式的非人道行为,相反,人人有义务尽力维护他人的尊严和自尊。"第 5 条规定:"人人有义务尊重生命。任何人都无权伤害、折磨或杀害他人。"第 10 条规定:"人人应当帮助那些需要照顾者、弱者、残疾者和受歧视者。"①就是说,人们对他人的道德义务,强调人与人之间的平等和公正,是全世界普遍承认的法则。人们只能出于道义的需要,而不是功利或其他什么目的,去帮助那些需要帮助者的受难者,这种态度和行为本身就是道德评价的对象。就此来说,旁观者的行为无疑与全人类普遍的道德要求相背离,是具有"普世性"的不道德行为。任何对于人类和其他生命苦难的漠视和旁观行为,都应当受到全人类的道义谴责。由此看来,人们的道德义务具有绝对性。

人们的道德义务强调的是无偿性,或者说是非权利动机性。道德义务不是以物质利益作为对道德主体的回报机制,它主要是通过道德主体自身感受到的幸福和快乐作为最起码的报酬。这意味着有德的人才有福,无德的人将无福。但"爱心引以为荣的东西也是爱心的不幸:无限且不明确。无法对其进行清晰的理解、界定和衡量。它拒绝定义、摧毁框架并僭越界限"②。道德义务本身的不明性,可以说是造成义务感淡薄的重要原因。一般来说,道德义务没有明文规定,也不依靠权力机关强制实施,而是通过思想教育的方式,依靠习俗和社会舆论来约束,通过个人自觉地履行来实施。以往人们对道德义务的解释,多侧重一般性理论分析,较少涉及具体问题及其解决对策。因为道德规范总是普遍性的要求,对于在什么条件下使用以及如何使用人们缺乏研究,这影响着道德义务的

---

① [德]赫尔穆特·施密特:《全球化与道德重建》,柴方国译,北京:社会科学文献出版社 2001 年版,第 264—266 页。

② [英]齐格蒙特·鲍曼:《个体化社会》,范祥涛译,上海:上海三联书店 2002 年版,第 213 页。

普及和践履。"道德规范上的定义侧重于公民个人应有的行为和态度，而很少涉及公民权利和义务的不同组合。"①由于缺乏实际应用的具体环节，如何应用的方法和措施等，这就有可能造成知行不一的局面。在现实生活中，道德权利与道德义务不是对称的，即人们履行道德义务，未必是为了相应的道德权利。某些崇高的道德行为，可能完全是出于道德义务感。道德义务的这些特殊性，也是造成道德义务较少被认知的原因。个人对道德义务的认识，是形成道德义务感的前提。即使在现代文明社会，人们对权利和义务的理解仍然存在问题。所以"冷漠的旁观者"依然是普遍现象。

人们道德义务感淡漠与我国转型时期一些经济法律制度不够健全也有很大关系。众所周知，权利与义务是一对对应的概念。尽管道德义务的终极目的不是为了享受道德权利，但人们权利意识的增长毕竟有助于消除义务与权利、义务与幸福二律背反的现象。在阶级社会里，"几乎把一切权利赋予一个阶级，另一方面却把义务推给了另一个阶级"②。毫无疑问，这样的社会是不公正、不合理的社会。这种"卑鄙是卑鄙者的通行证，崇高是崇高者的墓志铭"的义务与权利之间的严重二律背反现象，是社会风气败坏、人际关系淡薄、个人品质堕落的典型表现。此时，人们权利意识的增长，在一定意义上来说，也是一种新的道德进步现象。在市场经济体制和运行模式占据人们经济生活的主导地位的今天，受经济利益的驱动，许多人为了致富不择手段，贪污腐化、坑蒙拐骗现象屡见不鲜。"有德者"不能真正有所"得"，"缺德者"却大发横财，这些现象都使人们的道德义务感无所适从。当然，对于非常明了的道德义务，诸如营救落水者、制止抢劫、关爱病残等，旁观者以权利与义务的不对称性为理由，则是逃避道德义务的一种借口。

---

① ［美］托马斯·雅诺斯基：《公民与文明社会》，柯雄译，沈阳：辽宁教育出版社2000年版，第294页。

② 《马克思恩格斯选集》第4卷，北京：人民出版社1995年版，第178页。

康德强调,离开人们的义务感,无论其行为出于何种动机,都不能是道德行为。只有为义务而义务才有道德价值。我们不能把这种先天的"善良意志",看做道德义务的源头。其实任何道德义务的内容,都是特定社会道德要求的产物,是调节现实中人际关系的重要手段。也就是说,道德义务同利益关系有必然联系,离开利益决定的道德义务是不存在的。承认利益关系的多样性及其利益差别在一定范围内的合理性,也就要承认表现在义务感上的差异是合理的,即旁观者的存在有某种合理性。从本质上说,道德义务是为他人和社会谋利益。这种义务出于个人对社会要求的内在自觉,表现为对道德规范的主动践履。依据人们践履道德义务的态度,可以区分为积极和消极两种情况。旁观者在道德义务问题上,由于缺乏对社会要求的自觉体认,属于消极践履道德义务的行为,也就是法律上的"不作为"。"就义务的性质而言,消极地履行义务,意味着行为者不作为,仅仅承诺不伤害他人。积极的义务则自觉主动地履行诺言,承担角色义务,担当责任。"①法律上的"不作为",主要指行为的自我抑制,该做而不去做。道德领域的不作为,主要指见义不为、见死不救等行为。因为就道德生活而言,人们的道德行为,总是以或多或少的自我牺牲为前提。由于道德义务不是外在强制,而是完全出于个体自觉的行为,因此,道德自觉性不足的人,对需要救助者可能采取旁观的策略,在这个过程中,其他人没有督促和监督旁观者的权利。这样看来,道德义务的履行似乎完全成为个人的事情。也就是说,在公共场所的偶发事件中,个人是否能够采取行动,采取什么样的行动,完全依靠个人的道德自律。但是,单纯依靠道德义务是非常软弱的,所以法律必然成为道德义务的保护伞,对见义勇为者的法律保护也就成为必然。

三、旁观者的荣辱感

现实生活中,每个正常的人都有自己的荣辱感,不管这种荣辱感是自

---

① 高力主编:《公共伦理学》,北京:高等教育出版社2002年版,第18—19页。

发的还是自觉的。人们对荣辱问题不可能漠不关心。人们希望通过自己的奋斗，去追求应有的荣誉，避开各种各样可能的耻辱。荣誉既是社会对个人贡献的承认，也是个人对自身社会价值的意识。旁观者也有自己的荣辱感。日常生活中，或者更大领域（国际范围）内的突发事件中，对待需要救助的各种陌生人的态度，实际上也是折射人们荣辱观的一面镜子。旁观者的荣辱感，也能通过主体对事件本身的态度，以及对待救助对象的行为得以体现出来。荣辱感既涉及个人的自我道德评价，也涉及社会道德评价。一般来说，人们的社会道德评价与个人自我的道德评价应该是一致的，个体正是在实践中通过对社会评价的感受而调整自己的行为方式。"人的自我观念部分地是由别人对待自己的方式来体现的。"①这一推论从长远来看无疑是正确的。而现在的问题是，任何社会都会对见义勇为的行为给予一定的道义支持，而旁观者在遇到他人遭受危难之时却采取了冷漠旁观的态度，与勇为者明显区别开来。这就说明，旁观者的荣辱观显然有着自己的特殊性。

　　历史上，人们通常把个人的荣辱感与道德人格相联系，认为一个人不懂得耻辱，没有明确的荣辱观，就不是一个成熟的道德人。尤其是把个人对羞耻的理解，看做个人的道德底线。在中国文化中，知耻即"有耻"，表达了个人的道德反省能力及道德羞恶情感。孔子曾将培养"行己有耻"的士君子，作为道德教育的首要目标。有耻与有德一样，成为个人重要的道德品质。明清之际的李颙将"有耻"视为立人之德的根本。他说："论市于今日，勿先言才，且先言守，盖有耻方有守也。论学于今日，不专在穷深极微，商谈性命；只要全其羞恶之良，不失此一点耻心耳"。② 因此，在思想家们看来，欲开新风而济颓世，莫过于重知耻而分荣辱，善善恶恶而张是非。龚自珍认为，不管是道德教育还是社会教育，都应当把人们的羞

---

　　① 单兴缘等编：《开放社会中人的行为研究》，北京：时事出版社1993年版，第135页。

　　② 李颙：《四书反身录》。

耻心放在第一位,"教之耻为先"。就此看来,如果说旁观者是无耻的,这种评价显然有些过分。因为它涉及对整体人格的道德评价;旁观者毕竟没有给受难者造成直接影响;况且在某些特殊的场合,例如遇到火灾、水灾等重大问题,旁观者深知灾难的严重性,在没有足够的能力和勇气的情况下,与个人的荣辱感相比较,自我保护显得更为重要和迫切。

旁观者可能没有明确的荣辱感,不等于对自己的态度和行为缺乏清醒认识。荣辱感实质上是履行道德义务问题。人们履行道德义务主要靠个人自觉。荣辱侧重于对个人义务的感受,即个人是否履行义务以及相关感受。照常理看,助人为乐就是对他人和社会尽义务,是一种个人荣誉,见义不为或见死不救是个人的耻辱。但是,个人的感受与旁人的感受、社会舆论的谴责,它们出自不同的立场,可能会形成完全不同的结论。毕竟从短期来看,社会评价与个人感受还是存在着一定的差别的。"特别在不断变化的社会中,新事件层出不穷,我们的行为域也在发展。自我评价和他人评价随时都有可能调整,两种信息的差异经常引发情感波动。"①从心理学上说,这种现象叫做行为的认知归因问题。也就是说,行为者往往将自身的行为归因于当时的情境,而观察者则多把他们的行为归因于行为者的个性品质。② 所以,在旁观者采取冷漠的态度时,来自社会舆论的谴责与本人的认识出现了背离。由于各种原因,社会认为应该值得褒奖的事情,个人对此却无动于衷。时下有些人认为的雷锋精神是"傻子精神"、"雷锋精神已经过时"的思想也是由行为归因的差别而导致的,这种现象也许就是造成旁观的主要原因。亦即个人对自己的行为,没有以社会道德标准的要求进行荣辱观的评价,或者说至少在他心里,荣辱感与自己的态度和行为没有直接关系,对于他的道德人格没有影响。

应当承认,现实中人们的荣辱感是有层次性的。由于个人的生活经

---

① 单兴缘等编:《开放社会中人的行为研究》,北京:时事出版社1993年版,第135页。
② 参见[美]里奇拉克:《发现自由意志与个人责任》,许泽民等译,贵阳:贵州人民出版社1994年版,第87页。

历、社会地位、财富多少等不同,对荣辱的感受必然存在差异。我国传统社会中,个人的荣辱感往往不是个人问题,而是与家族道德连在一起。比如"一损俱损、一荣俱荣"、"父荣子贵"等习俗观念,作为传统德目自有其价值。但是,由这些观念形成的道德情感,包括各种家族性的荣辱感,已不能适应现代社会的发展需要。道德评价的标准是变化的,人们的荣辱感也是不断变化的。随着社会个体化的发展,荣辱感的个性化将会越来越突出,所以我们认为,旁观者的存在自有其合理性,尽管它未必合乎道德要求。在这个过程中,人们的内心深处不同的荣辱观发生着剧烈冲突。这种道德观念的内在冲撞,也直接或间接影响到人们的道德选择。

对于人们荣辱感的维系,社会舆论发挥着重要作用。社会舆论引导正确的荣誉观,鼓励人们积极向上的生活态度,对于各种不知羞耻的行为进行批评和监督。从外在方面实施必要的约束,发挥调节人际关系,提高道德认识,协调社会生活有序发展的重要作用。从当下的整个社会氛围来看,吉尔·利波维茨基认为,现代社会已经进入"后道德社会"。"后道德社会指的是责任感淡化,且其约束力也日渐苍白无力,自我奉献的精神变得与社会格格不入,道德也不再要求个人为了崇高的理想而作出自我牺牲,主体权利支配了绝对命令,道德教育则被宜居胜地、阳光假期和大众娱乐所替代。"[①]在这样一种社会环境下,道德境界很高的人,一贯具有无私的忘我精神,才能够做到急他人之所急,想他人之所想,在社会和他人需要的时候,能够置个人利益于不顾,挺身而出,毅然决然地作出自我牺牲,甚至牺牲生命也在所不惜。具有这种自我牺牲精神的人,在现实中毕竟只是少数。因此,在公共场所里的各种偶发事件中,周围都是陌生人,大家彼此互不相识,缺乏有力的监督者和道德评判者,个人的自我牺牲精神得不到激发,在目击者群体中出现诸如荣辱感弱化的现象,便也不足为怪了。

---

① [法]吉尔·利波维茨基:《责任的落寞:新民主时期的无痛伦理观》,倪复生等译,北京:中国人民大学出版社2007版,第33页。

第三节　旁观者道德情感中的误区

旁观者道德情感在一定程度上的缺失可以从现代社会人际互动的"道德冷漠"和情感交流的"沟通阻滞"两个方面来进行分析。前者指人们道德情感的匮乏和道德判断欠思考或道德行为麻木,后者指道德情感交流中的障碍。这些是造成人们旁观行为的主要情感诱因。

一、人际互动的"道德冷漠"

所谓道德冷漠,特指人的道德情感匮乏,道德判断上欠思考或道德行为麻木,即一种人们虽具备一定道德知识,但对现实中的道德要求反应冷淡,对道德行为漠不关心、无动于衷的心理状态。从表面上看,道德冷漠属于道德中立,不是反道德的恶行。但仔细分析就能发现,这种现象绝对不属于中立现象。因为道德中立在某种意义上是一种不含个人主观偏见、站在公正旁观者立场上的道德态度,而道德冷漠却是对善恶本身的取消。正如康德所言:"德性义务的履行是功德(meritum)= +a,但违背这一义务并不马上就是过失(demeritum)= -a",而仅仅是道德上的"无价值 = 0,……第二种情况中的软弱与其叫做(vitium),还不如说只是无德性,是道德上的坚强的缺乏(defectus moralis[道德上的匮乏])。"①旁观者的道德冷漠是一种病态道德心理,包含以消极方式对他人和社会的否定,同时它还含有对自己作为道德主体能力的否定。

对道德冷漠现象的分析,曾是现代西方伦理学的重要课题。例如,在某种西方出版物中有过类似论述:"人在对待他人的态度上缺乏同情心和义务感,他们缺乏必要的道德觉悟水平,他们把自己的生命和幸福看得高于一切,深恐受到损害,以致产生残忍的行为和不文明的利己主义,这

---

① 李秋零主编:《康德著作全集》第 6 卷,北京:中国人民大学出版社 2007 年版,第 403 页。

种利己主义以各种可能想象的形式表现出来。"①但是,论述的引用者显然不同意这种提法,他认为人们之间的冷漠,并不是道德评价的对象。因为"问题不仅在于漠不关心的态度会产生利己主义和残忍心理。这里应该强调的是,漠不关心的态度不属于真正的道德范围,因为一个以漠不关心的态度对待别人的人,不仅不能了解别人的价值,而且会失去自己的价值。因此,他不可能了解人与人之间真正的道德关系的基础"②。其实,冷漠现象不仅可以进行道德评价,而且是一种流行的社会道德病,其可怕的传染性和流动性,制约着良好社会道德风尚的形成。旁观者乃是其受害者之一,亦即旁观现象与道德冷漠是互为因果的关系。道德冷漠遮蔽人的同情心,同情心弱化又加剧道德冷漠。为什么会形成道德冷漠?按照斯密的理解,既然人们对他人的不幸都能形成"共鸣",那么,道德冷漠就是不可思议的。问题在于,同情心或怜悯都不等于真正的道德行为。人们的道德认识以及某种道德情感的存在,并非意味伴随相应的行为过程。这里的问题是:(1)人们的道德共鸣即使是同情心,针对不同的对象来说,其情感的强烈程度各不相同。(2)人们由此事件获得的情感体验各异。行为的意志力必然也有差别。(3)在知与行之间存在巨大心理空间。即使人们对某些现象有明确认知,也未必能够付诸行动。因此,斯密所说的"在有些场合,只要一看见他人的某种情绪,即可产生感情上的共鸣"③仅仅局限于心理反应的过程。从心理反应到行为过程,存在着巨大的空间,有多种因素制约行为的产生。因此,由心理简单推论到行为的过程,只能是种机械片面的理解。

美国学者托马斯·雅诺斯基引用菲什金的观点,论述了道德行为的三个层面。菲什金将人的行动区分为冷漠、道义要求以及分外努力的,相

---

① [苏]K.A.施瓦茨曼:《现代资产阶级伦理学——幻想与现实》,上海:上海译文出版社1986年版,第9页。

② 同上。

③ [英]亚当·斯密:《道德情操论》,余涌译,北京:中国社会科学出版社2003年版,第5页。

应地,人的行为有三种:无道义感(无所谓是非)的行为、道义感(是非分明)行为和英雄主义(不计分内分外,道义感非常强烈)行为。① 按照这种理论观点,公共场所的各种见义勇为属英雄主义行为,而旁观者则存在两种情况:或者无是非感的冷漠,或者认为救助不属于自己分内的事。雅诺斯基认为,非常时期需要英雄主义,因为人们有义务以较小的代价救助旁人,而冒着生命危险救助落水者,显然不属于义务的范围。因为"有些事情关系到道义是非,人们有义务采取行动;有些事情不涉及是非,人们可以采取冷漠态度;有些事情关系到是非,却需要分外的英雄主义,人们也许会避免"②。当然,我们未必完全认同这种观点。道德义务并没有为自己规定界限,同时,道德义务也无法替换为法律和政治义务等形式,或者用功利原则来评判。不过,不加分析地一味指责旁观者无疑是一种欠思考的表现。对不同事件中的旁观现象,我们应该区别对待。

鲍曼曾深入分析道德冷漠的成因。他认为剧烈的市场竞争,导致市场法则的泛滥。在冷冰冰的市场法则面前,人们不得不将关心的重点转向自身,即以关心自身生存取代了关心他人的生存。在市场经济社会中,人们大多崇尚物质利益原则,自觉或不自觉地以金钱作为天平,衡量人们的实际行为过程。当它成为习惯性道德思维时,对待一切可能的东西都会呈现出"麻木不仁"的状态。"特别是在商品经济社会人们普遍具有趋利性,这就使人际间的关系大踏步地走向工具化方向发展。这就是现代社会人们倍感昔日的古朴民风荡然无存,相互利用相互倾轧的世俗之风日盛的所在。"③德国社会学家西美尔认为,现代经济生活使货币成为个人生命中"不受条件限制的目标",金钱这种所有事物"低俗"的等价物,把个别的、高贵的东西拉到最低的平均水平。他指出:"金钱是'低俗'的,因为它是一切事物的等价物,任何东西的等价物。……最高的因素总

---

① 参见[美]托马斯·雅诺斯基:《公民与文明社会》,柯雄译,沈阳:辽宁教育出版社2000年版,第78页。

② 同上。

③ 单兴缘等编:《开放社会中人的行为研究》,北京:时事出版社1993年版,第89页。

是能下降到最低因素的位置,但最低因素几乎从不会上升到最高因素的位置。这样,当千差万别的因素都一样能兑换成金钱,事物最特有的价值就受到了损害,……对于他们来说,'什么东西有价值'的问题越来越被'值多少钱'的问题所取代,所以才必须越来越恢复对事物与众不同和别具一格的魅力的细腻感受。这正是所谓麻木不仁态度的体现,即人们对于事物的微妙差别和独特性质不再能够作出感受同样细微的反应,而是用一种一律的方式,因而也是单调无味的,对其中的差异不加区别的方式,去感受所有一切。"①同时,西美尔还提到,在市场经济条件下,由于金钱贸易是都市交往最重要的体现。因此,"只有在感情中立的情况下,更准确一点说,只有在没有烦扰的影响下,它才能得到正确的履行。……它需要参与者像货币符号一样没有个性,行为者期望的和实际的行为只是被在量上享有的报酬所指导,而不是被不可避免的、独一无二的、主题范围的价值所指导"②。对此,当代学者指出:"历史表明,如果一个社会或者一个人过多的累于物欲金钱,就会不可避免地使其正义感和道德感变得迟钝乃至麻木。私欲过度,就会使人只顾自己,不顾他人和社会。"③这种独具特色的文化心理分析,也许能够透视问题的实质。

　　网络和媒体技术的迅猛发展,导致人类生活的"图像化"趋势加剧,也是导致道德冷漠的重要原因。"电视新闻青睐灾难和人类悲剧,它唤起的不是净化或理解,而是很快会消失殆尽的滥情与怜悯情绪,以及对这些事件的伪仪式感和伪参与感。"④因此,无论什么时候,只要你一打开电视、电脑,世界上的各种灾难和不幸就会走到你的客厅、卧室,伴你就餐,

　　① [德]西美尔:《金钱、性别、现代生活风格》,顾仁明译,上海:学林出版社 2002 年版,第 8—9 页。

　　② [英]齐格蒙特·鲍曼:《后现代伦理学》,张成岗译,南京:江苏人民出版社 2003 年版,第 180 页。

　　③ 万俊人:《再谈道德冷漠》,《中国青年报》1995 年 5 月 9 日。

　　④ [加]丹尼尔·贝尔:《资本主义文化矛盾》,严蓓雯译,南京:江苏人民出版社 2007 年版,第 111 页。

伴你入眠。通过媒体观看饥荒、大规模的死亡和完全绝望的恐怖画面,对痛苦形成的只是间接体验。间接体验只能产生间接反应。它犹如所有的传统事物,一旦"融入世俗的日常生活",就失去了所有的震撼力。① 当苦难成为人们日常生活的基本感受之时,即使再具有同情心的人也会产生"同情疲劳"(compassionfatigue),因为"关注图像会阻碍而不是推动对知识的理解"②。按照鲍曼的理解,人类心灵反复不断地受到电视画面的冲击,多次冲击和震撼造成的后果是,人们对于灾难的感受能力逐渐降低了。而为了激起人们逐渐麻木的神经,电子媒介必须加大刺激的力度和强度,暴露出更多、更露骨的苦难,以至于形成一个变本加厉的"苦难循环"! 结果是,以前令人厌恶、令人胆寒、令人发指的暴行和苦难,在电子媒介时代的人看来,只是小菜一碟。桑塔格对此有清醒的认识:"我们被那类曾经带来震撼和引起义愤的影像所淹没,渐渐失去了反应的能力。同情已扩展至极限,正日趋僵化。"③电子"荧屏"无意中抵消了各种苦难场景的震撼力。其结果是,人们面对苦难将变得越来越无动于衷,甚至将人类的灾难当做生活中消遣,与观看其他娱乐片一样,将他人的痛苦当做自己就餐的佐料和饭后的谈资。由此必然造成道德冷漠,导致对同情心的侵蚀,进而导致人们对同类及大自然的同情心不复存在。

在不断开放的环境中,全球化同样也是导致道德冷漠的重要原因。"现代组织能够以传统社会中人们无法想象的方式把地方性和全球性的因素连接起来,而且通过两者的经常性连接,直接影响着千百万人的生活"。④ 对道德生活而言,一个突出的现象就是随着人们关于自身和他人

---

① 参见[英]齐格蒙特·鲍曼:《被围困的社会》,郇建立译,南京:江苏人民出版社 2005 年版,第 222—223 页。

② [英]齐格蒙特·鲍曼:《被围困的社会》,郇建立译,南京:江苏人民出版社 2005 年版,第 223 页。

③ [美]苏珊·桑塔格:《关于他人的痛苦》,黄灿然译,上海:上海译文出版社 2006 版,第 99 页。

④ [英]吉登斯:《现代性的后果》,田禾译,南京:译林出版社 2000 年版,第 18 页。

困境的知识的增加,人们的道德责任并没有随之增长,反而有责任扩散的现象。"我们的行动(或不行动)带来的后果远远超出了我们的道德想象的范围,我们不愿意为他人的幸福与不幸承担责任"①"由于现代化使相互依存与远距离和非人格化相关联;因而责任也显得复杂、间接和遥远起来。……责任在多种机构中扩散,包括不相识的他人在内。这种责任扩散远远超出个人或家庭决策、计划、集合或开发资源的能力。"②人们应当为谁承担责任,责任主体变得越来越模糊。通常来看,人们只能对比较切近的人承担责任,很难对那些遥远的、未知的他者承担道德责任,或者说根本就缺乏这种责任感,因为相距越遥远的人,彼此间的责任感越弱。同时,人们责任的对象越多,相应的责任感越淡化。当个人责任的界限变得模糊时,道德责任也必然趋向于淡漠,道德冷漠便由此产生了。

二、情感交流的"沟通阻滞"

所谓沟通阻滞(障碍),指在人们之间的相互交往中出现的,对交往对象的态度和行为的不理解、无法完全沟通等问题。沟通阻滞有多种表现形式,情感交流中的沟通阻滞仅是其中一种。人是有思想、有感情的动物,人们的情感需要及其满足,主要是通过情感的沟通和交流实现的。如果人们在交往中,不能很好地进行情感上的沟通,就无法真切感受他人的欢乐,也体会不到他人的痛苦,从而也就难以形成真正的心理共鸣。当然,良好的情感沟通离不开一定的条件。在当代社会,由于科技进步和经济发展的影响,人们的生产和生活方式发生变革。对于这些变革的种种不适应,导致人们形成了各种心理问题,如孤独、冷漠、疏离、烦恼、郁闷等,从而致使人们的情感交流和沟通障碍现象表现得较为突出,在不同年龄、性别、职业、收入等群体的交往中都能发现这一现象。其存在的原因

---

① [英]齐格蒙特·鲍曼:《被围困的社会》,郇建立译,南京:江苏人民出版社2005年版,第225页。

② 单兴缘等编:《开放社会中人的行为研究》,北京:时事出版社1993年版,第162页。

也是多方面的,既有个体内在的心理原因,也有外在的社会根源。

伴随现代化进程的加快,不可避免地带来社会的流动性、传统家庭结构的瓦解、代沟的加剧、持续不断的都市化等诸多后果,导致人们产生孤独感和多种心理疾病,使人们对归属、亲密关系和爱有着强烈的渴望。① 人们同情心的失落,在社会进步中有其不可避免性。人的情感和个性不可能在孤独中发展。孤独和沟通障碍只能带来更大痛苦,它不仅不能引起人们的情感共鸣,相反,可能引发仇视、厌恶等不良道德情绪的爆发,驱使个人与社会为敌,甚至进行危害他人和社会的活动。在社会剧烈变革时期,社会利益关系的调整也深刻影响人们心态的变化,导致各种不道德的社会情绪随之增多。一些人放弃了长远目标和崇高理想,竞相追逐眼前的利益。当"短期效应"主导人的思维时,摆脱束缚、任意恣肆便成为人们的主要心理特征。道德规则对于行为的约束,就会缺乏内心的真诚呼应。"我们公共生活中人与人之间普遍存在着恶意"②,也许是对这种现象的一种现代道德评述。

按照鲍曼的理解,社会的个体化趋势在加剧。个体化社会的最大问题,在于个体间的同质性减弱,异质性不断增强。在个体化所造就的丰富多彩的生活背后,人类精神世界的危机在不断加剧。这种危机源于潜藏起来的本性中爱心的丧失,对独立个体而言,"不同的经历产生不同的世界观和不同的生活策略"③。在个体化社会中,人与人之间的差别增大,相互理解和信任的共同点减少,情感世界的自我封闭加剧,并出现了信任危机的征兆。尽管彼此身体相距很近,心理距离却异常遥远,个体化根本上弱化了爱的根基。强调生存方式的多样化、注重自我感受和自我价值

---

① 参见欧阳谦:《20 世纪西方人学思想导论》,北京:中国人民大学出版社 2002 年版,第 228 页。

② [英]R. W. 费夫尔:《西方文化的终结》,丁万江、曾艳译,南京:江苏人民出版社 2004 年版,第 112 页。

③ [英]齐格蒙特·鲍曼:《个体化社会》,范祥涛译,上海:上海三联书店 2002 年版,第 106 页。

的实现,是社会理性化的必然趋势。然而,对自我关切的增多,相应地会缩减对他者的爱。过于自爱必然趋向于自私自利。对个人权利的过度尊崇,反过来就是对他人权利的无端漠视。随着个体自由的进一步扩张,社会的理性化也在不断侵蚀着爱的力量。此时,若缺乏更强大的动力超越冷漠自私等感情障碍,将爱心洒向陌生的他者,培养公共精神就将成为空话。

无论就个性化而言,还是从社会的总体变迁来看,社会差异均在不断加大。"在同一个文化、国家、或社会内,分殊的情况加大了。……生活方式、观念想法及穿着打扮都有很大的差异。"①人们思想观念和行为方式的差异,根源应归结为道德感情和心理差异。在道德生活中,造成情感沟通阻滞的原因,主要是由于不同层次的道德差异的存在。在现代文明中,"另类"成为时代的标志或时尚。没有这些所谓的"另类"存在,似乎就无法判断这个时代的特点。然而,当社会差别超越某种限度时,就有可能影响彼此间的理解和真诚沟通,造成某种程度的沟通阻滞。巨大的社会分层和财富差异,无疑也成为人们沟通的现实障碍。因为社会各阶层分化的加剧,使人们感到前所未有的不安全,感到莫名的失落和无助以及心理上的失衡和落差,出现种种不良的道德情感。因此,有学者提出:"在利益主体已经多元化的今天,利益表达的问题,特别是弱势群体的利益表达问题,已经是一个无法回避的问题。建立起相应的利益表达机制,是建构和谐社会的重要环节。"②

社会内在差异的加大,也影响到个人对道德义务的理解。尽管道德义务具有超越性,对所有社会成员普遍适用,并且以无条件的形式存在,对所有人都一视同仁。但是,以个性化的眼光审视,人们对待需要救助的人,存在不同的行为方式很正常;相反,如果人人见义勇为、助人为乐,有

---

① 杨国枢:《现代社会的心理问题》,台北:台湾巨流图书公司1986年版,第59页。
② 孙立平:《博弈——断裂社会的利益冲突与和谐》,北京:社会科学出版社2006年版,第8页。

可能成为反常的、不可思议的做法。此外,还有些人即使看见了,也装作没看见。这些不同种类的举止和行为,都是现代文明中的"正常"现象。社会生活的巨大变迁,在道德上折射出价值观的多样性,个体道德观念和情感呈现复杂化趋势。同时,我们也不能忽视财富观念对道德情感的潜在影响。例如,嫌贫爱富的心理和行为倾向,就极大地败坏了社会道德风尚。"羡慕或几乎可以说是崇拜富人和大人物,和鄙视或至少可以说是忽视穷人和小人物,这种倾向虽然对于建立和维持地位差别和社会秩序都是必需的,但同时,它也构成我们道德情感败坏的重要的和最普遍的根源。"①因为这种不良道德情感的存在,极大地阻碍着正常情感的形成。当然,解决现代社会中的情感沟通阻滞,单纯依靠道德教育是无能为力的。教育虽然有助于道德情感的理性化,有助于同情心上升为友爱和无私奉献精神。但人们对他人和社会的同情心和爱心的形成,更离不开个人的生活体验,唯有在实践中才能得以不断强化,成为人们深沉而执著的信念。

由观察可知,人们的社会地位、身份、职业、财富不同,其同情心的程度及其表现也不同。比如在慈善事业中,帮助那些需要及时救助者的人,往往是与受助者生活条件非常相似的人。相对而言,那些生活条件非常优越的人,可能对他人的痛苦不甚了解,乃至于无动于衷。所以,斯密的情感"共鸣"仅有十分有限的意义。不过,斯密的结论印证了某种道理:在现实生活中,共同奋斗目标的价值在于,它能够导致人们的共识,从而形成具有凝聚力的共同体。因为(1)共同的境遇能够形成群体意识;(2)共同的目标有助于人们相互理解;(3)共同的目标能够使他们认识到,只有携手才能克服困难。所以在朝着共同目标一起工作时,人们能够相互了解和愉悦,获得崇高而丰富的精神生活。因此,人们之间的同情和互助友爱的建立,将有助于丰富和完善人的情感方式,实现人的精神生活的现代化。

---

① [英]亚当·斯密:《道德情操论》,余涌译,北京:中国社会科学出版社2003年版,第62页。

第四章　旁观者的道德行为分析

　　人们对旁观者的道德评价,主要是对其行为及后果进行价值评判。只有对人们道德行为的责任进行有效的确认,对道德行为的善、恶作出正确的价值判断,才有可能在实际生活中促使人们养成良好的道德习惯,营造良好的社会道德风尚。旁观者作为有意志、有理性的人,其行为是自觉自愿发生的。如果这种行为对他人和社会造成了有利或有害的后果,就能够依据某种善恶标准进行评判。尽管我们承认个体在道德意志方面的差异,但若是由于旁观者的视而不见或见死不救导致受害者出现不良后果,旁观者就应当负某种道德责任。旁观者行为的具体责任认定,可以从法律责任和道德责任两方面进行考察。目前人们在旁观者法律责任认定问题上存在争议。旁观者的道德责任的认定,可以依据与其意志自由能力、承担的社会义务大小、事件本身的社会影响范围、事件本身对受助者影响的严重程度等区分为四种不同的情况。

第一节　道德行为的构成

　　道德行为是人类社会生活中最基本的道德活动现象,要了解道德行为的含义及特征,首先就应当了解人的行为及其特点、行为的类型和变迁规律等。严格来说,人是自己行为的主体,人的观念支配着行为,而行为塑造了世界。人的行为是复杂多样的,通常可以区分为经济行为、政治行为、法律行为、科技行为、道德行为等。与其他行为类型不同,道德行为主要是能够按照善恶标准进行评价的行为。将道德行为与其他行为区分开来,然后有针对性地进行研究,是对旁观者行为进行道德评价的前提。

一、道德行为的含义和特征

(一)关于行为的一般理论

人生活在世界上,每时每刻都要同他人或他物打交道,形成复杂多样的社会联系。行为生成于人与人、人与物的联结点上。目前学术界在行为的含义、模式、特征、功能等问题上,并没有达成一致意见。有一些学者认为,动物也有行为,动物行为是人的行为的源头。有人依据生物进化论的法则,提出"道德起源于普遍的行为",认为要理解道德行为的意义,就要了解全部行为,包括物理现象、生物现象乃至生物本能的一切行为等等。[①] 例如,台北师范大学龚宝善教授认为,"行为一词,通常是指人类在日常生活中所表现的一切动作而言,有时也可以泛指各种社会动态和自然现象"[②]。国内学者单兴缘认为,人的行为有一定模式,但不是一成不变的,关于人的行为模式的理论归纳起来有三种:冲突模式理论、机器模式和开放系统模式理论等。[③] 这些理论各有所长,从某些侧面反映了行为的特质,但尚不足以完整把握行为的内涵。

从伦理学的角度来看,行为是人类特有的社会现象。在中国伦理史上,就有许多关于行为的论述,如《论语》中的"行己有耻"、"行必果",《左传》中的"行则思义"、"行无越思"等。"行"就是行为,古人把行为看

---

① 参见宋希仁主编:《西方伦理思想史》,北京:中国人民大学出版社2004年版,第411页。

② 龚宝善:《现代伦理学》,台北:中国台湾商务印书馆1974年版,第120页。

③ 参见单兴缘等编:《开放社会中人的行为研究》,北京:时事出版社1993年版,第3—6页。

做有思想、有感情的活动。被誉为西方"行为科学鼻祖"的亚里士多德认为，人的行为是"根据理性原理而具有的理性生活"，是"具有主动意义的生活"①。要成为善人，必须注意自己的行为，因为"决定我们的习惯或性格的，就是这些行为"②。随着近代自然科学的蓬勃发展，西方学术界力图从生物学、心理学、解剖学等角度对人类行为进行解释。他们从根本上否定人的行为中的有意识性和目的性，其中最有代表性的是行为主义学派。行为主义学派创始人华生公开宣称，心理过程不过是"肉眼看到的肌肉收缩作用"，"甚至可归结为喉头肌肉的跳动"③。新行为主义者斯金纳认为，一切有价值的行为，都是社会环境对人类正强化的结果。由于行为完全受制于环境，因此，应当对错误行为负责任的不是行为者，而是环境。人们可以通过文化设计改善环境，以纠正人的不良行为。这些对行为的解释有某种合理性，但它们的共同之处是忽视人的行为的社会性、历史性，因而无法对行为作出科学解释，尤其不能合理解释道德行为的发生。④

马克思、恩格斯运用唯物史观分析的方法，对行为的本质作出了合理阐释。人的本质不是作为生物体的个人的抽象，而是人的社会关系的总和。因为从事行为活动的主体——人，是生活于一定的历史时代、一定的社会关系、一定的社会制度中的，因而他总是要受该时代、该社会的制约和影响，打上时代和阶级的烙印。在阶级社会里，人的行为必然会体现出一定的阶级性。因此，只有把人的行为看做具有社会意义的行为，才能从根本上把握行为发生的特点和规律。

此外，我们还要将行为与相关概念作出严格区分。行为不同于活动。

---

①　周辅成主编：《西方伦理学名著选辑》上卷，北京：商务印书馆 1964 年版，第287 页。

②　同上，第 293 页。

③　转引自［美］墨菲：《近代心理学历史导引》，林方等译，北京：商务印书馆 1980 年版，第 335、337 页。

④　参见曹杰编：《行为科学》，北京：科学技术文献出版社 1987 年版，第 8 页。

活动是一切生命体的存在方式,从低级的微生物、植物到高级的动物和人类都有活动。但是,一般生命体的活动是盲目自发的,不能指向某种意义或目的,也不了解活动后果的意义;人的活动是自觉的、有意识的过程,包含对某种意义和终极目标的追寻。人类意识所具有的反思性,不仅关注行为是否合理,还考虑行为后果及其社会影响。行为也不同于行动,尽管它们都是人的有意识和理性所支配的、实现一定目标的过程。行动仅仅是做起来,单纯的"说"不能构成行动。然而,"说"也是一种行为,因为"说"就是说话,即语言的表达和运用过程。按照皮亚杰的分析,(1)语言根本上是一种行为活动;(2)言语交往只是社会交往的一种特殊情况;(3)我们日常思维中的逻辑根源于我们的行为活动。① 对说脏话、骂人等行为,也应当进行道德评价。

综上所述,人的行为是在一定条件下,由理性的自主的人所发出的、实现一定价值目标的活动过程。这个过程是认知、情感、意志、行为诸要素综合作用的过程。其中,认知、情感、意志属于内在意识;行为表现为外在活动。在道德生活中,各要素的作用分别是,认知辨别善恶,情感喜善厌恶,意志趋善避恶,三者彼此关联。人的外在活动五花八门,按照龚宝善的说法,可以归结为满足需要、充实自我、适应环境、扩展团体活动等。② 对不同的行为者而言,由于对环境的认知不同,情感和意志力各有高低,行为方式必然是多种多样的。即使同一个行为者,在不同时间、地点和环境下,其行为方式也存在很大差别。由于行为所具有的高度复杂性,导致对行为进行科学解释也较为困难。

(二)道德行为的内涵及特征

人类的道德生活是依靠行为来维系的。从道德发生学的视角看,人们对道德行为的自觉意识,是在改造世界的实践中形成的,并随着行为方

---

① 参见[瑞士]皮亚杰:《发生认识论原理》,王宪钿等译,北京:商务印书馆1981年版,第8页。

② 参见张秀雄主编:《公民教育的理论与实施》,台北:台湾师范大学书苑1998年版,第153页。

式的分化而日益明晰。当人们对自己的道德行为有明确意识，能够自觉地评价自己行为的善恶，并且在实践中自觉地扬善抑恶，按照道德规范调节自己的行为，这时人才成为现实的道德行为主体。道德行为是人类特有的行为方式之一。它是人们在特定的道德准则支配下，经过自觉选择的能够进行善恶评价的行为。通常那些有利于自己或他人（物）的行为，叫做善行；有害于自己或他人（物）的行为，称作恶行。善行称为道德的行为，恶行称作不道德的行为或缺德行为。与自己或他人没有直接利害关系、不能进行善恶评价的行为，称为非道德行为。人为什么会有道德行为，或者说人类道德行为的合法依据是什么，需要研究道德行为的基本规定性，厘清道德主客体的关系、道德行为的性质以及道德类型等相关因素后，才能得到具体完善的解释。

　　道德行为的基本要素是主体与客体。道德行为的主体，是现实生活中具有一定的经验和技能，参加道德实践活动的个人或集团。不具备这种能力的人，只能称作可能的主体。由可能的主体向现实主体的转化，需要内在和外在条件。唯有人才能成为道德行为的主体。主体性是主体改造客体中所表现出的能动性和创造性。主体与客体是相对的，没有主体就没有客体，同样，客体是主体存在的条件。作为道德行为的客体，主要有两类对象：一是他人或社会，二是外部事物或自然界。在道德行为中，主体与客体相互依存、相互作用。一方面，主体内在的德性，通过具体行为能动地表现出来，在实现德行的同时展现了自己；另一方面，客体对主体的影响，表现为客体影响到主体作用的方式。比如，面对需要救助的成年人或儿童，救助者会采取不同的救助策略。借此主体能够提升认识能力，完善和深化主体素质。主体以自身的高尚行为，打动其他社会公众，无形中也改善了社会整体的道德风气。主体素质的提升，还表现为自觉地把外部事物或自然界作为道德客体。在行动中能够善待外物，以平等的身份合理协调和处理人与自然的关系。

　　道德主体与道德客体的矛盾运动，实现了主体客体化与客体主体化，推进了彼此间的相互接近、相互渗透。由于道德主体反映客体和影响客体,并非完全以理性的方式行动,而是伴随道德冲动,而冲动表现出主体内在情感与理性的纠缠,因此,道德主体与道德客体的关系,相比其他行为中的主客体更为复杂。从主体内部看,情感与理性并存,究竟何者居支配地位,如何规定和调控人的行为,是伦理研究的难点之一。休谟认为,决定道德行为的不是理性,而是情感和同情。人们进行道德区别不是来自理性,而是来自情感。他运用心理分析考察行为动因,认为理性不能直接导致行为,引发行为的是人的欲求和需要,且只有当下的情感才能发动意志,产生行为。所以,只有让理性去符合情感,而不能用理性来纠正或反对情感。引起行为的因素是欲望、意向或信念。单纯的信念只有通过心理倾向产生好恶才能引起愿望,所以,信念只是间接地引发行为。① 斯密与休谟持有相同的观点,把情感看做决定行为的主要力量。与之相反,剑桥柏拉图学派的莫尔,强调理性对行为和美德的作用。唯有理性才能弥补情感的缺点,克服情感的暂时和多变等不确定因素,获得永恒的道德力量。

黑格尔依据辩证法的基本原则,对道德行为作出了完整阐释。他说:"意志作为主观的或道德的意志表现于外时,就是行为。行为包含着下述各种规定,即(甲)当其表现于外时我意识到这是我的行为;(乙)它与作为应然的概念有本质上的联系;(丙)又与他人的意志有本质上的联系。"②这就是说,道德行为不同于一般行为的规定,就在于它是自觉的、出于道德准则的,并且是同他人的意志有着本质联系的行为。可以说,黑格尔对道德行为的规定具有一定的合理性和深刻性。承袭黑格尔思想的优点,克服其不足之处,并进行历史唯物主义改造,我们认为,道德行为具有如下特点:

第一,道德行为是人们有意识的行为。所谓有意识的行为就是指行

① 参见宋希仁主编:《西方伦理思想史》,北京:中国人民大学出版社 2004 年版,第229—230 页。

② [德]黑格尔:《法哲学原理》,范扬、张企泰译,北京:商务印书馆 1961 年版,第 116页。

为者基于对他人和社会利益的自觉意识，在行为之前就知道自己行为的性质、意义和价值，并且也知道自己行为可能对他人、社会所带来的影响和后果。人们行为的有意识性是道德行为的前提，这个问题已经得到伦理学家的共识。在康德看来，人是一个有理性的存在者，只有理性才能决定人之为人的道德价值。梯利也强调："不管在什么地方，只要我们确信行动纯粹是机械的，即从生理上被决定而没有意识伴随的，我们就不从道德上判断它们。"①因为"有意识"能为行动者提供一个"精神的或心理的基础"，能够保证行动者用"健全的方式推理、感觉和判断"②。从表面上看，人们的道德意识似乎是随心所欲，但事实上，利益是人们进行道德行为选择的基础。无论是道德的行为还是不道德的行为，都是对人们之间利益关系的自觉意识。对此，黑格尔认为，"儿童和野蛮人也可能实现符合道德要求的行为，但是这种行为还不是道德行为，因为这里并没有对行为的性质，没有对行为是好是坏进行任何研究"③。由此可见，那些并非出于道德意识的行为是不能进行道德评价的。按照日本学者小仓志祥的理解：行为是人有意识的动作，而且是与该动作自身的善恶有关的活动。④

第二，道德行为是人们自愿自主的行为。道德行为的责任主体，必须是身心健全、具有意志自由的人，自主选择是道德行为的主要特点。既然你的行为取决于你的选择，那么你就必须对行为后果承担责任。亚里士多德在区分道德行为中主动和被动、自愿和非自愿的基础上提出，唯有源于行为者自身的行为，才能受到称赞或指责，对不是由自己原因造成的行

---

① ［美］弗兰克·梯利：《伦理学概论》，何意译，北京：中国人民大学出版社1987年版，第7页。

② 同上。

③ 转引自《哲学译丛》编辑部编：《现代外国资产阶级伦理学问题译丛》，北京：商务印书馆1963年版，第192页。

④ 参见［日］小仓志祥编：《伦理学概论》，吴潜涛译，北京：中国社会科学出版社1990年版，第125页。

为,应得到原谅乃至怜悯。因为人才是行为的本原。行为是善还是恶,根本取决于行为者的主动选择。① 由自愿必然走向自律。亚里士多德看到道德行为的自主性,但他没有提出自律的要求。他把道德行为的根据确立为人的内在需要,指出行为目的在于自身——为道德而道德,实际开启了自律伦理的先声。康德沿袭这一传统,运用抽象思辨的形式,创造出庞大的自律伦理体系。他说:"意志的自由,若不是自律,(使意志成为自己的规律性的东西)还能是什么呢?"②马克思也特别强调:"道德的基础是人类精神的自律。"③这说明,自律是人类精神文明的最高的形式。人们道德精神的自律的基础,在于人们对所处社会的客观发展规律以及个人与他人、个人与社会间利益关系的准确认识。在同一种道德环境下,人们行为的发生存在着多种可能,在"为"与"不为"之间行为主体应该拥有自我选择的权利。面对着多种行为选择,如果行为主体不是根据自己内在的道德动机和个人意志而自觉自愿的行为,那么,他的行为就不属于道德行为。对此,亚里士多德就曾提到:"伦理德性既然是一种选择性的品质,而选择是一种经过思考的欲望。"④只要是基于行为主体的意志,经过自愿的选择而作出的行为,就具有道德的意义,行为主体就应该对其行为的后果承担相应的道德责任。

第三,道德行为是具有社会意义的行为。人们道德行为的社会意义指人们的道德行为不是孤立的,是与社会利益和他人利益相联系在一起的行为。在人们的日常生活中,有许多行为不涉及他人和社会的利害,不具有任何道德意义,这类行为只能算作非道德行为。当然,从间接的广泛

---

① 参见宋希仁主编:《西方伦理思想史》,北京:中国人民大学出版社 2004 年版,第65 页。

② 周辅成主编:《西方伦理学名著选辑》下卷,北京:商务印书馆 1987 年版,第376 页。

③ 《马克思恩格斯全集》第1 卷,北京:人民出版社 1995 年版,第119 页。

④ 苗力田主编:《亚里士多德全集》第8 卷,北京:中国人民大学出版社 1994 年版,第121 页。

的社会意义上来看，人们的行为总是能与社会上的他人发生一定的关系，人们的行为如果超过一定的限度就会成为不道德的行为。特别是在公共活动场合和集体生活中的个人行为，以及所谓个人的举止仪表、穿戴打扮等，都包含着一定的道德内容。因此，作为关系范畴的道德行为只有通过与自身、他人、他物打交道，才能得以发生，表现出来并发生作用。当代形成的生态伦理学，谈到了人与外部自然界的关系，涉及人的行为对自然环境的影响，拓宽了传统伦理学的内涵。行为的社会意义构成道德行为的基本属性，同时也是责任伦理形成的理论依据。

第四，道德行为是具有社会历史性的行为。唯物史观认为，道德行为总是一定社会关系的产物。无论行为者的动机、意志，还是行为的手段及其结果，都体现着鲜明的利益关系。脱离利益的纯粹的"绝对命令"，离开社会关系的个人道德情感，都是不存在的。道德意志追求的目标，尽管有着鲜明的个性特征，但归根结底要通过行为表现出来，道德行为作为"内在个性的表现"①，构成个人与社会的联结点。道德生活是人们道德行为的结果。表面上看似个体性的行为，实际上是人们社会交往活动的产物。脱离社会生活的最终源泉，根本不存在道德行为。涂尔干、列维·布留尔指出，如果道德行为建立在个人基础上，那么道德行为实在是太伟大了。……社会对个人拥有一种自然优越性和道德权威，社会是道德的源泉。② 所以，个体道德实际上也是一种社会道德。一般而言，人作为理性的主体，对自己的交往对象有明确认知，并在行为中体现某种善恶意向。无论是善行还是恶行，都符合某种价值观念的需要，体现出人的自觉、能动的选择。不同的社会条件，分别有自己的善恶标准，人们对行为的道德评价也不相同。因此，道德行为是具体的和历史的现象。

---

① ［日］岩崎、允胤主编：《人的尊严、价值及自我实现》，刘奔译，北京：当代中国出版社1993年版，第9页。

② 参见［意］丹瑞欧·康波斯塔：《道德哲学与社会伦理》，李磊、刘玮译，哈尔滨：黑龙江人民出版社2005年版，第5页。

二、道德行为的自由与责任

（一）道德行为的自由与必然的关系

道德行为的自由，就是指道德行为选择中的自由。在选择的过程中，人的本质、人的特性得到充分的发挥，道德的功能、道德的作用得到充分表现。但是，人的道德选择不是凭空的，而是在一定前提下进行，这个前提就是人的自由。在人的道德活动中，"道德选择的自由表现为两种形式，即社会自由和意志自由"①。这里的社会自由，指道德选择的各种外在可能性。因为道德选择的对象是社会提供的，人们总是对现实生活中的某种具体对象进行选择。通常来说，社会发展的水平越高，个人进行道德选择的空间越大，其行为选择的自由相应就越大。意志自由即选择的内在自由，它主要表现为人的主观能动性的发挥情况。个人能否按照自己的意愿、理想和信念进行选择，取决于其能动性和主动性，取决于个人的意志力和坚定信念的支撑。

人究竟能否根据自己的意志，或者在何种程度上可以根据自己的意志，自由选择自己的行为呢？这个问题在思想史上存在争议。我国古代思想家庄子推崇不受任何限制的自由，他认为人生就应该追求"秉天地之正，而御六气之辨，以游于无穷"②的绝对自由。存在主义者萨特则提出"存在先于本质"的前提，他认为，"除自己之外，无所谓其他的立法者。由于他处于孤寂之中，他必须自己决定"③。因而人是绝对自由的。相反，机械决定论者认为，没有脱离外在必然性的意志自由，人的行为完全受客观条件（肉体、心理条件）的制约，人只能在这些条件的限定下进行选择，个人在条件面前是无能为力、无所作为的。这两种理论都走向了极端，最终不是沦为唯意志论就是走向宿命论，因而都不能科学解决人的行为中自由和必然的关系。

---

① 罗国杰主编：《伦理学》，北京：人民出版社 1989 年版，第 353 页。

② 《庄子·逍遥游》。

③ 中国科学院哲学研究所西方哲学史组编：《存在主义哲学》，北京：商务印书馆 1963 年版，第 359 页。

马克思主义关于自由和必然的学说，为我们理解道德行为的选择提供了科学依据。在人的行为选择中，自由和必然是辩证统一的关系。首先，意志自由不是抽象的自由，不是摆脱了一切欲望、冲动、需要等束缚的纯粹精神性的自由，而是具体的、现实的自由。对此，恩格斯说过："自由不在于幻想中摆脱自然规律而独立，而在于认识这些规律，从而能够有计划地使自然规律为一定的目的服务。……因此，意志自由只是借助于对事物的认识来作出决定的那种能力。"①他还指出："如果他要进行选择，他也总是必须在他的生活范围里面、在绝不由他的独立性所造成的一定的事物中间去进行选择的。"②不同的社会历史条件，决定了人们有不同的道德观念，从而支配人们进行不同的道德行为选择。当某种历史条件尚未成熟，人们就难以进行某种道德行为选择。因此，客观条件对人的行为选择而言，无疑是首要的和决定性的因素。当然，历史条件所提供的只是选择的可能性。在这种可能性的空间中，人们的具体选择过程取决于意志自由的发挥程度。

其次，在一定的社会历史条件和客观环境下，人们有充分发挥主观能动性的自由。没有行为主体的意志自由和选择能力，道德行为的选择只不过是空谈。"事实上，如果人的行为不可能有最低限度哪怕是瞬时的任意性，我们就很难认为这样的行为是自由的。"③影响行为主体选择能力的因素是多方面的，它涉及个人的认识能力、知识范围、道德观念、道德情感等。例如人们的世界观、人生观和价值观不同，道德感情存在差异，即使遇到相同的境遇，也可能会作出完全相反的选择。在关键时刻，即道德生活呈现尖锐冲突的时候，个体由于道德观念和道德情感上的差异，往往会作出鲜明的行为选择。因此，公共生活中的偶发事件，同时也是对人的意志自由的考验。本质上，意志自由就是行为自我决定的自由。人们

---

① 《马克思恩格斯选集》第 3 卷，北京：人民出版社 1995 年版，第 455 页。
② 《马克思恩格斯全集》第 3 卷，北京：人民出版社 1960 年版，第 355 页。
③ ［美］里奇拉克：《发现自由意志与个人责任》，许泽民、罗选民译，贵阳：贵州人民出版社 1994 年版，第 127 页。

道德选择的社会自由,需要借助于意志自由,并渗透于意志自由中才能发挥作用。因为人们的道德行为的选择,只是基于对一定道德原则和规范的认识,从而采取决定的能力。

人们的行为自由是建立在对符合历史发展规律的道德原则和道德规范正确认识基础之上的。绝对的自由是不存在的。列宁在批判所谓意志自由的观点时就提到:"决定论思想确定人类行为的必然性,推翻所谓意志自由的荒唐的神话,但丝毫不消灭人的理性,人的良心以及对人的行为的评价。恰巧相反,只有根据决定论的观点,才能作出严格正确的评价,而不致把一切都任意推倒意志自由的身上。"①当然,我们并不能排除好心办坏事的情况。由于个人认知能力和知识水平的有限性,以及客观环境的复杂性、事物本质的暴露程度等,都有可能导致道德认知的某种缺陷,造成行为选择中的一定的盲目性,导致良好愿望与实际后果无法实现统一,或者善心办坏事的结果。只有当人们认识了这些道德规律,并自觉地利用规律为一定的目的服务时,人的道德行为才能有一定的自由。对道德必然性的认识越深刻,人们获得的道德自由就越多。因此,只有在具体的道德生活中,不断加深对社会规律和外在条件的认识,充分发挥人的主观能动性,才能实现道德认知和道德实践的动态统一,也才能够在更高的层次上实现道德选择的意志自由和社会自由的统一。

(二)道德选择的责任

道德选择以意志自由为前提,又以道德责任为结果,主体在自由地选择对象的同时,也就自由地选择了责任。一般来说,只要人们在理论上承认人的行为有选择的自由就会承认人们应该对这种选择承担责任,因为人们的选择是自由的,证明他已经考虑过这种选择所造成的行为后果。只有自由才能使选择者负有责任,也只有责任才能说明选择者是自由的。

那么,究竟人们应该为自己的什么行为承担责任?又要承担什么样的责任呢?历史上对这个问题人们也存在争议。绝对自由论者认为人们

---

① 《列宁全集》第 1 卷,北京:人民出版社 1955 年版,第 129 页。

的行为完全是自己选择的结果,因而人们就应该对自己的一切行为承担责任。基督教神学就极力宣扬这种绝对的自由观。在他们看来,人类始祖正是由于不听上帝的命令,滥用了人的自由意志,偷吃了智慧之果,从而犯下了原罪,因而人类的后代就应该为这一选择负责,承受苦难。存在主义者宣扬意志的绝对自由,因而也是绝对责任论者。萨特认为,个人应该"要为自己所做的一切承担责任"①。相反,机械决定论者则因否定自由而直接否定责任。17世纪荷兰哲学家斯宾诺沙甚至认为,那些认为人有意志自由的人,就像一个获得一定能量并向指定方向运动的石头一样,认为自己是自由的。因而,他们中有的人甚至完全否认人的行为责任,认为一切不道德和违法行为的根源都在于社会,完全与行为者本人无关。可以说,机械决定论和意志自由论,尽管其表现形式极不相同,但结果却殊途同归,最终都导致取消道德责任,否认人应当对自己的行为承担责任。

道德自由和道德责任是不可分的,道德自由是道德责任的前提和基础。道德责任又有利于道德自由的进一步实现。罗杰斯在《学会自由》中指出:"个人在其生活的世界范围中,通过对决定命运的事件自愿承担责任来选择如何实现自己,这本身就是自由。"②人必须对自己的自由选择承担责任,这是人的道德责任的本体根源。正如黑格尔所言:"人的决心是他自己的活动,是本于他的自由作出的,并且是他的责任","当我面对着善与恶,我可以抉择于两者之间,我可对两者下定决心,而把其一或其他同样接纳在我的主观性中,所以恶的本性就在于人能希求它,而不是不可避免地必须希求它"③。只有希求恶并选择恶的人,才必须为其恶行

---

① 中国科学院哲学研究所西方哲学史组编:《存在主义哲学》,北京:商务印书馆1963年版,第342页。

② 转引自瞿葆奎:《教育学文集·教育目的》,北京:人民教育出版社1989年版,第302页。

③ [德]黑格尔:《法哲学原理》,范扬、张企泰译,北京:商务印书馆1961年版,第146页。

负责。对于任何个人来说，各个人都只能对他在客观上能够和主观上应当选择并在行为中加以实现这一点承担道德责任。如果客观上没有某种选择的可能性，主观上又不具备这种选择的能力，那就无法对这种行为负责。

对于道德责任的规定，马克思主义伦理学的一个基本原则在于根据选择时的自由度来衡量选择的责任，即有多大的自由就有多大的责任。恩格斯就曾经说过："一个人只有在他握有意志的完全自由去行动时，他才能对他的这些行为负完全的责任。"①苏联学者阿尔汉格尔斯基也谈道："如果一个人不知道自己行为是否符合道德规范，那就不应该要求他对自己的行为负责，但这是极少发生的，事实上，人们在选择某种行为之前就知道与周围人进行交往的行为准则了。"②只有完全自主的意志抉择，才能具有完全的责任性。任何阻碍意志自主的障碍、力量，都会减轻意志的责任性。马克思主义伦理学的这一理论为我们正确进行道德评价，划分道德责任提供了理论上的依据和支撑。

三、关于道德意志的个体差异

如果说道德情感是道德行为引发的内在动力，那么道德意志便是道德行为延续的内在动力。所谓道德意志，就是人们在道德活动中的主观心理状态，主要表现在人们在自觉克服道德困难、履行道德义务过程中所表现出来的毅力、勇气和坚韧精神。道德意志源于个人的道德认识，并和人们的道德信念密切联系，当人们把道德认识变成个人的行动原则，并坚信它的正确性和正义性时，就在内心里形成一种坚定不移地实现这种道德义务的信念，同时也就形成了体现这种信念的道德意志。当人们坚信某种道德观念，并具有一定的道德意志时，便会在思想上形成克服困难的

---

① 《马克思恩格斯选集》第4卷，北京：人民出版社1995年版，第78页。

② [苏]阿尔汉格斯基：《马克思主义伦理学》，郑裕人译，北京：中国人民大学出版社1989年版，第7页。

巨大勇气,即使在非常困难的情况下,他们也能够抵制外部的腐蚀、引诱和压迫,保持"富贵不能淫,贫贱不能移,威武不能屈"的高尚情操,在特殊的情况下,甚至不惜牺牲自己的生命。一般来说,人们的道德认知越深刻,对道德的信仰就越坚定,道德意志就越坚强,就会努力推动自己形成某种高尚的道德行为。学者王海明认为,道德意志是品德的充分且必要条件,是品德的过程因素、最终环节,所以,道德意志水平与品德必定完全一致:道德意志强者,道德行为必高、品德必高;品德高者、道德行为高者,道德意志必强。① 但是,人的道德意志不是凭空产生的,也不是某种外在精神或神灵赋予的,而是人们在履行社会义务和自身义务的过程中实现的,它使道德行为坚持不懈,养成稳定的习惯,在困难和出现歧路时,作出符合道德要求的抉择,并能够控制行为取向,使行为整体专注于价值目标的实现。

　　由于先天和后天等多种复杂原因,造成人们的道德意志存在不同程度的差异。这种差异主要表现在道德自觉性、克服道德困难的勇气和毅力以及行为的持续性等方面。个体道德意志的差异是正常的,也是无法否认的客观事实。道德意志是人们行为的动力,个人良好的道德行为能否坚持,关键取决于其道德意志的力量。道德意志的个体差异,决定人们行为的动力也不同。一个人的行为高尚还是卑劣,主要看他的某种行为能否持续。在这个意义上,道德意志构成道德品质的基础。所谓道德品质,就是个人在一系列道德行为中表现出来的稳定的行为倾向性。也就是说,道德品质就是道德行为持续不断的稳定性。黑格尔指出:"一个人做了这样或那样一件合乎伦理的事,还不能说他是有德的,只有当这种行为成为他性格中的固定要素时,他才是有德的"。② 毛泽东也指出:"一个人做点好事并不难,难的是一辈子做好事,不做坏事,一贯地有益于广大

---

　　① 参见王海明:《新伦理学》,北京:商务印书馆 2001 年版,第 626 页。
　　② [德]黑格尔:《法哲学原理》,范扬、张企泰译,北京:商务印书馆 1961 年版,第 170 页。

群众,一贯地有益于青年,一贯地有益于革命,艰苦奋斗几十年如一日,这才是最难最难的啊!"①道德品质是道德意志理性化的结果,也就是通过长期的道德实践,逐步转化为个人的高度自觉和行为习惯,转化为永恒的道德信念,支撑人们的道德行为的演进。

人们道德意志方面存在差异的原因是多方面的,既有个人性格、气质等因素的原因,但更多的是由于人们在社会生活中对实践的不同认识引起的。现实生活虽然规定了人们的道德底线,却没有规定道德追求的上限,从而为意志和行为的自由发挥留下了巨大空间。在对于什么是正当行为的理解上,人们之间也存在着一定的差异。苏联学者认为,所谓"正当的"概念,"指的是人的行动或者人的整个行为适合于该集体、集团、阶级、社会所采用的道德价值体系。在评价人的行为是正当的行为的时候,是想强调指出,这个人懂得了集体或者社会对他提出的要求,掌握了它们,并用它们来指导自己的行为"②。这说明,个体道德意志作为人的心理和观念,往往与历史变迁紧密相关,具有鲜明的时代烙印。无产阶级革命战争年代,革命的英雄主义和大无畏的精神,曾经是人民战胜强大敌人的精神武器。改革开放新时期,由于社会环境和文化因素的复杂多变,人们的心理、观念、情感变得极其复杂,此时,对于人们是否依然需要弘扬革命道德精神,理论界存在较大争议。但毫无疑问的是,社会的不断个体化趋势,人们对行为"正当性"的理解发生了许多变化,人们的道德意志之间以及各种行为方式之间的冲突也日益明显。当然,现实的未必都是合理的。但正是因为某些不合理的观念和行为的存在,才使得道德教育和道德修养成为必要。客观地说,各种道德行为中的矛盾、分歧和冲突,既包含着转型时代道德品质的某种畸形变化,同时更是道德品质发展的历史进步。

---

① 《毛泽东文集》第二卷,北京:人民出版社 1993 年版,第 261—262 页。
② [苏]科诺瓦洛娃:《道德与认识》,杨远、石毓彬译,北京:中国社会科学出版社 1983 年版,第 100 页。

　　承认个体在道德意志方面存在差异,并不是为旁观者的行为开脱罪责。因为旁观者作为成熟的社会人,其行为有足够的理性作支配,完全具备道德行为能力。也就是说,通常我们说的"成人"概念,已经包含了对公共生活中他人困境的道德认知和基本的行为互助能力。"在成人的行为中,已经合成了生物上的依赖以及由社会法令和限制使其早就铭记的种种现实。自由并不是人类自然的和生来就有的特征,而是自我意识和用智力思考的结果。"①所以,不能因为个别旁观者的出现,而否认一般道德准则的合理性,抹杀人际互助的道德价值。在某些特殊场合,如面对熊熊燃烧的大火、滚滚而来的洪水或持枪歹徒的威胁,需要人们加倍的道德毅力和勇气,弘扬大无畏的英雄主义精神。日常无法体验的道德意志,唯有在这种特殊境遇下,尤其是面临生与死的抉择时,方能显示道德意志的力量。此时人们"作为"还是"不作为",主要凭借道德意志和道德冲动。

第二节　旁观者道德行为的定性分析

一、旁观者道德行为的偏差

　　个人行为与道德品质的关系,曾是伦理学史上的重要话题。麦金太尔说过,古代荷马社会中的人,个人的人格与其行为是同一的,也就是说,他能够完全恰当地表现为他和他的行为。因此,判断一个人也就是判断他的行为。判断个人的德性和恶的根据,在于它在具体环境下作出的具体行为:因为德性就是维持一个充当某种角色的自由人的那些品质,德性就表现在他的角色所要求的行为中。② 亚里士多德也说过:"德性则由于先做一个一个的简单行为,而后形成的,这和技艺的获得一样……我们由于从事建筑而变成建筑师,由于奏竖琴而变成竖琴演奏者。同样,由于实

---

　　① [美]保罗·库尔兹编:《21世纪的人道主义》,肖峰等译,北京:东方出版社1998年版,第26页。

　　② 参见[美]A.麦金太尔:《德性之后》,龚群、戴扬毅等译,北京:中国社会科学出版社1995年版,第154页。

行公正,而变成公正的人,由于实行节制和勇敢而变成节制的、勇敢的人。"①把个人的行为与做人(人格)连在一起,通过行为考察个体人格,同样是中国传统道德的重要特征。古人云:"致知之必在于行,而不行之不可以为致知。"②墨家把"兼士"作为自己所向往的理想人格。"吾闻为高士于天下者,必为其友之身若为其身,为其友之亲若为其亲。……兼士之言若此,行若此"③司马迁在谈到"义侠"人格时,也认为义侠"其言必行,行必果,己诺必诚,不爱其躯,赴士之厄困"。由此可见,追求人格与行为的直接同一,一直是古代道德追求的特征,也是社会进行人格评判的价值尺度。

伦理学研究的人格主要是从人与人之间的道德关系入手,着重研究道德上的人格。道德人格,是具体个人的人格的道德规定性,个人的脾气习性与后天道德实践活动所形成的道德品质和情操的统一。道德人格可以由下到上分为数个层阶,那种丧失了最起码的人类道德的人,人们常常称之为"衣冠禽兽"。道德人格所反映和突出的是人的社会特质,正如马克思所指出:"人的'特殊的人格'的本质不是它的胡子、它的血液、它的抽象的肉体本性,而是它的社会特质。"④这也就是说,人格的形成及其表现都离不开一定的社会关系,它是在对他人与社会的关系中表现出来的。旁观者道德行为的偏差,在于旁观者将行为与人格人为地割裂开来。其典型表现就是,在他人需要帮助的时候,自己没有付诸实际行动,并且对于这种"不作为"没有清醒的意识,似乎自己的行为完全是"个人的",而不是社会行为的组成部分。不能否认,尽管某些行为也许不能完全阐释人格,说明一个人道德品质的优劣,但它毕竟属于人的行为,还是可从某个侧面折射出人格的内在力量。旁观者道德行为出现的偏差,本质上是

---

① 周辅成主编:《西方伦理学名著选辑》上卷,北京:商务印书馆 1964 年版,第 292 页。

② 《传习录·中》。

③ 《墨子·兼爱下》。

④ 《马克思恩格斯全集》第 3 卷,北京:人民出版社 2002 年版,第 29 页。

人格发展碎片化的结果。

从一定意义上看,旁观者人格发展碎片化与现代社会所谓的科层制(bureaucracy)有很大的关联。有学者提出,科层制"已成为主导性的组织制度,并在事实上成了现代性的缩影。除非我们理解了这种制度形式,否则我们就无法理解今天的社会生活"①。科层制其实就是指现代社会的组织机构,它往往要求其成员对本机构内的规章制度严格遵守,并以此来检验成员的忠诚度。组织中的个体行为的最终依据不是个人的良知,而是组织的纪律与规定,"唯有组织内的规则被作为正当性的源泉和保证,现在这已经变成了最高的美德,从而否定个人良知的权威性"②。生活在科层制下的人,一开始也许会有良知的不安和内心的激烈冲突,但久而久之,这种不安和冲突就会慢慢消弭,进而会认为自己的行为只是与自己个体以及组织有关,而与整个社会毫无瓜葛。这诚如鲍曼所言:"处于官僚主义行为轨道里的人不再是负责任的道德主体,他们的道德自主性被剥夺了,并且他们被训练成了不执行(或相信)他们道德判断的人。"③其实,个人行为既是"个人的"活动过程,又是社会的行为过程,并且后者的意义更为重要。只有将个人行为看做有效的社会行为,才能恰当估计对他人和社会的影响,正确衡量个人行为的社会意义。按照社会道德规范的要求,在特定的时空条件下,人们应当"作为"或"不作为"。如果将个人行为从社会整体中割裂开来,就无法认识行为的人格意义,个人行为就失去了最终的依托。

现代社会,传统道德观念正在受到挑战。人的行为与人格渐趋分离,尤其是道德人格与道德行为的非统一性,成为新的发展趋势。旁观者现

---

① [美]彼得·布劳等:《现代社会中的科层制》,马戎等译,上海:学林出版社 2001 年版,第 8 页。

② [英]齐格蒙特·鲍曼:《现代性与大屠杀》,杨渝东等译,南京:译林出版社 2002 年版,第 30 页。

③ [英]齐格蒙特·鲍曼:《生活在碎片之中——论后现代道德》,郁建兴等译,上海:学林出版社 2002 年版,第 304 页。

象的增多,与这种趋势的发展有内在关联。旁观者道德行为的偏差,其内在原因就是审视行为视角的差异影响到对个人行为的价值判断,应当作为时没有"作为",不应当作为时却有所"作为"。前者的"作为"是指救助行为的发生;后者的"作为"是个人的自保行为。救助他人与自我保护分别来自不同的评价标准。救助他人(保护环境)属于社会公德,自我保护属于个体道德。由于在现实生活中,英雄流血又流泪的现象不断发生①,再加上现代社会处于一种转型时期,受市场经济的影响,人们之间的情感日益淡化,追求实利的倾向日益明显。这就导致人们在进行价值评判之时,更注重自己生命和利益的保护。这一方面有利于个人理性地看待与社会的关系,但同时也有可能导致个人只重视个体自我的生命,无视他人与社会的存在,从而导致一种原子个人主义的立场,产生出病态性的防御心理,或者是对自身能力评判趋于"弱化",认为自己的力量是"微不足道"。也就是说,缩小了对自身行为意义的评价,造成个人心理对利他行为的不支持。若完全顺应行为自身的规律,见义勇为和人际互助,应当是人之常情。对此,里奇拉克说过,"遵纪守法的人越是从道德的意义上考虑行为的相倚性,它的行为变得比以前更能预测的可能性就越大"②。

无论是"作为"还是"不作为",都是构成社会意义的要素。因为公共秩序的维系与个人息息相关,或者说,公共德性就是若干个人德行的集合。诸如勇敢、节制、公正、荣辱等德性之所以能够得到公众的承认,就是由于他在维护公共秩序方面的作用。公共秩序是衡量个人品质的主要尺度。③ 人们很难对自己的行为作出诸如勇敢、正义等评判。这种评判主

---

① 据中国人民大学 2006 年度伦理学与道德建设研究中心的调查,有 71.63% 的人认为社会缺乏见义勇为行为的原因是由于怕遭到报复或者缺乏社会保障机制。

② [美]里奇拉克:《发现自由意志与个人责任》,许泽民、罗选民译,贵阳:贵州人民出版社 1994 年版,第 112 页。

③ 参见[美]A.麦金太尔:《德性之后》,龚群、戴扬毅等译,北京:中国社会科学出版社 1995 年版,第 154—155 页。

要是社会所赋予的,没有社会的道德评价,个人行为就难以获得意义,也无法实现自己行为的价值。虽然善和恶是一对历史范畴,但其内涵随着社会的政治、经济和文化的变化而变化,正如恩格斯所言:"善恶观念从一个民族到另一个民族、从一个时代到另一个时代变得这样厉害,以至它们常常是互相直接矛盾的。"①同时我们不可否认的是,由于人们社会生活的延续性,在道德生活中确实存在着一些道德体系、规范、要求的相对稳定性和长时期内的不变性,这诚如恩格斯所言:"对同样的或差不多同样的经济发展阶段来说,道德论必然是或多或少地互相一致的。"②属于这方面的,首先有道德和正义的简单规范、人类公共生活的准则、职业伦理学的某些规范、全人类的道德规范。③ 比如助人为乐、舍己救人、见义勇为等,作为衡量行为正当性的标准,在现实生活中依然具有重要的现实意义,归根到底,就是因为这些标准适应历史进步的要求。无论什么时代,"在道德中,凡是适应人们的社会存在、社会和道德进步的客观需要的东西就是正当的东西"④。继承和发展正当性的道德要求,使人类所获得的一切优秀成果都保持自己的意义,无疑是社会道德进步的重要因素。

二、旁观者意志自由的误区

面对公共场所的突发事件,目击者采取何种行为策略,基本上都属于个人自由的范畴。人们可以根据自己的判断,作出各种不同的行为方式。因此,无论见义勇为还是袖手旁观,在某种意义上都是正常的。不过,正常的行为未必都是正当的。例如,旁观者行为的存在就缺乏正当性。有人说,公共场所之所以出现旁观者,是因为缺乏有力的监督者,个人行为的随意性明显增强。但是,即使有监督者(或执法者)在场,也不能(无

---

① 《马克思恩格斯选集》第3卷,北京:人民出版社1995年版,第433—434页。
② 同上书,第434页。
③ 参见[苏]科诺瓦洛娃:《道德与认识》,杨远、石毓彬译,北京:中国社会科学出版社1983年版,第98页。
④ 同上书,第104页。

权)采取非常手段,强迫目击者有所作为,而只能从道义上呼吁或通过自己的模范行为,唤醒人们的同情心和义务感。至于其他人是否积极响应,以及采取何种行动方式,仍然是目击者的个人问题。从伦理学角度看,这些目击者是采取必要的救助措施,还是消极等待和围观,主要取决于自己的判断——道德意志自由。所以,目击者的意志自由成为问题的关键。

旁观者的道德意志是自由的,但这种自由存在明显误区。首先,它表现在旁观者对意志自由的理解上。在旁观者看来,个人对自己的行为拥有裁决权。因为人们以前遇到的旁观者,其行为并没有受到惩罚。助人为乐作为社会的道义呼吁,也不是非做不可的必然性。况且那些需要救助的陌生人,与自己本无任何关系,所以个人的行为选择是充分自由的。应当承认,自由掌握在个人手中,每个人都有独立的自由精神。但是,个人若对生活中的"应该"无所认识,违背了法律和道德要求,他就失去了自由。① 所以,人们绝不能把自由理解为随心所欲、为所欲为。自由是从规则中产生和发展起来的,自由本身就是自觉主动地遵守规则的过程。孔子说:"从心所欲,不逾矩",只有在"不逾矩"的前提下,才可能真正实现"从心所欲"的自由。人们越是遵守规则,其行为的自由就越多。随着社会文明的进步,个人行为选择的空间增大,自由也随之增多。人们有更多行善的自由,同时也必须限制作恶的自由。获得发挥能动性的自由,必须排除消极观望的自由。不能把握道德规范的本质,恰恰是道德上的不自由。尽管作为普遍性的道德规范,"并不给人提供关于每一个具体行动的详细提示,而是像指南针一样,指示一般的行动方向"②。但道德规范所指明的方向,就是人们获得自由的方向。至于个人对道德规范的理解不同,道德觉悟和道德境界不同,采取的行为方式必然有别,这只是自由的多少问题,而不是自由的有无问题。所以,脱离道德要求的独立和自

---

① 参见宋希仁主编:《西方伦理思想史》,北京:中国人民大学出版社 2004 年版,第259 页。

② [苏]科诺瓦洛娃:《道德与认识》,杨远、石毓彬译,北京:中国社会科学出版社1983 年版,第 105 页。

由,就只能是畸形的、片面的自由。

　　其次,表现在对自由与责任关系的理解上。"道德选择以自由意志为前提,又以道德责任为结果,主体在自由地选择对象的同时,也自由地选择了责任。"①既然道德责任是道德选择的条件,所以考虑道德自由不能离开责任。只讲意志自由而逃避道德责任,就成为旁观者道德自由的重大缺陷。在社会主义制度下,社会主义的全民所有制和集体所有制,要求人们按照集体主义原则办事,这是不以人的意志为转移的客观规律。如果人们能够清醒地认识到这一点,并主动承担起对社会、对集体、对他人的各项道德责任,那么他的行为就是自由的,并且是道德的。旁观者显然认识不到这一点,而是任性地按照自己的意志办事,对社会、集体、他人所遇到的危险或灾难视而不见,这种个人主义的自由必然会受到各方的限制和舆论的谴责。这种表面上的意志自由,并不是真正的自由,在道德上实际上是一种不自由的表现。马克思主义认为,只有认识了必然性,人们对自己的行为所作的选择才算是获得了真正的自由。所以恩格斯说:"它看来好像是在许多不同的和相互矛盾的可能的决定中任意进行选择,但恰好由此证明它的不自由,证明它正被正好应该由它支配的对象所支配。"②承认这种受必然性制约的、不自由的状态,就是强调人们对自己的行为必须作慎重的选择,使之达到与必然性的一致。换句话说,任何自由都只能是相对的,即自由是相对于义务或责任来说的,社会义务或责任是对自由的约束。其实,承担责任不是自由的羁绊,而是个人获得自由的条件。个体意志具有较大随意性,成为个人自由的潜在破坏因素。对此,社会明确设置义务(责任)原则,就是对这种随意性自由的预警。正是在这种意义上,黑格尔才说:"义务……是一种用来对抗个别意志、反对利己主义欲望和随意趣味的必然性;意志,由于它在自己变动中可能与合乎真理的东西

---

①　罗国杰主编:《伦理学》,北京:人民出版社1989年版,第360页。
②　《马克思恩格斯选集》第3卷,北京:人民出版社1995年版,第456页。

相分离,因此要使它像注意到某种必然性那样注意到义务。"①旁观者显然忽视了这些义务,没有认识到责任存在的必然性和重要性。面对陌生的"他者"时,人人都有自己应尽的道德责任。只有这样,自己选择的行为才能在任何情况下都是自由的,并且是道德的;从道德责任的角度来说,才能无愧于历史赋予自己的各种道德义务。

再次,他人行为影响自己对意志自由的理解。个人所获得的意志自由观念,受外在环境特别是他人行为方式的约束。麦金太尔认为,我们既不能脱离意图来描述行为,也不能脱离环境来描述意图,对于行为者本人或其他人来说,这些环境使得这些意图可清楚解释。②马克思主义认为,个人的道德品质是社会道德现象在个体身上的表现,每个人都被其他人的行为和被作为他的和他们的行为的前提条件的社会环境制约着。马克思的这种观点,被麦金太尔引用于对人的行为的研究。那么,旁观者的环境由什么构成呢? 我们可以看到,尽管构成其环境的因素十分复杂,但其中有一个不容忽视的方面,就是周围其他人的行为。除个人作为孤立的目击者外,周围其他目击者的所作所为,构成"我"的行为环境。他人是否采取行动以及采取何种行动,对"我"的观念和行为有强烈的震撼力。由于个人理性的有限性,人们总是容易受他人行为的制约。本书前面研究的从众行为,就是在这种意义上使用的。个人制定行为策略的参照系,主要是周围其他人的行为方式。所以,公共场所的从众是一种"策略行为"。特别是在市场经济社会里,受到市场规律和交易规则的影响,人们行为中的策略性明显增强,各种策略性行为增多。在众多围观者面临需要帮助而选择袖手旁观的情况下,旁观者无形之中也受到影响而采取从众的策略行为。可以说,从众这一策略,在一定程度上有利于个体规避风险,但对于现实中的道德冲动而言,从众则是一种限制,其消极意义居多。

---

① [德]黑格尔:《逻辑学》上卷,杨之一译,北京:商务印书馆1981年版,第199页。

② 参见[美]A.麦金太尔:《德性之后》,龚群、戴扬毅等译,北京:中国社会科学出版社1995年版,第260页。

最后,旁观者混淆了道德自由与法律自由的区别。人们往往认为,只有违法行为才构成对自由的侵犯,自己的行为不违法,与对方的情况毫无关涉,所以自己的行为是充分自由的。如果仅仅从社会的底线要求来说,个人的行为不违背法律就是"正当的"。"每个人能够不损害他人而进行活动的界限是由法律规定的,正像两块田地之间的界限是由界标确定的一样。"①但其实,任何一个社会的良性运转,不仅需要法律的约束力,同样需要道德的约束力。法律只不过是道德的最低要求。那种不遵守社会的道德规范,认为"自由是不受约束地实现自己意愿"的观点,只能是绝对自由主义的观点。马克思主义伦理学认为,不仅法律自由有约束,人们的道德自由也有约束。所谓道德自由是指人的自由意志依据对社会必然性的把握而能在事物的应当与适当、善与恶之间进行正确选择和实践的能力和境界。② 在道德依然存在而且必要的情况下,人们的自由不能违背一定的道德规范。如果人们只是把道德的必然性作为外来要求加以对待的话,那么他就永远不会获得道德自由,而必然永远处于外在的约束性的必然王国之中。道德自由与法律自由的区别就在于,道德自由存在更大的空间,也就是说,道德自由趋向于无限的。"那种追求有用东西的理性将无限分割开来以便适应有限本身。追求价值的爱心则把有限本身扩展向无限。"③但正因如此,人们的法律自由是明显的,而道德自由是模糊的,不易被人们所察觉,因而被人们忽视的可能性就很大。"在理性的那种广为人知的自由显得非常突出。这种自由保证人们可以毫无拘束地追求和获得目标,无论人们自己相信值得追求的目标是在现在还是在未来;这种自由把自我'外界'的一切事物和人们,全都看做一群行动的潜在障碍和行动的工具,或者是一群需要改造成工具的障碍。"④然而,在道德自

①　《马克思恩格斯全集》第 3 卷,北京:人民出版社 2002 年版,第 183 页。

②　参见肖群忠:《道德的约束性与道德自由》,《甘肃社会科学》1992 年第 5 期。

③　[英]齐格蒙特·鲍曼:《个体化社会》,范祥涛译,上海:上海三联书店 2002 年版,第 213 页。

④　同上书,第 214 页。

由领域,人们必须时刻考虑到他人的和社会的感受,甚至牺牲自己的利益以成全社会和他者的利益。诚如马克斯·舍勒所言:"爱心奉献出爱,在奉献爱的时候总是对自己的一切漠不关心。激起爱心的冲动也许会枯竭;爱心本身却总是精力充沛。"①旁观者往往认为,自己在公共道德生活中,可以有不履行义务的自由,或者可以将自己应当履行的道德义务,随意转移到他人的身上。美国波士顿犹太人屠杀纪念碑上,铭刻着一位名叫马丁·尼莫拉的德国新教牧师留下的带有深深忏悔之意的短诗:在德国,起初他们追杀共产主义者,我没有说话——因为我不是共产主义者;接着他们追杀犹太人,我没有说话——因为我不是犹太人;后来他们追杀工会成员,我没有说话——因为我不是工会成员;此后他们追杀天主教徒,我没有说话——因为我是新教教徒;最后他们奔我而来,却再也没有人站出来为我说话了。旁观者恰恰就在于没有明白这一点,误将道德自由简单等同于法律自由,其实道德自由是法律自由的补充。道德评价因其广泛深刻的影响力,而对个人的道德自由产生影响,同时也使它本身成为人们反思的对象。"人们之所以仅仅对评价感兴趣,是因为行为与评价相关。如果道德的赞许只是某种隐蔽于心灵深处的东西,从来不以某种方式表现出来,从不对人的生活、幸福与不幸产生稍许影响,那么就没有人关心它,哲学家也只是通过一种潜心内省(Selbstversenkung)的冥思行为才知道这种毫无意义的现象。"②

第三节　旁观者行为的责任认定

在西方,学者对责任的论述有很多。古希腊伦理学家德谟克利特第一次把责任纳入了伦理思想的范围,认为责任就是按照"公正"原则去做

---

① [英]齐格蒙特·鲍曼:《个体化社会》,范祥涛译,上海:上海三联书店2002年版,第213页。

② [德]莫里茨·石里克:《伦理学问题》,孙美堂译,北京:华夏出版社2001年版,第22页。

自己应当做的事,公共利益与公共善是责任的基础。培根将责任理解为维护整体利益的善①,柏格森认为责任是人们之间的约束②,等等。古希腊语中"责任"的原意是"尽力而为",指人自身与自然的安排相一致的行为。有责任的行为是理性指导人们去做的行为;不负责任的行为是理性所贬斥的行为。既非责任也非无责任行为,是指理性既不引导也不阻止的行为。③ 也就是说,行为与责任不是简单的对应关系,其中涉及人的理性的复杂影响。在旁观者行为与责任关系之正当性的认定中,需要区分法律责任和道德责任两种基本情况。

一、旁观者法律责任的认定

在各种历史文献中,并未见到关于旁观者法律责任的记载。近年来,由于旁观现象的频频发生,引起了社会公众的强烈愤慨,极大地影响着良好的社会风尚,因此有人建议,增设"见死不救罪",通过立法的形式遏制旁观者行为,追究他们的法律责任,挽救社会道德沦丧的局面。2001 年在全国人民代表大会上,有 32 名人大代表建议在刑法中增加"见危不救和见死不救罪",以通过法律手段打击见死不救的行为,引导和鼓励人们见义勇为,积极、勇敢地保护国家、集体利益和人民群众的生命财产安全。④ 对此,法学界形成了两种对立的观点:一种观点认为,从法理上看,"见死不救"是不作为行为,不作为是以行为人负有特定义务为前提的,如法定义务、职务(业务)义务等。公共场所的旁观者可能很多,尽管道义要求他们伸出援助之手,但法律没有相应的规定,即所有公民无条件承

---

① 参见周辅成主编:《西方伦理学名著选辑》上卷,北京:商务印书馆 1964 年版,第 552 页。

② 参见周辅成主编:《西方名伦理学家评传》,上海:上海人民出版社 1987 年版,第 706 页。

③ 参见苗力田主编:《古希腊哲学》,北京:中国人民大学出版社 1989 年版,第 617 页。

④ 参见朱勇、朱晓辉:《"见死不救"不能被设定为犯罪》,《云南大学学报法学版》2005 年第 5 期。

担救助义务,所以"见死不救罪"难以成立。另一种观点认为,尽管将见死不救定罪较为困难,但在司法实践中,以故意杀人罪追究"见死不救"的刑事案例日趋增多。在被害人的合法权益面临危险,而被害人与行为人存在人身依附关系时,行为人具有消除上述危险的义务。如果行为人不履行其义务,结果造成他人死亡,应当追究其法律责任。①

要明确上述争论的合理性,首先需明确法律责任及其界定问题。所谓法律责任,就是按照法律规范的具体规定,对某种行为所作出的法律责任裁决。根据 1997 年修订的《中华人民共和国刑法》第 13 条规定,犯罪的本质特征是社会危害性。定罪是以事实为依据的,只有在事实被认定的情况下,才能进行某种法律评判。对危害性行为的法律评判,主要基于行为人的心理事实和行为事实,亦即二者的统一。"见死不救"行为是否被定罪,也应当以此为依据。依据我国刑法,犯罪行为有"作为"与"不作为"之分。所谓"作为"是指行为人以积极的行为活动实施刑法所禁止的危害行为,"不作为"是指行为人在能够履行自己应尽义务的情况下不履行该义务。旁观者行为无疑是一种"不作为"行为。需要指出的是,各种"不作为"构成犯罪,必须满足某种特定义务,如:行为人负有实施特定积极行为的法律义务;要求义务的内容是实施特定的积极行为,并非不实施一定积极行为的消极义务等。但是,这种法律义务不包含道德义务的要求。比如,某人旁观他人自杀而未加阻止,若自杀者死亡,旁观者没有法律责任,因为他没有阻止他人自杀的法律义务;旁观者若是自杀者的父亲,二人构成法律上的抚养义务,则要对此负法律责任。

有些国家将"见死不救"设定为犯罪,如《德国刑法典》第 330 条 C 规定:意外事故或公共危险或急难时,有救助之必要,依当时的情形又有可能,尤其对自己并无显著危险且不违反其他重要义务而不救助者,处一年以下自由刑或并科罚金;《法国刑法典》223—6 条第二款亦明确规定:任何人对于危险之中的他人,能够自己采取行动,或能够唤起救助行为,且

① 参见黎宏:《"见死不救"行为定性的法律分析》,《法商研究》2002 年第 6 期。

对其本人或第三人无危险，而故意放弃给予救助的，处五年监禁并科五十万法郎罚金。① 尽管如此，本书还是认为，对旁观者行为完全追究法律责任，目前看来未必具有合理性。当然，由于旁观者情况的复杂性，我们也不能一概而论。那些对公民生命、健康和财产安全负有特定保护义务的人员（如公安、消防、医生等），他们不应该有任何旁观者效应，因为他们的救助行为不应该是一种决策结果，而应该是一种有意识的职务反应。在一般情况下，由于他们特定的身份，较一般群众也更有利于制止突发事件的进一步发生。有些人不讲社会公德，无所顾忌地违反社会公德，但他们怕警察，一看警察出面干预，就老实了。然而许多情况下，悲剧就在这一类负有特殊使命的人的眼皮底下发生，不是他们不能制止，而是他们不敢去制止。孟子有个形象的说法："挟泰山以超北海，语人曰：'我不能'，是诚不能也。为长者折枝，语人曰：'我不能'，是不为也，非不能也。"② 针对这类人员，若见死不救就必须以职务犯罪论处。此外，虽然对公民生命、健康和财产安全不负有特定的义务，但属于共产党员或国家公职人员的公民（如法官、检察官、司法人员或其他工作人员等），他们的不救助行为，尽管不能纳入刑法调整的范围，但亦可采取较为严厉的行政措施。如1994 年在江南水乡发生的一起歹徒在公共汽车上轮奸少女案时，江北县最高行政长官愤慨不已地挥笔写下了这样的批文："这是我们的耻辱，警方务必全力侦破，严惩罪犯！车主和乘客中有党员干部的，也要追究责任。"③ 之所以对这类人员追究一定的责任，主要因为他们在一定程度上都是国家责任的实践者、政府形象的代言者，社会对他们寄予的道德期望要高于普通公民，在面对突发事件时，他们应当更有可能作出实施救助行为的决策。鉴于这类人员的身份特征，他们的"见死不救"行为对社会具有更大的不良示范性，对国家公信力和政府形象有很大的损害，因此有必

---

① 参见孙昌军、张辉华：《"见死不救"的刑事责任分析》，《湖南大学学报》2005 年第1 期。

② 《孟子·梁惠王上》。

③ 参见陈兵：《见义勇为：伟大时代的呼唤》，《四川统一战线》1998 年第 2 期。

要对这类人追究一定的责任。

然而对于不负有任何法定义务的普通社会公众来说,由于无法获得明确的行为证据,法律责任认定则比较困难。① 所以,对这一类旁观者行为的法律责任的认定,更多的是基于道德呼吁或是法律本身的内在道德要求。因为法律支持个人的见义勇为,谴责各种见死不救现象的发生,主要是支持人们履行社会义务。当个人遇到各种危机场面,奋不顾身地救助他人是必要的,这是最明显、最基本的社会义务。虽然我们不能说法律未禁止的就是"正当"的,但毫无疑问,法律未禁止的肯定是无罪的。由于法律没有证据表明旁观行为违法,因此也就无法证明旁观者是有罪的。所以,难以将旁观者问题完全诉诸法律。尽管有许多人呼吁,要通过立法途径遏制见死不救、见义不为,通过外在约束强化人际之间的互助,但其最终目的仍是为了实现某种社会道德愿望,如同法律强调个人责任,目的是维护更多人的自由。美国著名学者富勒认为,法律包含良好的道德愿望,或者说法律有内在道德性,但是,"法律的内在道德注定基本上只能是一种愿望的道德。它主要诉诸于一种托管人的责任感(a sense of trusteeship)和精湛技艺所带来的自豪感(the pride of the craftsman)"②。对法律来说,除个人的动机和意图之外,它还强调客观有效的证据,诉诸某种有强制力的必然性。然而对属于愿望的道德而言,良好的动机和意图很重要。显然,愿望的道德无法提供法律需要的证据。但是,我们不难看到,"法律的内在道德很难通过义务来实现,不论是道德义务还是法律义务"③。也正是基于这样一种考虑,一些宗教道德将自身诉诸宗教戒律,通过戒律要求强化道德义务,以达到督促人们履行道德义务的目的。例如,伊斯兰教道德把全部的人类行为分成五种:(1)必须做到的行为,即法律要求的行为。遵守者将获得奖赏,违背者受到处罚。(2)可嘉的

---

① 参见池应华:《"见死不救"行为的事实认定与法律评价》,《法商研究》2005 年第6 期。

② [美]富勒:《法律的道德性》,郑戈译,北京:商务印书馆 2005 年版,第 52 页。

③ [美]富勒:《法律的道德性》,郑戈译,北京:商务印书馆 2005 年版,第 51 页。

行为,即法律劝人为之,遵守者奖赏,违背者不受罚。(3)准许的行为,即法律上无关紧要的行为。(4)受谴责的行为,这种行为只受谴责,不受惩罚。(5)被禁止的行为,犯禁者应受惩罚。这些行为由于被赋予了世俗和神圣的双重意义,宗教和法律相结合,因而在履行道德义务上,必然不同于生活中的随意行为。① 宗教道德将世俗生活的道德要求通过非世俗的力量加以规约,使世俗道德获得超自然的力量,从而增强了道德行为的实施力度。这对人们加强道德行为的监督具有启发意义。

后现代伦理学家鲍曼也认为,区分旁观者和作恶者,有许多重要的法律(或制度保证)意义。事实上,应当受到法律惩罚的行动,完全有别于不受法律条款约束并因此"仅仅"招致了道德内疚及其引起的耻辱的行动(无为)。由旁观者引起的过错,有别于作恶者的行动引起的过错,而且,法律禁止与否在这里具有重要意义。如果仅仅从道德上谴责恶行,而不对其进行刑事审判,那么,我们就无法区分在不正当的行为中出现的两种应当受到谴责的角色,更不用说以明确和无可争辩的方式来区分了。即使我们愿意把权威授予法律条款,而不是说不清、道不明的道德情感,那么,在由犯罪引起的不可争议的罪行(crime)和由"旁观"导致的不仅是可惜的而且是不可原谅的过失(misdeed)之间,也有一个广泛而富有争议的区域。② 就是说,针对旁观者行为的法律认定,既是一个富有争议也是一个比较困难的问题,因而对旁观者这一现象更多地应该从社会角色角度加以审视。旁观现象之所以出现,其中一个很重要的原因就在于旁观者不能正确理解作为社会公民的角色要求。"除非人们懂得充当适当的角色,否则他就不能适应社会。将人从原有的社会中突然放到另一崭新的社会中,不管他多么聪明和曾受过多好的教育,他在新环境中都会感

---

① 参见李萍:《东方伦理思想简史》,北京:中国人民大学出版社 1998 年版,第 308—309 页。

② 参见[英]齐格蒙特·鲍曼:《被围困的社会》,郇建立译,南京:江苏人民出版社 2005 年版,第 211 页。

到茫然不知所措。"①事实上，社会公德是人类在公共生活中形成的最基本、最简单的道德规范体系，即全社会的底线道德要求。这一底线道德也是对全体成员的道德要求，每一个公民尽管他们所承担的社会角色不同，但是他们作为社会成员这一"共通"角色的身份却不可能改变。因此，公民就应该对这一类的社会责任有明确认知，能够自觉自愿地履行。例如，公民在保护环境问题上人人有责。如果对破坏环境的行为置若罔闻，除了要追究行为者的法律责任外，还要追究某些主管部门监管不力、失职等法律责任，甚至是追究旁观者的道德责任。如果说在某件事的社会影响方面，可能仅仅涉及少数几个人，那么对待生态环境问题上的旁观，则是连自己都成为受害者。所以，鲍曼称旁观者为"潜在的作恶者"。②

对旁观者法律责任的认定，有助于制裁不道德行为和违法行为，强制性地督促人们实施见义勇为，更多地帮助那些需要帮助的人。因此，"所有的人都有责任对自己的行为进行审查，对其可能产生的后果进行判断，对其对人类的影响进行估价，然后才能谨慎地付诸实施。"③但是，由于法律责任的认定受多种因素制约，实施起来比较困难，而且对其进行认定也还存在着较大的局限性。同时，法律制裁毕竟属于外在因素，无法从根本上触动人的心灵。"道德规范和法律规范的区别是，法律规范基本上具有限制的性质，而在道德里则存在着正面的规则，包含着正确行动的模式和肯定的规范。"④这就是说，只有通过道德的净化，才能从更高层面上提升人的行为。因此，法律上的责任是狭隘的、有限的。由于客观环境的多变性和复杂性，人们认识能力的有限性，个人虽然可能因证据不足而逃脱法律制裁，却不能逃脱道德和良知的谴责。道德既是无形的，也是无所不

---

① 单兴缘等编：《开放社会中人的行为研究》，北京：时事出版社 1993 年版，第 18 页。

② 参见[英]齐格蒙特·鲍曼：《被围困的社会》，郇建立译，南京：江苏人民出版社 2005 年版，第 210 页。

③ [美]保罗·库尔兹编：《21 世纪的人道主义》，肖峰等译，北京：东方出版社 1998 年版，第 126 页。

④ [苏]科诺瓦洛娃：《道德与认识》，杨远、石毓彬译，北京：中国社会科学出版社 1983 年版，第 133 页。

在的。所以,在某种意义上,道德的力量高于法律,对旁观者的道德责任
认定对于促进人与人之间的关系和谐更是必要的。

二、旁观者道德责任的认定

道德责任的概念,可以从一般意义上理解,即任何有理智能力的人,
对自己的行为都有道德责任;也可以从狭义上理解,即恶行应担负的道德
责任。本书主要研究狭义的道德责任。对不同性质的行为而言,善行具
有重要道德价值,恶行应负相应的道德责任。恩格斯说过:"各个人的意
志……虽然都达不到自己的愿望……,然而从这一事实中决不应作出结
论说,这些意志等于零。相反地,每个意志都对合力有所贡献,因而是包
括在这个合力里面的。"①既然社会的发展进程受到每一个人的自由意志
的影响,所以,每个人也就必须为社会的发展承担相应的道德责任。当
然,我们需要注意故意行为与过失行为的区别。前者已经是认识自觉的
行为,当然应当承担道德责任。后者尚未达到认识自觉,但理智清楚,也
应负道德责任。二者的区别不是责任的有无,而是责任的大小。旁观者
对需要救助者的忽视,显然不是过失的问题,而是在理智清醒的情况下发
生的,故应当属于故意性道德责任。

旁观者的道德责任如何认定呢? 在公共生活中,当人们遇到某种偶
发事件时,如果某些人充当旁观者,他(他们)不是因为自己遇到此事而
承担责任,而是为遇到后所采取的行为承担责任。因为旁观者采取消极
观望的态度,而不是积极地行动起来,这种临场的"不作为",就是进行道
德评价的主要依据。根据道德生活的特点,即"道德作为社会意识形式
的特点,是它能反映实在的现实并把它义务化。就是说,它能表达客观的
社会历史发展的必然性"②。旁观者是没有正确履行义务,或者故意推卸

---

① 《马克思恩格斯选集》第 4 卷,北京:人民出版社 1995 年版,第 697 页。
② ［苏］科诺瓦洛娃:《道德与认识》,杨远、石毓彬译,北京:中国社会科学出版社
1983 年版,第 153 页。

自己的道德责任(无行为能力者除外),或者转嫁自己的道德责任,所以在伦理学看来,诸如"事不关己"的心态和行为,都是应当负道德责任的恶行。尽管旁观者没有直接危害他人,但并不是说,这种行为没有消极道德后果,可以不负道德责任。因为,我们"当评价人的行为是不道德的时候,那正是指他的行为和道德的基本体系不相适应。因此,这不意味着没有任何动机、目的和利益"①。

在各种职业生活中,也存在类似的"旁观者"现象。职业生活的特点,决定了职业道德责任具体明确。同时,职业道德责任既涉及道德责任,也包含法律责任的基本要求,或者说,职业道德关于责任的规定,在许多方面非常接近法律责任的要求,二者在内容上有较多重合。但因为职业生活往往有严格的规章和制度,而对制度的遵守则代表着个体对组织的忠诚,并且能够被赋予很高的荣誉。在这样一种情况下,常常能见到有人以职业机构内的规章制度为借口,而推脱自己应负的道德责任。如医生作为一个人,本不能见死不救,不能因为孕妇丈夫不签字而不给孕妇进行手术,但因为医院有制度规定,医生就可以理直气壮地按规则和制度办事,至于孕妇和孩子的死活,则完全置之不理。其实,这种借口不仅是荒唐的,也是完全没有根据的。因为个人不仅要在本社会团体、集体甚至阶级面前负责任,而且还对广义的人类负有道义责任。个人可以借口推托自己的集团责任,但对于人类的道德责任是推不掉的。社会公德渗透于人们生活的方方面面,自然也包括职业生活之中。即使某些特殊的行业,也同样会涉及人与人之间的关系,需要某种公德规范协调彼此的行为,创造和睦相处的生活氛围,促进彼此利益的顺利实现。

日常生活中,我们常常看到,旁观者越多,求助者得到救助的可能性反而越小,即使是想去救助的人可能也不敢挺身而出了。究其心理原因,许多人是害怕自己的救助行为不明智,遭到别人的非议。一般人都害怕

---

① [苏]科诺瓦洛娃:《道德与认识》,杨远、石毓彬译,北京:中国社会科学出版社 1983 年版,第 110 页。

当"出头椽子",因为"出头的椽子先烂"。从心理学的角度来看,一个人只有当自己的行为与多数人保持一致时,才会感到心安;一个人的言行与多数人不一致时,则会产生焦虑与不安。从众行为是一种模仿行为,或者说缺乏独立思考的行为。某些场合的单纯模仿是对个人独立性的损害。西美尔曾说:"模仿给我们带来这一安慰——即在行动时并不孤立——的同时,它也使相同的活动超越了迄今为止所进行的程度,如同建立在一个坚固的基础之上,正是这一稳固的基础减轻了现代人自我承受的困难。在模仿中,群体负载着个体。群体简单地把自己的行为方式交付给个体,使他免于选择的折磨,摆脱对同一选择的个人责任。"①但是,即使是个人的模仿行为,也不能就此免除个人的道德责任。尽管个人的行为融合为群体行为,在群体内部实现了行为上的一致性,似乎人们的理性获得了空前的统一,形成"法不责众"的心理,但是,人们在道德责任问题上不能均平化,即不能各自分担总体上的道德责任,并因此而缩小个人的道德责任,从而使个人的道德责任最小化。无论法律还是道德,模仿都不能成为免除责任的理由。实际上,个人对他人行为的模仿,形成了两个不同道德主体——群体和个体。在这种情况下,不仅群体要负道德和法律责任,个体也要负道德和法律责任。因为正是由于个体的不道德行为,才造成道德责任主体和范围的扩大,进而极大地增大了不良道德行为的后果。

旁观者行为的复杂性,在于其中既有客观义务的要求,又有美好愿望的成分,即涵盖义务的道德和愿望的道德两种情况,二者的要求存在明显差异。"如果说愿望的道德是以人类所能达致的最高境界最为出发点的话,那么,义务的道德则是从最低点出发。"②也就是说,义务的道德建立在经验事实的基础上,作为人类普遍的义务要求人们接受;愿望的道德勾画出美好生活的道德图景。他们具体作用于人的身上,分别有不同的特

---

① [德]西美尔:《金钱、性别、现代生活风格》,顾仁明译,上海:学林出版社2000年版,第94页。

② [美]富勒:《法律的道德性》,郑戈译,北京:商务印书馆2005年版,第8页。

点和发展规律。义务的道德通常是维持社会秩序的要求,愿望的道德是个体道德提升的需要。两种因素相互交织、相互渗透,无法截然分开。由于法律单纯强调义务的正当性,强调人们履行义务的绝对性;道德更多强调愿望的情感要求,具有不确定的、多变的特点。所以,愿望的道德无法诉诸法律。如果是单纯的道德义务,并得到法律规范的强有力支撑,那么,人们尽管严格遵守就行了。一旦违背了法律要求,就必然会受到相应的惩罚。因为外在的强制力和惩戒因素,使人们不敢作恶,即使是潜在的恶行,也会给人带来心理上的恐惧。道德缺乏有力的监督机构,紧紧依靠个人的良知,无法实现社会和谐的目的,所以道德与法律的互补是必要的,也是有效的社会道德建设的途径。

旁观者冷漠的"看客"心理和行为,可以界定为道德上的恶。根据各种不同的具体情况,分别判断其行为的道德责任的大小及性质,形成如下四种结论。

(1)旁观者的道德责任,与其意志自由能力成正比。一般来说,人们的认识水平和行为能力越大,其行为的意志自由度就越大,相应的道德责任也就越大。例如,一名大学生与一名小学生相比,无论就知识水平还是认识能力,均占有绝对的优势,因此在对同一件事情上,如果采取旁观的态度和行为,前者的道德责任显然更大。同样,大学教师比大学生,在同一件事情上采取旁观的态度和行为,应当承担更大的道德责任。所以,个人的道德责任随着意志自由能力而增长。当然,我们不能简单地说,知识水平低的人不应当承担道德责任,或者应当承担较小的道德责任。在现实生活中,人们的道德责任的大小,应当视具体情况而定。

(2)旁观者的道德责任,与其承担的社会义务大小成正比。个人的社会义务越大,相应的道德责任就越大。例如,如果执法者犯法那就是故意行为,那么他就比非执法者应该承担更大的道德责任。在某件具体事情上,部门的主管领导要比普通职工承担更大的道德责任。德国前总理施密特曾说,政治家在进行重大决策前,要承当更大的责任。因为无论人的理性还是良知,都有可能出错。鉴于此,他指出:"责任可能成为一种使良知受累的沉重负担。一个人的影响越大,他的责任也就越大。"①各种社会公众人物,诸如政治家、思想家、媒体记者、影视明星等,他们所承担的道德责任,显然要远远超过普通的社会公众,这也就是一些国家公职人员的见死不救要放在旁观者法律责任认定中探讨的原因。他们的公共行为应当高度自律。在公共生活中,如果他们能够高扬社会公德,做到助人为乐、见义勇为,其影响力和辐射力就会更大;相反,他们的不道德行为的恶劣影响也会更坏。

(3)旁观者的道德责任,与事件本身对受害者影响的严重程度成正比。关于这个问题,可以从两个角度来理解。一方面,就受害者本人而言,如果在事件中,并没有受到太大的损失,则旁观者的道德责任就较小;如果受害者受到较大伤害,甚至生命受到严重威胁,则旁观者应当担负更大的道德责任;如果受害者丧失劳动能力,其家庭生活出现巨大变故,亲属或子女的生活受到严重影响,旁观者的道德责任因接续而扩大。另一方面,就旁观者的行为而言,如果在意外事件中,旁观者不但没有采取救助行动,反而推波助澜,致使受害者蒙受一定的损失,则旁观者的道德责任就更大,甚至有追究法律责任的可能。也就是说,无同情心的旁观者应该承担更大的道德责任。所以,旁观者的道德责任与事件本身对受害者影响的严重程度成正比。它足以表明,人们的道德责任不容忽视。

(4)旁观者的道德责任,与事件本身的社会影响范围成正比。在相对封闭的环境中,个人行为的道德责任是较为有限的。随着社会的开放和全球化的不断发展,人类的道德责任将会极大地拓展,个人的错误行为可能会造成诸多不良后果,影响到无数人的生活乃至生命。因此,每个人都应当想到更多的他人,为他人承担道德责任。这种责任意识的增强,将成为人类在未来能否顺利发展的关键。卡尔·波普在 1933 年说:"每个

---

　　① ［德］赫尔穆特·施密特:《全球化与道德重建》,柴方国译,北京:社会科学文献出版社 2001 年版,第 210 页。

人都肩负着极大的责任,因为他的生活也会给他人的生活造成影响。"①我们当今时代,之所以出现了如此众多的环境问题、社会问题,与旁观者的增多有必然关系。"'旁观'不再是发生在少数人身上的反常的困境。现在,我们每一个人都是旁观者,换言之,我们目睹了正在实施的痛苦,目睹了它引起的人类苦难。"②因此,唤起人们的道德责任意识,勇敢地为他人和社会承担责任,也许就是人类走向和谐的关键。

---

① [德]赫尔穆特·施密特:《全球化与道德重建》,柴方国译,北京:社会科学文献出版社 2001 年版,第 210 页。

② [英]齐格蒙特·鲍曼:《被围困的社会》,郇建立译,南京:江苏人民出版社 2005 年版,第 214 页。

第五章　旁观者道德批判

"鉴于周围的人无利可图，所以要是有人出来干预倒反而会令人吃惊，因为在紧急情况下进行干预的人很少会得到积极的回报。"[①]本书对旁观者出现的原因进行分析，并不是要否认和淡化这一可怕的事实，更不是要得出一个结论来为人们拒绝道德上的帮助提供充分的理由。旁观现象是人同自我、社会相异化的一种重要表现，同情被害者才应该是我们做人的最基本的标志。

第一节　旁观者道德批判的理论基础

日常生活中的突发事件，是人们道德品质的试金石。它把人抛入一个特定的狭小空间，凝固在一个特殊的短暂时间，在没有结构性、强制性的情境中，人们处于匿名性的状况下，完全依据自己的人生观、价值观和道德素质作出行为抉择。人们对待日常突发事件的态度犹如一面聚光镜，在一瞬间能把人的道德品质优劣突显出来：挺身而出者——高尚；袖

---

① ［德］阿尔诺·格鲁恩：《同情心的丧失》，李健鸣译，北京：经济日报出版社2001年版，第75页。

手旁观者——平庸;冷嘲热讽者——卑微。旁观现象是道德冷漠(moral indifference;apathy in moral)的一种具体表现,这种冷漠主要强调的不是道德认知能力的缺乏,而是由于道德情感能力的缺乏而导致道德心理的怯懦以及道德行为上的不作为。从一定意义上来说,旁观现象也可以算是一种道德的病态心理,它其实包含着对他人和社会的拒斥,只不过是以一种消极的方式来否定他人和社会的存在而已。无论从道德心理学、人道主义理论、社会公德理论还是新兴的后现代伦理学理论那里,我们都能找到对这种现象进行批判的理论依据。

一、道德心理学基础

在伦理思想史上,思想家们关于旁观者的论述并不多见。相反,对人类的善良本性——如互助、友爱、同情、慈善等问题的论述,成为各种道德理论的主要内容。人们对旁观者现象的研究,也许能够从这些论述中得到某种启迪。在人类博大精深的道德文化中,尽管在人的本性问题上,性善论和性恶论各执一词,争论不休,各种道德观点之间也存在较大歧义,但在人的道德行为上,各学派对团结友爱却有着普遍的认同。"团结就是力量,这力量是铁,这力量是钢,它比铁还硬,比钢还强",这是人们通过实践得出的认识。从某种意义上说,人类正是通过群体内部的相互帮助,才得以不断战胜大自然带来的许多毁灭性的灾难,一步步走向文明的。人类之间的团结友爱是一种原始的生命力。对此,罗洛·梅曾给予过高度的肯定。他说:"在正常情况下,原始生命力是一种向对方拓展,依靠性来增强生命,投入创造和文明的内在动力。它是一种喜悦和狂欢,是一种单纯的保证,即知道自己能够影响他人,塑造他人,能够行使一种有意义的权力,它是一种确证我们自身的方式。"①两千多年前,孟子就把爱人当做人生来就有的善性。他说:"恻隐之心,仁之端也",认为人生来就有一种爱人之心,而这种爱人之心,是黏合社会安定的基因,是一种社

---

① [美]罗洛·梅:《爱与意志》,北京:国际文化出版公司1987年版,第154—155页。

会亲和力。因为人具有先天的爱心,如果能充分发挥出来,就会推己及人,"老吾老以及人之老,幼吾幼以及人之幼,……故推恩足以保四海"①,把爱心推及四海之内,使四海之内的人皆成为相亲相爱的兄弟。他的这一观点,正是基于人类之爱本性的基础上提出来的。

俄国学者克鲁泡特金认为,达尔文的物竞天择不能用于考察社会生活,也不是人类社会的普遍规律,互助才是一切生物(包括人类)进化的真正动力。互助既是动物的本能,也是人类的社会本能。也就是说,人类已经从动物本能中继承了互助的基因。"在人类的天性中,生来就具有合群以及互相帮助和支援的需要"②,"不论是在动物界还是人类中,竞争都不是规律"③。伟大的革命先行者孙中山先生批判地吸收了克鲁泡特金的观点,也认为人类是由于互助天性才得以不断进化的。"人类初出之时,亦与禽兽无异,再经过几许万年之进化,而始长成人性。"何也? 因为"此期之进化原则,则与物种之进化原则不同,物种以竞争为原则,人类则以互助为原则"④。按照他们的观点,既然互助和爱心是人类的本性,那么在他们的共同生活中,当遇到突发事件或偶发事件时,人们的互帮互助本乎情理,发乎自然。相反,如果当事人需要及时救助,而自己的同伴却消极观望,这种态度显然是与人的本性相背离的,不仅应当受到道义谴责,而且其后果也许会危及到共同体的生存。

美国学者大卫·洛耶(David Loye)认为,达尔文的理论其实是被曲解的,因为它并没有把生存竞争看做生物进化的唯一动力,对达尔文来说,爱和同情也是人类进化的重要动力。在《达尔文:爱的理论》一书中,洛耶以丰富的材料、翔实的考证、精辟的论述,说明人类生存的动力绝非"自私的基因",而是同情和爱。这是对达尔文研究的惊人发现。"只有爱才能提高人的智力,通过某些行为,我们在与别人的并存中使别人的存

---

① 《孟子·梁惠王上》。
② [俄]克鲁泡特金:《互助论》,李平沤译,北京:商务印书馆1963年版,第143页。
③ 同上书,第76页。
④ 《孙中山选集》上卷,北京:人民出版社1956年版,第141页。

在变得合理,爱就是这样的行为领域。"①实际上,达尔文在《人类的由来》一书中,已经对人类情感的先在基础进行过深刻描述。据洛耶考察,达尔文在该书中积极探索"爱"的用法和它的进化论含义,其中"爱"在书中出现了95次之多,而关于"竞争"的内容却只有9条。因此,他认为,"'爱'是真正达尔文主义独有的最显著的特点。"②生物学提供的大量数据表明,在许多动物身上也有爱心和同情心的萌芽。达尔文在有关乌鸦尽责任地照顾因与狗群英勇搏斗而受伤的同伴时就看到了同情心,他提到:"谁能说出,当乌鸦们密切围观一只濒临死亡抑或已经死了的同伴时,它们的感觉如何?"③罗伯特·赖特也赞同达尔文的如下观点,即"同情和友好是普遍存在的,特别是在生病期间,在同一部落的成员之间",其中他也"报道了许多野蛮人的例子……他们不是出于宗教动机,却宁可牺牲自己的生命,也不出卖他们的伙伴;他们的行为理所当然地被认为是道德的"④。既然低级动物和野蛮人都懂得互助,那么,作为高级的社会化的人,在自己的同类遇到困难时,有什么理由拒绝对他的帮助呢?正如费尔巴哈所强调的一样:"如果人的本质就是人所以认为的最高本质,那么,在实践上,最高的和首要的准则,也必须是人对人得爱。"⑤

尽管马克思主义伦理学反对抽象地谈论人的本性,认为人们相互之间的道德情感来源于人们的道德生活实践,但他们同样强调团结友爱品质的重要道德价值。马克思认为:"我们的猿类祖先是一种群居的动物,人,一切动物中最爱群居的动物,显然不可能从一种非群居的最近的祖先

---

① ［美］大卫·洛耶:《达尔文:爱的理论》,单继刚译,北京:社会科学文献出版社2004年版,第22页。

② 同上书,第21页。

③ ［美］罗伯特·赖特:《道德的动物——我们为什么如此》,陈蓉霞、曾凡林译,上海:上海科学技术出版社2002年版,第170页。

④ 同上书,第169页。

⑤ 《费尔巴哈哲学著作选集》下卷,荣震华、王太庆、刘磊译,北京:生活·读书·新知三联出版社1962年版,第315页。

那里去寻求根源。"①他还进一步指出："劳动的发展必然促使社会成员更加紧密地互相结合起来,因为他们互相支持和共同协作的场合增多了,并且使每个人都清楚地意识到这种共同体协作的好处。"②正是基于这种理解,当代有学者这样谈道："爱是社会和谐的基础,人类生存和发展的精神动力。没有爱的维系,就不可能走出日益窘迫的人类困境。"③

人的情感世界是复杂的,无论心理学还是社会学,都无法完全把握人类丰富的内心世界。当然,动物的同情还不是人类之爱,也无法进行道德评价。唯有人类出于爱心的行为,才有道德意义。人的存在兼有先天和后天两重性,人的道德心理和行为也应当从这两个层面来把握。生物科学的发展,证明爱心和同情具有先天的根据。动物的社会本能是道德的源头。人们常常被告诫,你应当有同情心,其实同情心不能作为道德要求被提出,而是人性本身固有的因素。况且单纯的同情心并无道德价值,只有产生有利或有害于社会的行为时,才具有道德意义。既然人的情感具有两面性,那么,若要使爱心发挥有利于社会的作用,就必须将其置于规则的调控下,成为理性化的规范行为。既然人的本性是爱和同情,那么,现实中的旁观者现象,或"见死不救"、"见义不为",某些人的"择其不善而从之"等行为,就不应当是先天因素造成的,而是后天社会环境的产物。也可以说,旁观者现象的存在,是对爱心和同情的反叛,本质上具有反道德的特征,因此人类生活必须拒斥旁观者。

二、人道主义理论基础

人道主义最早是西方资产阶级提出的思想体系。一般来说,人道主义是关于人性、人的使命、地位、价值和个性的思想态度。它强调以人为本,肯定人的地位,维护人的尊严和幸福,满足人的需要和利益。"人道

---

① 《马克思恩格斯选集》第4卷,北京:人民出版社1995年版,第376页。
② 同上。
③ 苏宝梅等:《和谐伦理宣言》,《济南大学学报》2002年第5期。

主义"一词最早来自古罗马西塞罗的人道精神(humannistas),指能够促使个人才能得到最大发挥的具有人道精神的教育制度。在十四五世纪的文艺复兴时期,人道主义构成那个时代的精神主题。法国著名人道主义哲学家狄罗德认为,人道就是对全人类的仁爱精神,它仅能在伟大而富有感情的灵魂里燃烧。具有人道主义精神的人们是高尚卓越而热诚的人,这种人为了解除别人的痛苦而极端烦恼,甚至为了消灭迷信、罪恶和灾难情愿跑遍天下。① 随着西方社会的发展,人道主义产生过广泛而深刻的影响。人道主义用人性否定神性,理性代替神启,人权代替神权,大力颂扬现世生活的幸福和人生价值,极力提倡个性解放和思想自由,反对宗教禁欲主义和教会统治,要求摆脱一切束缚和限制,实现个人自由和个性解放。因为这一切都可能通过个人在现世的努力来做到,无须借助信仰上帝来实现。他们强调现世生活的意义,大胆提出享乐的尘世要求。尽管人道主义从一开始就是一个充满歧义的话语,但作为人类的基本思想之一,它强调人性的解放,强调人与人之间的相互关爱,成为新型资产阶级反对封建专制和宗教神学禁欲主义的有力武器,在当时具有积极的、革命性的意义。②

尽管马克思在《德意志意识形态》一文中提到:"共产主义者根本不进行任何道德说教。"③但他并不是一般地反对道德,而是反对那种离开实际利益的抽象的道德说教。正如恩格斯在谴责资产阶级道德时所指出的:"我并不是一个抽象的道德家,……可是,使我感到痛心的是,严肃的道德正濒临消失的危险,而肉欲却妄图把自己捧得高于一切。"④"同他人交往时表现纯粹人类感情的可能性,今天已经被我们不得不生活在其中

---

① 参见周辅成主编:《西方伦理学名著选辑》下卷,北京:商务印书馆1987年版,第35页。

② 参见宋希仁主编:《西方伦理思想史》,北京:中国人民大学出版社2004年版,第153—154页。

③ 《马克思恩格斯全集》第3卷,北京:人民出版社1960年版,第275页。

④ 《马克思恩格斯全集》第2卷,北京:人民出版社2005年版,第267页。

的、以阶级对立和阶级统治为基础的社会破坏得差不多了。"①从这里可以看出,辩证唯物主义学说中包含有或应当包含有"人道主义"的内容,它应当"带着诗意的感性光辉对人的全身心发出微笑",而不能"变成几何学家的抽象的感性",不能变得"敌视人"。马克思、恩格斯在《神圣家族》中也曾指出法国唯物主义中的人道主义学说与共产主义或社会主义的联系,他们说:"并不需要多大的聪明就可以看出,关于人性本善和人们的智力平等,关于经验、习惯、教育的万能,关于外部环境对人的影响,关于工业的重大意义,关于享乐的合理性等等的唯物主义学说,同共产主义和社会主义之间有着必然的联系。"②在马克思主义伦理学看来,随着社会经济的发展,随着阶级的消灭和国家的消亡,法律必将被废除,而道德的作用将日益扩大和加强。因此,以马克思主义为指导思想的无产阶级理应把人道主义原则作为自己反对资产阶级和建设新社会的有力武器。当然,这种人道主义不是传统的抽象的人道主义,而应该是与历史唯物主义相结合的,充分考虑广大劳动群众的需要和利益的革命的人道主义。

"我们要从各方面,使社会主义的人道主义,随着社会主义的经济建设、政治建设和文化建设的发展,像社会主义制度所要求的那样,得到最充分的实现。"③社会主义人道主义与革命的人道主义一脉相承。早在革命斗争年代,我党就宣布了尊重士兵、尊重人民、尊重俘虏三项原则,主张"救死扶伤,实行革命的人道主义"④。强调官长与士兵像兄弟一样和睦相处,禁止打骂士兵,严格禁止肉刑等。在社会主义教育运动中,严禁打人、罚跪、捆、吊这类粗暴行为,要求用法律手段解决问题。毛泽东曾说:"世间一切事物中,人是最可宝贵的",这句话集中反映了社会主义人道

---

① 《马克思恩格斯选集》第4卷,北京:人民出版社1995年版,第235页。
② 《马克思恩格斯全集》第2卷,北京:人民出版社1957年版,第166页。
③ 《胡乔木文集》第二卷,北京:人民出版社1993年版,第618—619页。
④ 罗国杰主编:《中国革命道德·规范卷》,北京:中共中央党校出版社1999年版,第554页。

主义的基本精神,它强调"在社会公共生活中,要大力发扬人道主义精神,尊重人、关心人,特别要注意保护儿童,尊重妇女,尊敬老人,尊敬烈属和荣誉军人,关心帮助鳏寡孤独和残疾人"①。然而,在我国的现实生活中,"违反人道原则的犯罪现象仍然不同程度地存在着,对人(首先是对普通劳动者、普通知识分子、普通服务人员和普通顾客,尤其是对于普通妇女、普通儿童、普通老人和有残疾的人)缺乏关心、尊重、同情、爱护的冷漠现象也仍然不同程度地存在着,这些现象的存在是同人民的利益、同社会主义的利益相冲突的"②。对人民热爱,对党的事业、革命事业无限忠诚,对敌人仇恨,是社会主义人道主义的基本内涵。在社会主义建设时期,全体劳动者应当相互关心、相互爱护、相互帮助。在社会公共生活中,大力提倡和弘扬见义勇为、舍己为人的崇高美德。对老弱病残及丧失劳动能力的人,要真正关心和照顾他们,使他们过上幸福的生活。对各种歧视、虐待和辱骂老、弱、病、残、妇女和儿童的现象,对于某些人对人们的痛苦、不幸、灾难,漠不关心,麻木不仁,视而不见,冷若冰霜等缺乏起码的人道主义精神的行为,要进行坚决的抵制和批判。③ 总之,社会主义人道主义是社会主义道德体系的重要内容,追求平等互助、团结友爱、共同前进的和谐人际关系,已成为社会主义道德建设的重要目标。

三、社会公德理论基础

马克思主义认为,人的本质在其现实性上是一切社会关系的总和。人的社会关系本质表明,每个人都必然要与他人打交道,尤其是要同陌生人交往。陌生人及其利益的存在,乃是公共生活的重要特点。由于公共生活的介入者成分复杂,目标和价值追求各不相同。为保证实现各自利益的同时,最大限度地促进公共利益的发展,人们需要普遍认同的价值目

---

① 《十一届三中全会以来重要文献选编》上卷,北京:中共中央党校出版社 1981 年版,第 425 页。

② 《胡乔木文集》第二卷,北京:人民出版社 1993 年版,第 618—619 页。

③ 参见罗国杰主编:《伦理学》,北京:人民出版社 1989 年版,第 225 页。

标,有序参与公共生活过程。由此,维护公共秩序的道德需要就产生了。道德不仅是社会发展的需要,更是人类自身发展的需要。人们对道德的需求越大,道德发生和发展的动力也就越大。在这个过程中,"劳动的发展必然促使社会成员更紧密地互相结合起来,因为它使互相帮助和共同协作的场合增多了,并且使每个人都清楚地意识到这种共同协作的好处"①。为了维系人类的生存和生活秩序,一些基本道德规范相继产生了,如"勿偷盗"、"守纪律"、"讲礼貌"、"有诚信"等。这些秩序不仅是实践的产物,而且是被人们意识到的东西。正如列宁所说:"人的实践活动必须亿万次地使人的意识去重复不同的逻辑的式,以便这些式能够获得公理的意义。"②这些逻辑的式,就是作为规则的道德生活规律,就是把个别的偶然的现象,与普遍的一般相对应,由"实然"上升到"应然"的过程。当人们意识到这些关系对自己的意义,并自觉地调控自己的基本态度和行为时,自觉的道德和法律就产生了。社会公德就是维护公共利益的最起码的道德要求。

　　社会公德是千百年来逐步积淀下来的、为社会公共生活所必需的、最起码的、简单的道德规范,又称为一般公共生活准则,如文明礼貌、助人为乐、爱护公物、保护环境、遵纪守法等。社会公德规范主要涉及人与人、人与自然、人与社会三个基本方面,它是维持社会秩序和公共利益的基本要求。其中,在人与人之间的关系中,经过长期实践逐渐形成了礼貌待人、助人为乐、遵守秩序、尊老爱幼、救死扶伤等社会公德。这些理性化、规则化的道德规范,已经超越了单纯的道德情感层面,实现了情感和理性的有机统一,因而能够被社会公众所认同,并有效地约束人的公共行为。社会公德是社会基础文明的要求和标志,它能够合理协调人与人、人与物的关系,促使人们自觉遵守公德规范的要求,维护社会公共秩序的稳定与和谐,促进人际交往的协调发展。社会公德以明确的规范告诉人们,应该怎

---

① 《马克思恩格斯选集》第 4 卷,北京:人民出版社 1995 年版,第 376 页。
② 《列宁全集》第 55 卷,北京:人民出版社 1990 年版,第 160 页。

样或不应该怎样,通过这种方式给人的行为以明确的定向,协调和理顺各种行为间的关系,实现个性行为和公共规则的辩证统一,亦即个人与社会的有机统一。社会公德通过整合多样化的个人行为,以善恶评价的方式划定道德行为的合理边界。由于社会公德归根到底是生产秩序的要求,是人们追求公共利益的道德反映。因此,不同阶级、不同阶层、不同民族,各宗教团体和民主党派都应当遵守。社会秩序和共同利益是社会公德存在的合法依据。一个社会、一个阶级如果连最基本、最简单的共同生活准则都不遵守,那么这个社会、这个阶级便无法向更高的文明攀登。当代社会的发展使一个开放的、流动的、丰富多彩的公共世界展现在人们面前,和谐的公共世界尤其需要积极的促进生活发展的伦理精神来维系,那种"见死不救""见义不为"的消极旁观态度无疑是与这种公共伦理精神相背而驰的。

四、后现代伦理学基础

马克艾伦·奥克尼认为,"后现代伦理学是一种关于爱的伦理学"[①]。因此,对旁观者现象的道德批判,可以说是后现代伦理学的重要主题。在《被围困的社会》一书中,英国思想家鲍曼对现代旁观现象进行了深刻批判。他认为,随着社会个体化的趋势加剧,后现代时期的来临,道德传统日趋"碎片化",人们的共同精神生活趋于瓦解,对公共生活的体验减弱,彼此间心灵的沟通和交流困难。在精神生活方面,孤独、冷漠、疏离成为现代疾病。旁观者成为现代社会的道德顽疾之一。不过旁观者完全可以运用自己的力量,例如大声地呼叫、及时报警、组织起来行动等,抵制或减轻作恶者的罪行。他说:"如果他们没有依靠周围人的冷漠和不干预;如果他们不能确信或没有充足的理由相信,目击者不可能转变成行动者;如果他们相信,目击者对他们行为的厌恶与义愤变成大声的抗议或积极的

---

① 转引自[英]齐格蒙特·鲍曼:《后现代伦理学》,张成岗译,南京:江苏人民出版社2003年版,第108页。

抵抗,那么,作恶者('真正的罪犯')还会进行邪恶的行为吗?"①从某种意义上说,作恶者与旁观者的界限不是固定不变的。见义而不为,没有协助受害者抵抗罪犯、维护受害者的利益,就是维护了作恶者的利益,助长了罪恶。在这个过程中,并不存在所谓道义上的中立。日常生活中,人们行为的选择完全是个人私事,但其结果却不以个人意志为转移。见义勇为不仅事关受害者,也不仅仅是对作恶者的简单抵抗,而是对社会正义的维护和伸张。所以,在某种条件下,旁观者和作恶者是可以相互转化的。因此在鲍曼的眼里,"在一个全球相互依存的世界中,旁观者和同谋、帮凶、从犯之间的区别越来越小"②。

　　鲍曼所谓"个体化",其实就是指在一个流动性的社会里,人们行为的"被动性"减少,"主动性"增多,即个人的独立和自我意识增强。伴随着现代都市化的发展,数以万计的人们不得不离开父辈们为之造就的农村生活而去学习城市生活,做非农业的工作。他们为了生计,必然更多地与货币和市场经济发生联系,与各种各样的陌生者打交道。在陌生人与陌生人之间,尽管在物理空间可能很近,但在社会空间上却很远。"偶遇者(如果都是允许的)是破碎的(由碎片构成的),或者是短暂的,或者二者兼而有之。"③人们视陌生者为"一种不相关的存在、没有被组织化的存在、一种没有被承认的存在:一种非存在的存在——一种与其自身不协调的共鸣。通过视若陌路的技术,陌生人被分配在不被关心的范围"④。鲍曼进而认为,在这样一个技术化的社会中,"主体的碎片化和世界的碎片化相互示意,在给予相互担保上他们相互之间过分地慷慨"⑤。因而主体

----

　　① [英]齐格蒙特·鲍曼:《被围困的社会》,郇建立译,南京:江苏人民出版社2005年版,第216页。

　　② 同上书,第215页。

　　③ [英]齐格蒙特·鲍曼:《生活在碎片之中——论后现代道德》,郁建兴等译,上海:学林出版社2002年版,第49页。

　　④ [英]齐格蒙特·鲍曼:《后现代伦理学》,张成岗译,南京:江苏人民出版社2003年版,第182页。

　　⑤ 同上书,第232页。

在思考问题的时候,经常是从个体的小我出发,而不能像"整体的人"一样行动。"他也不遵照作为一个人的他者行动,或者遵照作为一个整体的世界行动。如果主体行为的影响超出了暂时处于焦点的碎片之外,这将很快安心地被解释过去,将其解释为'运气不佳的遭遇'、'没有预料到的结果'、没有人希望发生的不愉快的巧合———一个对行为者的忠诚不会留下阴影的事件。"①

但是事实上人们之间并不是完全孤立的,他们共存于一种相伴状态(being-aside),因为"他人的存在,甚至相伴的存在,也是重要的——行动的领域并不是空的,它包含的资源必须被分享,而且他人所做的或可能做的事情,间接地决定着目的实现的可能性和可行战略的范围"②。因此,在这样的社会中,每个人作为自己行为的主体,都应该为自己的行为负责任。为了探寻现代性问题的伦理学解决方案,鲍曼特别强调:"因为我们所作所为确实影响着他人,我们依靠日益增长的技术力量的所作所为对人们并且比以前更多的人具有更强烈的影响——我们行为的伦理意义现在到达了一个空前的高度。"③为此,"对空间距离的取消应当与对道德距离的取消相匹配"④。也就是说,应该努力使人们之间的关系像日益缩小的空间一样亲近。对此,法国哲学家列维纳斯(Emmanuel Levinas)把对陌生的他者的爱,看做是"无条件的责任"。他说:"所谓的伦理秩序或者圣洁秩序、怜悯秩序、爱的秩序、慈善秩序,就是他者并不考虑他在大众中所处的地位,甚至不考虑我们是否共同拥有某种人类的品性就关心作出

---

① [英]齐格蒙特·鲍曼:《后现代伦理学》,张成岗译,南京:江苏人民出版社2003年版,第233页。

② [英]齐格蒙特·鲍曼:《生活在碎片之中——论后现代道德》,郁建兴等译,上海:学林出版社2002年版,第50页。

③ [英]齐格蒙特·鲍曼:《后现代伦理学》,张成岗译,南京:江苏人民出版社2003年版,第256页。

④ 同上书,第257页。

我的行为；他作为接近我的人关心我，把关心当做首要因素。"①他还说：
"每一个邻居的面部表情对我来说都表示着一份特别的责任感，这种责
任感要先于任何随意的允诺，任何协定，任何合同。"②"因果联系的有无
并不重要，这是因为，无论在什么条件下，每一个人都要为他人承担责
任。"③与其同时代的学者克纳德·劳格斯曲普则把对"陌生他者"的爱
看做是"未经言说的指令"，他说："可以肯定，要用话语和行动为这另一
个人服务，但是究竟用什么话语和什么行动，我们必须根据各种情况自己
作出决定。"④尽管这两位学者在所使用的概念表述不同，但他们都认为：
"责任感是人类永无尽期的永恒状况。……放弃那种责任感只能意味着
同时放弃爱心和道德。"⑤只有关心他者，怜悯他者，才能够缩短人与人之
间的心灵距离，真正实现现代社会的普遍的爱与和谐。

第二节　旁观者道德批判的历史考察

德国社会学家诺贝特·埃利亚斯（Norbert Elias）认为，"每一种历史
现象，诸如人的行为或社会机构确实都有其'形成'的过程，所以作为对
它进行阐述的思维方式绝不能简单地满足于人为地将这些现象从它们自
然的、历史的发展中抽象出来，抹去其运动和发展的特性，并把它们视为
与其形成和变化过程全不相干的静态组织。"⑥按照这种说法，旁观现象

---

① ［英］齐格蒙特·鲍曼：《后现代性及其缺憾》，郇建立等译，上海：学林出版社 2002
年版，第 56—57 页。
② ［英］齐格蒙特·鲍曼：《个体化道德》，范祥涛译，上海：上海三联书店 2002 年版，
第 217 页。
③ ［英］齐格蒙特·鲍曼：《被围困的社会》，郇建立译，南京：江苏人民出版社 2005
年版，第 216 页。
④ ［英］齐格蒙特·鲍曼：《个体化道德》，范祥涛译，上海：上海三联书店 2002 年版，
第 218 页。
⑤ 同上书，第 220 页。
⑥ ［德］诺贝特·埃利亚斯：《文明的进程》，王佩莉译，北京：三联书店 1998 年版，第
53 页。

作为一种历史现象,也绝非"静态组织",我们在分析这一现象时,也应该从中国社会的特定历史背景进行深入的分析。只有这样,才能清楚地认识到旁观者现象的道德根源,进而明确地提出解决这一问题的方案。

一、近代史上对旁观者的批判

诗经有云:"雨我公田,遂及我私。"意思是说,雨水只要落到公家的田里,也就惠及我的私田了。在对未来美好社会的设想中,《礼记·礼运》则描绘了一幅"大道之行也,天下为公,选贤与能,讲信修睦"的美好图景。作为一个传统的礼仪之邦,历代皇帝均标榜"德治天下",以儒家文化为主导的伦理型文化,从维护社会等级秩序出发,重视人伦关系,强调仁、义、礼、忠、信的道德原则规范,而天人合一的传统思维更是充满关爱万物的平等精神。"先天下之忧而忧,后天下之乐而乐","天下兴亡、匹夫有责"激励着多少仁人志士前仆后继,为国家、为民族流血牺牲。鸦片战争以前,很少有人对我国传统伦理、国民性格进行反省和批判,"中国第一"、"世界中心"的观念根深蒂固。鸦片战争以后,炮火轰开了古老中国的大门,在中西"社会公德"相对比的背景下,美国传教士史密斯在论及中国人气质时,就批评中国人缺乏公共精神。与此同时,中国一部分开明的官僚和知识分子,也意识到我们引以自豪的文化传统并非十全十美,"缺乏公共精神"、"公德"缺失是国民比较普遍的弱点。

旁观现象作为我国国民劣根性的一个重要问题,在我国近代思想史上,受到思想家们的高度关注,梁启超、鲁迅就是其中的典型代表。他们之所以选择这个主题,与我国近代特殊的社会历史背景有关。近世以来,由于帝国主义列强的入侵,晚清政府屡战屡败,割地赔款,签订各种丧权辱国的条约,以至于整个国家积弱积贫,民不聊生。在中华民族生死存亡的危急关头,许多国人麻木无知,不懂得自己肩头的社会责任,没有奋起抗争的毅力和勇气,整个民族缺乏向心力和凝聚力,自我麻痹和奴性十足。陈独秀愤怒地称之为"一盘散沙"。一些先进的中国知识分子和革命志士,奔走呼唤,开展思想文化上的启蒙运动,探索救国救民的道路。

他们认为,造成这种现状的根源,在于中国国民的素质低下,尤其是国民性中的劣根性造成的。旁观者不过是国民劣根性的表现之一。近代思想家把研究视角转向国民性,力图通过旁观现象透视国民性的弊端,以引起国民的普遍关注,从而达到疗救的目的。

据有关学者考证,"国民性"一词由梁启超等晚清知识分子从日本引入,指一个国家所有成员的共性,而非一个民族的特性。1908 年《东方杂志》第 5 卷 6 期发表了《论中国之国民性》一文,提出国民性就是"各国国民所独具之性质"①。中国国民性是在长期民族融合中形成的、具有普遍意义的特征,道德性是国民性的核心。中华民族在几千年的文明史上,通过长期的发展过程,形成了独特的道德观念和文化心理,其精华对民族发展作出过重大贡献。但是,其中的糟粕如宗族意识、因循守旧、消极保守、缺乏公德等构成民族的劣根性,也沉淀于社会文化心理的深层,成为社会进步的巨大障碍。改造国民性是近代思想家的共识。严复、梁启超、蔡元培、李大钊、陈独秀、鲁迅等对国民劣根性均进行过无情的揭露和批判。他们剖析国民劣根性的成因,阐述重塑国民性的迫切性及其途径。

在近代中国,对于"旁观者"现象的批判,梁启超先生无疑独树一帜。在 1900 年,梁启超专门写了《呵旁观者文》,对身处民族危难中的旁观者作了深刻批判。梁启超在文章的开篇就提出:"天下最可厌、可憎、可鄙之人,莫过于旁观者。"②他把旁观者界定为没有任何责任感的人,对旁观者愤怒地谴责道:"旁观者,如立于东岸,观西岸之火灾,而望其红光以为乐;如立于此船,观彼船之沈溺,而睹其凫浴以为欢。若是者,谓之阴险也不可,谓之狠毒也不可。此种人无以名之,名之曰无血性。嗟乎!血性者人类之所以生,世界之所以立也;无血性则是无人类、无世界也!故旁观

① 林家有:《论孙中山改造国民性的思想》,《华南师范大学学报》(社会科学版)2005年第 1 期。
② 李华兴、吴嘉勋编:《梁启超选集》上卷,上海:上海人民出版社 1984 年版,第128 页。

者,人类之蟊贼,世界之仇敌也。"①旁观者隔岸观火、幸灾乐祸,乃是人性
中最为卑鄙龌龊的。旁观者之所以可憎可恨,就在于他们没有血性、没有
骨气、没有做人的勇气,对自己的国家和民族缺乏担当。在面临亡国灭种
的危急时刻,理应拼命抗争,誓死为国捐躯,但许多人却对民族的存亡视
而不见,甘愿做民族灾难的旁观者,不知道自己身上的责任。他们失掉了
做人的骨气和尊严。梁氏已体察到了"无血性"这种病症的可怕性,认为
人一旦失掉了责任感,也就失掉了做人的根本。梁启超认为,人生在世,
应当懂得对自己的国家和社会负责任。个人的社会责任感,是在认识个
人与国家的关系中形成的,只有全体国民才是国家真正的主人。许多人
责任意识淡薄,甘愿做社会的旁观者,就是没有意识到自己是国家的主
人,没有把国家看成自己的国家。缺乏国民意识和主人意识,即是缺乏明
确的主体意识。"旁观者,立于客位之意义也。"②我"四万万华夏人"都
是国家的主人。然而,这些人却放弃了自己的责任和权利,一味做现实生
活的旁观者,导致我们民族面临亡国灭种的危险。"旁观云者,放弃责任
之谓也。"③事实上,没有人能够代替你的责任。只有全民担负起自己应
有的责任,以利群意识和强烈的爱国心,才能凝聚成强大的力量。梁启超
呼吁四万万同胞,不做现实生活的旁观者,要以孟子"如欲平治天下,当
今之世,舍我其谁也"的浩然正气,勇敢地行动起来,与帝国主义进行殊
死抗争。"大抵国家之盛衰兴亡,恒以其家中、国中旁观者之有无多少为
差。国人无一旁观者,国虽小而必兴;国人尽为旁观者,国虽大而必
亡。"④在这个意义上,个人的责任也就是民族的命运。

　　梁启超将旁观者置于"公德缺失"中加以研究,认为旁观者发生的文
化根源,在于我国以往重私德轻公德的传统,即它是公德缺失导致的必然

---

① 李华兴、吴嘉勋编:《梁启超选集》上卷,上海:上海人民出版社 1984 年版,第
128 页。
② 同上书,第 129 页。
③ 同上书,第 128 页。
④ 同上书,第 129 页。

结果。将旁观者与公德缺失联系起来思考,目的在于唤起国民对公德缺乏的忧虑。所谓公德,特指个人与社会整体(集体、组织、阶级、国家、民族等)关系中的道德规范。① 公德重视个人对集体和国家的认同,以及群体向心力和凝聚力的发挥。梁启超认为,中国近代社会公德缺失现象凸现。所谓"公德缺失",可以理解为人们的公德意识和行为缺乏,即特定条件下没有出现预期的公德意识和公德行为,或者说传统社会的公德规范长期处于凝滞状态,不能适应社会变革的要求。公德缺失表现在各个方面。比如,人们的国家意识淡漠,对陌生人冷漠、麻木,遇到偶发事件没有互助,爱国意识欠缺,群体缺乏凝聚力等。这些都是迫切需要改造的病态国民性。尤其在近代中国社会,在国家和民族处于危难之际,个人必须走出自我的小圈子,摆脱家族意识的影响,积极投身于救国救民的洪流中去。因此,欲消除冷漠、围观等病态国民性,必须彻底消除旧道德的影响,实现彻底的伦理革命,推进旧道德向新道德的转变,塑造新时代的新民。所以,梁启超认为,中国欲图振兴,就必须首先改造国民性、提高全民素质,亦即"新民","新民为今日中国第一急务","舍此一事,别无善图。"②

从文化心理视角看,梁启超的批判无疑是深刻的,因为它触及了许多根本性的问题。梁启超认为,旁观者或者对自己的责任一概无知,或者将本来属于自己的责任,完全推诿到其他人(或当权者)身上;或者明知自己是在旁观,也希望别人作旁观者;等等。梁启超经过深入研究发现,这种消极逃避的心态和旁观行为,有着悠久的历史文化传统的烙印,而专制制度的摧残无疑是主要原因。历史上长期封建专制的压迫,使人们不敢关心自身以外的事情,"济人利物非吾事,自有周公孔圣人"③,国家大事无人关心。它造成了自我封闭的思维方式,甘心受人驱使的奴性,人性和人格独立遭

---

① 罗国杰、马博宣、余进编著:《伦理学教程》,北京:中国人民大学出版社1986年版,第185页。

② 李华兴、吴嘉勋编:《梁启超选集》上卷,上海:上海人民出版社1984年版,第210页。

③ 同上书,第128页。

到极大扭曲。同时,长期小农经济生产方式的影响,劳动者世代束缚于土地上,参与公共生活的机会很少,把家庭看成自己生活的全部,形成以家族为中心的价值取向,利他意识和群体意识缺乏。封建等级制的道德规范,按照"五伦"模式塑造行为,又强化了这些思维的形成。人们无法摆脱家族中心模式的束缚,创造自由的公共生活空间。所以在传统社会中,各种正式和非正式群体很少,一般公共生活缺乏,故公共道德主体缺乏。

与梁启超侧重对旁观者的理论分析不同,鲁迅虽然在对国民性的认识上深受梁启超的影响,但他更侧重于对旁观者的文学描述。他把这一现象形象地描述为"看客"现象。1906 年,鲁迅在仙台求学时,课间放映幻灯片,他看到日俄战争中被日本军队杀害的同胞和麻木的看客们,他们都有强壮的体格,这给青年鲁迅以莫大刺激。"几个时事的片子……但偏有中国人夹在里边,给俄国人做间谍,被日本人捕获,要枪毙了,围着看的也是一群中国人……万岁,他们都拍掌欢呼起来。"①"看客"现象的刺激使鲁迅深感,这种病态心理是一个国家民心难以凝聚、民众难以奋发的根本原因。他认为:"凡是愚弱的国民,即使体格如何健全,如何茁壮,也只能做毫无意义的示众的材料和看客,病死多少是不必以为不幸的。"②这当然只是鲁迅先生的愤慨之辞,但也恰恰反映了他对旁观者这一现象的无情批判。鲁迅自己在《野草》英文译本序中就明确说明:"因为憎恶社会上旁观者之多,作《复仇》第一篇。"此外,鲁迅在自己的许多小说中,借助形象生动的文字描述,对围观场面作出逼真的刻画,借此对国民的麻木和冷漠进行无情的揭露和抨击。例如在小说《药》中,他对人们围观革命党人惨遭杀害的场面,作了细致入微的刻画:

> 一阵脚步声响,一眨眼,已经拥过了一大簇人。那三三两两的人,也忽然合成一堆,潮一般向前赶;将到丁字街口,便突然立住,簇成一个半圆。

---

① 《鲁迅全集》第二卷,北京:人民文学出版社 1981 年版,第 306 页。
② 《鲁迅全集》第一卷,北京:人民文学出版社 1981 年版,第 417 页。

　　老栓也向那边看，却只见一堆人的后背；颈项都伸得很长，仿佛
许多鸭，被无形的手捏住了的，向上提着。静了一会，似乎有点声音，
便又动摇起来，轰的一声，都向后退……

面对革命志士为国殉难的壮烈场面，华老栓只是为了获得治病的人血馒
头，其他旁观者也仅仅是为了看热闹，革命烈士的英勇壮举并没有唤醒他
们已经麻木、冷漠和无知的心，实在让人感到痛心疾首。通过观察，鲁迅
发现在看客的灵魂中还残存有许多动物的野蛮习性，因为许多旁观者似
乎对血腥事件特别敏感，特别有兴趣，哪里有杀羊、杀猪、杀动物之类的
事，一般都有几个人围着看。他对这种看客是深恶痛绝的。在鲁迅笔下，
他极尽辛辣讽刺之能力，经常用"鸭"、"豺狼"、"蚂蚁"和"槐蚕"等这些
丑陋卑贱的低等动物作喻体来比喻看客。鲁迅憎恶旁观者，因为他们：
"只愿暴政暴在他人头上，他却看着高兴，拿'残酷'作娱乐，拿'他人的
苦'作赏玩，作慰安"①，对社会和国家没有任何责任感和历史使命，正义
与邪恶、善良与丑恶不分。常言说：爱之深，憎之切。鲁迅先生的"憎"是
形式，是手段，爱才是真正的实质和目的。因为他的"第一要著，是在改
变他们的精神"。这也正是鲁迅要借助小说奋力疾呼和呐喊，想唤醒和
救治国民病态的良苦用心。

　　值得注意的是，无论鲁迅还是梁启超，对旁观者的抨击都是特定历史
条件的产物。近代思想家在促进思想启蒙，推动新文化运动，争取民族独
立和国家近代化过程中发挥着重要作用。然而，资产阶级民主主义革命的
软弱性和妥协性，思想文化的不彻底性，使他们不懂得全面把握中国的国
情，尤其不可能认识到人民的力量。伦理革命能够触动人的灵魂，却不能
够导致社会革命，不能救中国。新道德代替旧道德，不仅是制定新的道德
规范，而且要提高广大民众的道德觉悟，使他们真正接受并转化为实际行
动。同时，鲁迅所描写的围观杀人场面，与日常生活中围观公共场所的偶
发事件，其行为的性质和特点是完全不同的。鲁迅和梁启超所描写的围观

---

① 鲁迅：《鲁迅文集·热风》第三卷，黑龙江人民出版社 1995 年版，第 77 页。

(旁观),是民族矛盾和民族斗争中的旁观者,是大是大非问题,容不得半点含糊。帝国主义侵入了我们的家园,面临着亡国灭种的危险,大敌当前,华夏儿女是卑躬屈膝,甘当亡国奴,还是奋起抗争,誓死保卫祖国,这是每一个有血性、有良知的中国人都必须回答的问题。人们在日常生活中旁观的偶然事件,虽然在表现形式上与他们所描绘的旁观行为有许多相似之处,但从性质上看主要是人民内部矛盾,要采取非对抗的解决方式。正确把握偶发事件的性质和特点,是我们正确认识和评判旁观者现象的必要前提。

二、现代社会对旁观者的剖析

新中国成立以后,人民成了国家和社会的主人,共产主义道德伴随着革命成功带来的政治制度和社会结构的剧变一度成为国家道德生活的主导观念。20世纪50年代中国的社会风气和道德生活秩序的良好状态,曾经给相当一部分民众留下难以忘怀的记忆。改革开放以后,随着经济体制的改革,社会生活发生了巨大变化,生活中的道德秩序再度出现混乱状况。"旁观者"现象再度引起社会各界的强烈关注,让我们首先分析以下四个案例。

案例1 2005年12月6日,在辽宁省本溪市16路公交车上,38岁的丁文双向同居女友程某用刀连砍43次。鲜血四溅,程某当场死亡。公交车上的30多名乘客迅速逃离,没能跳下车的两名男子在车后蜷缩成一团。在整个过程中,没有一个乘客报警。最后,在站点签到的公交车司机发现情况后拨打了110。"要是我,也是能走就走",张先生说,"碰上这样的事,谁不怕啊?"记者近日就这一问题在街头进行了随机采访,不少人都持与张先生相同的态度。"可是,如果有人报警或是阻止,被害人可能就不会死",记者说。"问题是,要是我打110或者冲上去拦住他,由此遭遇危险,谁来救我呢?"张先生说。①

---

① 参见李丽:《看客的悲哀和助人为乐的尴尬》,《中国青年报》2005年12月31日。

案例2　2004年8月14日上午10时许,一名58岁的男子疑与人打赌游泳,在天河区车陂公园前的河涌内溺水。尽管有上百群众围观,但只有一名七旬老汉下水相救,由于势单力薄没有将溺水者救起。记者采访围观的群众时,有的看客说:"这好像不关我的事吧。"一名保安则说:"反正(溺水者)都死了,还不如等尸体浮上来再捞。"①

案例3　作家马莱采问文在他1942年6月1日的日记中写道:"今天同H先生谈论了人的残暴。他刚从东部战场回来并经历了在集中营杀死3万名犹太人的大屠杀。在一天内,不到一个小时的时间杀死了这么多的人。因为没有足够的冲锋枪子弹,还动用了火焰喷射器。从城里来了许多人观看这一场面,19岁和20岁的年轻观众脸上还带着稚气。真是莫大的耻辱,没有尊严的生命。"

罗伯特·诺伊曼在《我们良心的借口》一书中进行了一次民意测验。调查的问题是:如果一个新的纳粹党企图获得政权,您会采取什么样的态度? 结果是超过四分之一的人表示要竭力阻止这件事;26%的人虽然反对,但不会采取任何行动;20%的人表示无所谓;5%的人表示欢迎纳粹党,但不会去做什么。3%的人会积极支持这个党;其余的19%的人不知道该怎么办。

案例4　1964年3月13日凌晨,一位名叫Catherine(Kitty)的女子在纽约市被杀害。当时她从酒吧下班回家。当她从停车场穿过街道回到她的住处时,一个拿着匕首的男子逼近她,并用匕首刺她。她大声呼救,许多公寓的灯都亮了,人们从窗口探出头,想看看究竟发生了什么事。看到无人过来帮助她,这名男子又猛捅数刀,直到她死去。后来的调查显示,有38位目击者看到和听到这场持续了45分

---

① 参见《一男子河涌遭遇溺水七旬翁下水救人百人围观》,《南方都市报》2004年8月15日。

钟的袭击,但没有人出来提供帮助,也没有人像警署报案。①

这是四起典型的现代旁观案。前两起发生在我国改革开放新时期。后两起分别发生在20世纪五六十年代的德国和美国。本书将国内与国外的案例放在一起研究,表明"旁观者"现象并不是单独出现在中国,而是现代性所带来的一个共同的伦理问题。正如鲍曼所言:"从前现代时期继承下来的道德——我们所拥有的仅有的道德——是亲近(行为)道德(a morality of proximity),在一个所有的重要行为都是疏远行为的社会中,这种道德是如此令人痛苦地不恰当。"②只有通过对各类旁观现象的对比分析,我们才能发现问题的共性和症结,从而找出解决问题的良方。在公共场所,当出现争执、斗殴等偶发事件,以及诸如杀人、抢劫、强奸等重大案件时,通常会有目击者或围观者。一般来说,围观乃好奇心的驱使。人的好奇心生而有之,不能进行道德评价。但通过对好奇心所促成的围观现象的分析,却能透视人的某种心态和行为方式,发现背后隐藏的因果联系,因而具有重要道德价值。学者们大多将旁观这种现象归因于传统。林语堂在比较英国和中国母亲给儿子的不同遗嘱后认为,中国传统社会,个人权利缺乏法律保障,尽量少干预公共事务,采取模棱两可的态度,最为稳妥安全。消极或不作为乃是一种处世之道。③ 所以,冷淡在中国具有明显的"适生价值"。实际上,中国青年热心参与公共事业并不亚于欧美,但到25—30岁时,进入社会,变得聪明而冷淡了。"各人自扫门前雪,莫管他人瓦上霜。"个人权利缺乏保障,干预公共事务易惹祸,制约人们参与公共事务的激情。④

学者秦弓认为,在历史上,我国国民"看杀头"的传统由来已久。早

---

① 参见[美]R. A. 巴伦、D. 伯恩:《社会心理学》(第十版)下册,黄敏儿、王飞雪等译,上海:华东师范大学出版社2004年版,第499—500页。

② [英]齐格蒙特·鲍曼:《后现代伦理学》,张成岗译,南京:江苏人民出版社2003年版,第255页。

③ 参见林语堂:《吾国与吾民》,黄嘉德译,西安:陕西师范大学出版社2003年版,第26页。

④ 同上。

在《礼记·王制》中就有"刑人与市,与众弃之"的说法,即在闹市中对犯人执行死刑,然后弃尸于街头。在这个过程中,封建王朝监督百姓观看这个悲惨的场面,目的是杀一儆百、震慑人心,以巩固自己的专制统治。历朝历代都存在这种现象。久而久之,百姓便麻木起来,对他人的苦难和处境无动于衷。因此,封建专制制度使人自私和冷酷,使人麻木不仁,使人人自危、人人设防,彼此阻隔,缺少沟通,缺少应有的怜悯。在这种沙化的精神氛围中,家族之外的普泛的亲情一直是未曾实现的玫瑰色梦幻,而围观的习性却渐渐地养成了。① 如果有人将这种悲壮的场面视作看热闹,那么这只能表明他的愚昧和无知。因此,我国改革开放初期,人们围观外国人、街头打架、撞车等现象,表面上是看热闹,其实背后有深刻的民族心理支撑,即一种长期延续的顽固的病态好奇心。人的任何道德行为模式,都反映出特定文化心理的积淀,围观现象也不例外。由几千年传统积弊而成的行为模式,表现出国人的无聊、麻木、残忍、冷酷,造成的根本原因是专制制度。专制导致人自私、冷漠、彼此设防、缺乏沟通等,从而与仁爱和谐的理想形成鲜明对立。② 这应当引起人们的高度关注。现代文明社会的旁观者见义不为、见死不救,无疑是道德的堕落,有人将它归因于社会转型期的道德失范。从传统社会向现代社会的过渡期,传统的一些道德规范不适应了,现代道德尚未建立、健全,难免有些无所适从的情况。但问题在于,无聊、麻木、冷酷的围观却不完全是社会转型道德失范的产物,而且有着深远的原因。③ 我们并不否认这种观点的合理性,但是,其中也存在许多疑问:如果说我国人群中的旁观现象,是由传统文化中的积弊所造成的,是"公德缺失"的历史延续,那么,又该如何解释国外的旁观者现象呢?

　　国外学者对后两个案例,从社会心理学视角作出了详尽说明。在社

---

① 参见秦弓:《中国人的德行》,北京:华龄出版社1997年版,第169—170页。
② 同上书,第170页。
③ 参见上书,第169页。

会心理学中,助人被称作利他行为或亲社会行为。这两例事件的案发现场有许多目击者,这些目击者并非不想救助受害者,因为他们都有同情心和责任感。只是由于看到别人也目睹了此事,感到自己救助的责任降低了,即"责任扩散"了。这种现象就是所谓的"旁观者效应",即事发现场的旁观者数量,影响到突发事件中亲社会反应的可能性。当旁观者的数量增加时,旁观者提供帮助的可能性随之会减少,他们采取反应以及反应的时间也延长了。[①] 美国学者还借助事实观察和数据统计,给出了一份明确的实证资料:旁观者的数量,与助人行为成反比例变化。某个事件的旁观者越少,助人的可能性越大;相反,旁观者越多,助人的可能性越小。这种现象就是由于责任在那些可能提供帮助的旁观者当中扩散所引起的。[②] 在他们看来,旁观现象不能仅仅说是众人的冷酷无情或道德日益沦丧的表现,因为在不同的场合,人们的援助行为确实是不同的。在责任分散的情况下,旁观者甚至可能连他自己的那一份责任也意识不到,造成"集体冷漠"的局面。然而,英国思想家家鲍曼认为,谈论旁观者,不能单纯依靠说不清楚的道德情感。因为事件本身所造成的社会后果,已经远远超出了事件本身,同情被害者应该是我们做人最基本的标志。当然,无论社会心理学的解释,还是人们出于道德感的谴责,都只是问题的某些方面。人们应当从整体上考察握问题,特别是从现实生活中寻找问题产生的根源。

我国历史上,"舍生取义"、"杀身成仁"历来被看做中华民族的传统美德。它在现实生活中薪火相传,引导着社会道德风尚的主流。作为中华民族精神的重要组成部分,它曾激励着无数仁人志士、英雄豪杰,在国家和民族遇到危机时无私无畏,慷慨捐躯,英勇赴难。这种精神渗透在日常生活中,则以"路见不平,拔刀相助"的形式,获得了全社会的普遍认

---

① 参见[美]R. A. 巴伦、D. 伯恩:《社会心理学》(第十版)下册,黄敏儿、王飞雪等译,上海:华东师范大学出版社2004年版,第501页。

② 同上。

同。社会主义制度建立后,人民群众成为新社会的主人,获得了做人的尊严和基本权利,光荣地为社会尽义务。尽管新中国成立初期的经济条件比较落后,人际关系较为简单,但是,人们在生活实践中结成了互助友爱的良好人际关系,助人为乐、团结友爱、舍己为人等成为社会主义道德的主流。人们对待陌生人像亲人,在他们需要帮助时尽力而为。改革开放以来,我国社会各领域发生了根本变革。面对经济成分、组织形式、就业方式、利益关系和分配方式的多样化,人际关系变得日趋复杂。怀着不同目的的陌生人的涌入,使人们很难凭以往的经验辨识清楚。在这种情况下,积极的互助必然转化为消极的防范,尤其是在心理上筑起防线,防止和躲避各种不测风险的伤害成为第一需要。据一项调查表明,在与陌生人的交往中,"关心他、帮助他"的占 8.57% ,"不伤害"的占 15.41% ,"酌情"的占 46.29% ,"防范"的占 16.80% ,"冷淡"的占 11.12% ,"伤害"的占 1.80% 。[①] 近年来,由陌生人制造的各种刑事案件,如入室盗窃、街头抢包、诈骗钱财等社会犯罪不断发生,社会诚信受到前所未有的挑战。对陌生人的防范,发展到对他人的敌视和排斥。甚至熟人也可以成为陌生人,在现实中"杀熟"事例不胜枚举。当社会出现人人设防的情况,陌生人无法走进人们的心灵,彼此的坦诚对话就没有可能。所以,转型期的社会现象无法与常规期相提并论。

在目前的社会转型期,给公众造成伤害的多是陌生人,所以才有"不要同陌生人说话"的警觉心理和行为倾向。传统社会人际关系单一,彼此由情感或血缘纽带连接,形成较为固定的交往圈子,陌生人的"介入"始终是个别现象。现代市场经济社会,商品生产与流通的发展,科技进步以及对外开放,促成社会的巨大流动性。陌生人的介入已成为普遍现象。如何对待陌生人,怎样与他们沟通,也是我国道德生活的新课题。鉴于全球化与国际交往的频繁,国外学者也开始关注此问题。既然陌生人的介

---

① 参见廖申白、孙春晨主编:《伦理新视点》,北京:中国社会科学出版社 1997 年版,第 140 页。

入成为必然,那么理论研究就不能回避此问题。英国思想家鲍曼认为,从心理上看,人们对陌生人存有天然敌意。熟人相处能得到安全感。① 一些由陌生人造成的犯罪被媒体披露,造成公众的心理恐慌,应是当下社会对陌生人冷漠的主要原因。为自我保护,只能被迫采取这种方法。这样,对待陌生人的不尊重、敌视或歧视,完全是由陌生人的介入造成的,而与公众的道德感和心理无关。公众因此免除了行为的道德责任。来到公共场所,所有陌生人一概是防范对象。尽管对方可能根本不是坏人,对"我"也无任何伤害,但出于恐惧而筑起行为防线。既然陌生人都是防范的对象,那么,当他们需要帮助时,冷漠和旁观现象自然就发生了。

旁观者与见义勇为是相对立的。从目前旁观现象的频繁发生,可以发现人们对待见义勇为的态度和观念,正日益呈现出理性化的发展趋势。据广州万户居民公德调查显示,在"文明礼貌,互相尊重;诚实守信;助人为乐,济困扶贫;见义勇为,与不良现象作斗争;爱护公物;有城市主人翁精神;讲究卫生,保护环境"等九个方面的基本道德规范中,"见义勇为"一项得分最低。对于违反社会公德的行为,只有 15.7% 的市民表示多数情况下会出言制止,50.3% 的人表示偶尔会出言制止,其他则表示"敢怒不敢言",甚至"当它不存在"。② 随着公民权利和义务意识的增强,个人利益受到前所未有的重视。人们对见义勇为的行为,有了更多的理性思考,这是社会进步的必经阶段。有人说,不能一味地提倡见义勇为,应当根据具体情况灵活处理。20 世纪 80 年代初,第四军医大学学生张华,为救助掏粪工而光荣牺牲的事迹,曾引起社会的广泛争论。不管争论者持有什么样的观点,它所引发的广泛争论本身已经说明,传统的见义勇为美德受到了挑战,在利己与利他的利益权衡问题上理性算计的成分明显增多了。实际上,问题不是老农与大学生的生命哪个更有价值,而是生命的

---

① 参见[英]齐格蒙特·鲍曼:《后现代性及其缺憾》,郇建立等译,上海:学林出版社 2002 年版,第 16 页。

② 参见舒雨等编:《道德盲点》,呼和浩特:内蒙古人民出版社 2004 年版,第 175 页。

价值能否用金钱衡量,即人的生命与经济理性的现实矛盾。正如有的学者所指出的:"从马克思主义人道主义的立场看来,人的生命高于任何财富的价值,这不仅是因为财富都是人创造的,也不仅是因为财富对于有生命的人来说才是有意义的,更重要的是,人本身就是目的,在任何意想不到的情况发生时,保护人的生命乃是一种至高无上的'命令'。"①姑且不讨论这种观点正确与否,但无可置疑的是,社会的日益理性化是造成旁观的重要原因。

客观分析当代旁观者的心态和行为,主要有三种:一是为了满足自己的好奇心理(看热闹),消极地静观事态的变化。二是对事件发展提出积极的建议,但没有付诸行动。三是在道德感的激励下,冒着牺牲自身利益甚至生命的危险,主动地出手相助,以达到化解矛盾、平息事态发展的目的。在这个过程中,旁观者与敢为者是鲜明对立的。一般认为,旁观者由于缺乏道德感,或担心自己的利益受损失,在他人需要救助时却消极观望。这种明哲保身的自我保护倾向,作为一种行为模式延续至今。"事不关己,高高挂起",就是这种形象的典型表现。有网友称,"冷漠是一种最严重的犯罪"。"我们这个社会正在变得越来越冷漠,人与人之间越来越陌生,社会正义越来越让位于明哲保身。"也许这位网友说得有点过激,但不可否认,这种气氛正在可怕地传播着,甚至成了恶性循环:越来越多的人见死不救,而一些人想主动帮助别人却遭到拒绝。现在,人们总是互相怀疑彼此的用心,最后,有困难时都得不到帮助,社会也会变得越来越冷漠。作恶者的凶残,令旁观者不寒而栗。久而久之,造成了人们唯恐避之不及的冷漠心态。② 对于这些新时期的旁观现象,单纯的道义谴责恐怕无济于事,必须结合新的历史条件,从新的视角进行研究,以期获得解决这种现象的新对策。

上述分析表明,旁观者现象是随着社会变化而变化的。当年鲁迅、梁

---

① 俞吾金:《生命高于财富,还是财富高于生命》,《文汇报》1992 年 10 月 3 日。
② 参见李丽:《看客的悲哀和助人为乐的尴尬》,《中国青年报》2005 年 12 月 31 日。

启超所谴责的旁观者——面对帝国主义入侵,在民族生死存亡的关头,表现出麻木无知的旁观者,是不能与现代旁观者相提并论的,也无法将这种批判移植到现实中来。但是,这并不能否认其他形式的旁观者的存在。例如,在污染环境行为面前,甘心做旁观者;在公共治安事件中,一味做旁观者;等等。现代社会生活复杂多样,各种因素相互交织、相互影响,对环境污染、治安事件以及公共生活环境的影响,凡涉及公共利益的维护问题,是不应该有旁观者存在的。在具体事件的发展中,尽管自己没有参与进来,不承担相应的法律责任,但不能说没有道德责任。因为道德责任与法律责任的区别是,法律责任是具体而有限的;道德责任则是无限的。如果旁观者目击了事件的发生,他就有义务协助相关人员展开调查,即旁观者至少有作证的道德义务。在现代文明社会中,每个公民都是社会的主人,关心公共事务是公民的基本义务。旁观者永远无法成为合格的现代公民。人们必须破除"事不关己"的认识误解。其实人与人之间的联系和依存性,往往比我们想象的更为紧密。个人的某种举止和行为,很容易给他人或自身带来影响。个人的举手之劳,可能就会挽救他人的生命。旁观者现象是对社会道德秩序的极大破坏,是一种严重的社会病态心理,是对他人、对社会甚至是对自己的严重不负责任的态度。在日益开放的世界中,特别是随着全球化的发展,旁观现象不仅会进一步造成人与人之间的陌生和隔阂,导致人与自然之间关系的进一步紧张,而且它还会影响到中国国民素质的提升,关系到一个古老而文明的大国在世界上的整体形象。因此,结合旁观者现象形成的特点以及道德个体自身修养提升的规律,采取积极有效的措施,促使旁观者向勇为者转化,便成为我们一项义不容辞的道德责任。

第六章　旁观者向敢为者
　　　　转化的实践方略

　　美国学者博登海默认为,在道德价值这个等级体系中,可以区分出两类要求和原则。第一类包括社会有序化的基本要求,比如避免暴力和伤害、忠实地履行协议、协调家庭关系、对群体的某种程度的效忠,均属于这类基本要求。第二类包括那些极为有助于提高生活质量和增进人与人之间的紧密联系的原则,如慷慨、仁慈、博爱、无私等。博登海默认为两类道德中,第二类不能转化为法律规则。① 很显然,面对他人的生命或财产遭受损失时,果断地采取救助行动,既属于第一类道德规范的要求,又蕴涵着第二类道德规范的内涵。从道德视角看,见义勇为的行为与旁观者现象是截然对立的。要改变乃至消除"旁观"这一现象,就需要大力弘扬见义勇为的崇高精神。在我国现阶段,转化旁观者首先需要进行公民道德教育,提升公民道德素质,改变旁观者道德认知失调的状况。其次,要大力弘扬见义勇为的崇高精神,确立社会所倡导的核心道德典范。见义勇为是世界各民族公认的崇高美德。只有大力弘扬助人为乐和见义勇为的

————————

① 参见[美]博登海默:《法理学:法律哲学与法律方法》,邓正来译,北京:中国政法大学出版社 1999 年版,第 118 页。

精神,才能达到纠正旁观者价值判断错位的目的。再次,要充分发挥社会舆论的道德监督职能,提高旁观者的道德责任感。最后,要加强道德制度建设和行为调控,完善各种社会保障制度和措施,解除见义勇为者和旁观者的后顾之忧。

第一节　实施有效的公民道德教育

一、公民道德教育的内涵和功能

"没有公民道德,社会就会解体"①,加强公民道德教育是现代文明的基本要求。什么是公民? 所谓公民就是拥有该国国籍,按照该国宪法和法律规定享有权利、承担义务的自然人。现代公民就是符合现代文明要求的公民。公民的基本规定就是具有法律意识,懂得关心社会、友善他人,积极地为社会履行各项义务等。每一个公民都是道德建设的主体,都既有进行道德评价、参加各种道德实践活动的权利,又有遵守道德规范、履行道德责任的义务。"所谓人格体是指通过生活实践和伦理反思体悟到人作为社会存在的事实和遵守基本道德规范的必要性的个体,是主体对主体性和主体间性的社会历史本质的能动反思和自我改造的结果。通过这样的反思和行动,人格体得以将自身定位为具有社会属性和道德反省能力的个体,这样才能成长为现代意义上的公民。"②由此可见,公民总是与社会、国家整体观念紧密地联系在一起的,或者说,公民身份既蕴涵着权利,也有相应的义务和责任。正如福克斯所言:"公民身份是一种成员地位,它包含了一系列的权利、义务和责任。"③2001 年 9 月,中共中央颁布的《公民道德建设实施纲要》将"爱国守法,明礼诚信,团结友善,勤俭自强,敬业奉献"二十字确立为我国公民应当履行的基本道德规范,它

---

① ［英］伯特兰·罗素:《伦理学与政治学中的人类社会》,肖巍译,北京:中国社会科学出版社 1992 年版,第 66 页。

② 焦国成主编:《公民道德论》,北京:人民出版社 2004 年版,第 141 页。

③ 转引自焦国成主编:《公民道德论》,北京:人民出版社 2004 年版,第 4 页。

其实也就是公民必须履行的基本义务。这其中的"团结友善"主要是针对公民个人之间的道德规范要求，把它延伸到整个生物界，友善也应该蕴涵着对大自然的关爱。系统论有著名的"1+1>2"和"1+1<2"的观点，"团结友善"就是使"1+1>2"效果的关键因素。"积力之所举，无不胜也；而众智之所为，无不成也"，说的也就是这个道理。"团结友善"的品质要求公民之间有互助的精神。这种"互助"既包括日常行为中的默契，也包括危急时刻的见义勇为。

对于"互助友爱"是否能够成为道德义务，学术界存在不同的观点。有人认为，互助友爱和见义勇为不是道德义务，因为它只能是某种道德要求或道德愿望，而不是必须履行的义务。[①] 由于个人的具体情况不同，道德认知和行为能力有高低之分，所以未必都能够真正做到见义勇为。但是我们认为，考察见义勇为不能脱离时代要求。在现代文明社会中，每个人都是社会公民，我们倡导的公民道德，应当体现在每个人的行为中，它是现代公民应有的基本道德素养。公民道德不同于一般人的道德，就在于公民的基本文明素质高于普通人的素质。古希腊思想家亚里士多德曾说过，"做一个善良的人，和做一个善良的公民，似乎并非一回事"[②]。公民是一种角色要求，角色规定了其应尽的道德责任和义务。既然法律不承认有特殊公民，那么一个人无论社会地位有多高，权力有多大，公民道德乃是基本道德要求，不容任何的蔑视。作为人可以有私心，但作为公民必须把公益放在首位，要有公共精神，能够正确处理公与私的关系。凡是一心为自己打算的人，就不能作为合格的公民，或者说没有获得完全的公民角色。

公民道德的优势就在于，它超越了个人美德的局限性。个人美德总是某种具体境遇的产物，而公民道德则要求做到将这种义务普遍化，成为

---

① 参见于杰兰、李春斌：《保障见义勇为行为的另一种思路》，《乐山师范学院学报》2005 年第 9 期。

② 苗力田主编：《亚里士多德全集》第 8 卷，北京：中国人民大学出版社 1994 年版，第 98 页。

人人遵守的道德规范,从而有效弥补单纯个人美德之不足。苏霍姆林斯基在谈到公民角色的重要意义时就说:"公民感是道德纯洁的主要源泉。具有深刻、高度发展的公民尊严感的人有自己个人对世界的看法。他从社会意义的角度来观察周围发生的一切:即使那种似乎与他个人无关的事情也作为他个人的事情而使他感到关切。"①因此从立法角度看,限制公民对私利的追求,引导公民自觉履行道德义务,恰恰是公民道德教育的主要任务。见义勇为作为"最低限度的道德",也应该将其义务化、制度化,这对于有效预防和从根本上改变旁观者现象,真实体会自己的社会责任,无疑有着重要的意义。

马克思说:"人创造环境,同样,环境也创造人。"②这里所指的环境,既包括"硬环境",也包括"软环境"。公民道德就是属于软环境中的重要因素。公民道德教育,主要是公民道德知识的教育和自我教育。阿尔蒙德认为,公民教育有助于增进公民的情感能力、参与技能和责任感等。③柏拉图在《理想国》中谈到教育对人的道德品质影响时也曾指出,哲学家的天赋"如果得到合适的教导,必定会成长而达到完全的至善,但是,如果他像一株植物,不是在所需要的环境中被播种培养,就会长成一个完全相反的东西"④。公民道德的培育,不是单纯的道德问题,而是广义的公民社会的道德建设问题。公民道德建设是实施"以德治国"方略的最广泛的社会道德基础。"欲木之高必固其本,欲流之远必浚其源泉。"我们固然可以制定出许多法律和规章来约束人们的行为,但要靠它们来解决社会生活中所有的问题是不可能的。道德的作用和力量是其他任何社会

---

① [苏]苏霍姆林斯基:《公民的诞生》,黄之瑞等译,北京:教育科学出版社 2002 年版,第 317 页。
② 《马克思恩格斯选集》第 1 卷,北京:人民出版社 1995 版,第 92 页。
③ 参见[美]加布里埃尔·A.阿尔蒙德、西维尼·维伯:《公民文化》,北京:华夏出版社 2003 年版,第 550 页。
④ [古希腊]柏拉图:《理想国》,郭斌和、张竹明译,北京:商务印书馆 2003 年版,第 240 页。

意识不可替代的。它既涉及公民权利和义务的法律保护，又涉及公民社会的平等和正义的实现。在道德教育过程中，公民既是教育的主体，又是教育的客体。从人格的完善来看，公民道德教育就是促使社会道德个体内心信念巩固的过程，它有助于公民道德素质的提升，其中包含着对他人和社会公共生活的关爱。见义勇为作为公民的道德规定之一，是每个公民应当自觉履行的道德义务。所以，开展有效的公民道德教育，有助于提高公民的道德意识，引导公民积极参与公共生活，与其他公民获得共识，自觉地将个人行为融入集体生活，创造互助和谐的生活环境。

二、个体道德升华的基本规律

在我国社会主义条件下，结合不同层次人群的道德需要，开展有针对性的公民道德教育，是个体公民道德发展的有利条件。当然，离开个人对道德发展的认同，脱离个体道德发展规律，任何道德教育都是无效的。公民道德教育之所以能转化旁观者，其理论依据在于个体道德升华的规律。就人的社会本性来看，"人都是要求善求真的，并且他都有求得到善和真的可能"[①]。对于人们道德生活的历史演进，学术界曾经有过不同的观点。黄建中认为，个体道德进步有三个阶段：本能道德、习俗道德与反省道德，分别对应不同的约束力量。其中本能阶段由"自然法"约束，习俗阶段由"神法国法"约束，反省阶段由"心法"约束。这种结论确实有某种合理性。[②] 冯友兰则提出人生的"四境界说"，即有自然境界、功利境界、道德境界和天地境界。按照人生演化的逻辑，首先是自然境界和功利境界，道德境界是对这两个境界的超越，属于人生的较高境界，但还不是人生的最高境界。"四境界说"反映了人生进步的某种规律性。印度伦理学认为，道德上的彻底约束对思想和行为是必要的，不能停留在道德人的

---

① 梁漱溟：《东西文化及其哲学》，北京：商务印书馆 1999 年版，第 217 页。
② 参见黄建中：《比较伦理学》，北京：人民出版社 1998 年版，第 80 页。

层面上,因为道德只是趋于精神完满的必要阶段。① 上述理论对我们有重要启发,但都无法科学解释人类道德的演化规律。

马克思主义运用唯物史观的基本原理,科学阐释了人类社会发展的基本规律,从而为探索个体道德进步指明了方向。马克思说过:"人是类存在物,不仅因为人在实践上和理论上都把类——他自身的类以及其他物的类——当作自己的对象;而且因为——这只是同一种事物的另一种说法——人把自身当作现有的、有生命的类来对待,因为人把自身当作普遍的因而也是自由的存在物来对待。"②这也就是承认,道德不是外在于人、强加于人的东西,相反,道德内在于人,它是人们自我肯定、自我发展、自我实现的一种社会形式。道德不仅是人类生活的手段,而且是生活的目的本身。人们对幸福、正义、善、美好的追求,将人自己从动物界提升出来,成为有道德的社会的存在物。然而,人不仅仅是事实存在,它还是价值存在,对此人们有明确的认识。正是由于道德性,才使人在与他人、社会发生联系并进行交往的过程中,有一种依据某种行为规范而行事的倾向。马克思认为,"人的本质不是单个人所固有的抽象物。在其现实性上,它是一切社会关系的总和"③。作为人生价值体现之一的道德生活也只有在个人与他人的社会关系中,在社会生活实践中才能得到真正的实现。人们若是希望具有某种道德品质,那么,他不仅仅要对一定的道德原则规范有所认识、有所理解,而且必须在此基础上践履笃行,付诸行动;在不断的重复行动中养成一种道德习惯,形成稳定的行为方式,并在此基础上进一步磨炼、强化这种行为方式,从而使它成为自己的内在需要。因此,可以说,只有人类实践才是道德进步的基石。它将个体道德进步与社会实践有机统一起来。

道德生活的规律内在服从于社会发展的规律。道德是社会经济状况

---

① 参见李萍:《东方伦理学简史》,北京:中国人民大学出版社2001年版,第58页。
② 《马克思恩格斯全集》第3卷,北京:人民出版社2002年版,第272页。
③ 《马克思恩格斯选集》第1卷,北京:人民出版社1995年版,第60页。

发展的产物,并随着社会经济状况的变化而不断变化。因此,随着社会经济生活的发展,"没有人怀疑,在这里,在道德方面也和人类知识的所有其他部门一样,总的说是有过进步的"①。但是,这种前进和进步却不是平稳直线上升的,而是在善恶、正邪的矛盾斗争中,沿着曲折的道路前进的。道德发展的客观规律性,决定着个体道德进步的必然性。马克思认为,"整个人类的历史也无非是人类本性的不断改变而已"②。就个体而言,道德进步主要表现为道德意识的逐步提升,道德意志的不断增强,也就是人的个性的不断完善和发展,如个人道德自觉性和自主性的提高,社会意识的增强,对自身的社会责任感的明确反思,努力扮演自己应有的社会角色,努力承担某种社会职能,体现社会应有的道德关系,获得应有的心理和道德的特征等。"道德把握世界不是让人盲目听从外界权威、屈从于现实中的邪恶势力,而是增强主体的选择能力,动员全部身心力量克服恶行、培养德行,既提高自身的道德境界,又实现社会的道德理想。"③个体道德的提升经"自发—自觉—自由"这样的心灵历程,最终达到"从心所欲,不逾矩"的道德自由境界。人的道德自由的获得,使得个人支配自身的能力增强;人的自我意识的形成,使得人们能够不断反思自身,为道德自我的发展创造了条件。此时,社会道德不仅已经内化为个体的内在法则,而且还由此转化成他自己想要实现的价值追求。我们通常所说的"助人为乐",就是因为个体在实践中将"助人"的义务要求变成了他的心灵愿望才获得的。当一个人把履行道德义务变成了他自己想要实现的价值追求之后,为了实现这种价值的追求,他必然会在实践过程中不断体会、理解和深化它。在这个过程中,个人逐渐实现了道德社会化,获得新的道德情感和道德理念,向更高的道德境界迈进。

从无道德到有道德,从道德水准较低到道德水准较高,乃是人类道德

---

①　《马克思恩格斯选集》第 3 卷,北京:人民出版社 1995 年版,第 435 页。

②　《马克思恩格斯选集》第 1 卷,北京:人民出版社 1995 年版,第 172 页。

③　罗国杰主编:《伦理学》,北京:人民出版社 1989 年版,第 57 页。

进步的历史趋势。社会学认为,个人的社会化达到较高阶段时,个人就获得一定的能力,其中包含道德认知能力和道德行为能力,从而使他对社会产生一定的独立性。就道德生活而言,这种独立性是个人的道德自觉性、能动性和创造性的表现。个人所获得的伦理个性,成为个人积极进取的基本条件。伦理学上所谓的个性,就是个人的道德品质和伦理价值。因为每个人都根据自己的理解,对道德客体进行独立判断,然后采取相应的行为,这个过程是不可重复的。因此在某种意义上,公共生活中的从众行为,乃是人的道德个性不成熟、不完善的表现,或者是无个性道德行为的表现。人们成熟的道德生活,不仅是自觉遵守公共道德准则,而且这种遵守以个人的独立自主和自由选择为前提。在道德实践中,人们不断完善和丰富自己的个性,通过各种行为展示自己的道德力量。见义勇为就是个人道德能动性、积极性的表现。因为在积极地作用于对象的过程中,个人的道德价值也得以实现。当然,人的道德能动性能否有效地发挥,除了与个人的道德认识有关,还取决于适宜的社会环境支持。比如,社会舆论的支持,公众对道德行为的认同等。所以诸如见义勇为等,不完全是个人行为,本质上是社会行为。脱离社会生活的实际需要,就无法找到它的现实意义。

在我国社会主义条件下,由于建立了以生产资料公有制为主体的经济制度和人民民主专政的政治制度,废除了人剥削人、人压迫人的关系,建立了同志式的平等、团结、互助、友爱的社会关系和道德关系,从而为人的全面和自由发展提供了客观的社会环境条件。但是,有了良好的社会环境并不必然形成良好的道德品质。一种道德,最终能否被社会所接受,关键在于它能否反映社会道德关系的本质,是否符合社会发展的必然性,但是,这种道德究竟在何种范围和程度上为人们所接受,却取决于它的传播程度,取决于道德教育实施的好坏。没有道德教育,任何一种道德要掌握社会生活都是不可想象的。① 正因为如此,古往今来,道德教育一直备

---

① 参见罗国杰主编:《伦理学》,北京:人民出版社 1989 年版,第 449 页。

受关心人类道德进步和人格完善人士的重视。在中国古代,儒家创始人孔子就提到:"道之以政,齐之以刑,民免而无耻;道之以德,齐之以礼,有耻且格。"①在西方,古希腊时期的德谟克利特指出:"用鼓励和说服的语言来造就一个人的道德,显然是比用法律和约束更能成功。"②美国前总统布什在他的教育战略设想中呼吁"把道德价值观的培养和家庭参与重新纳入教育","教会孩子区别正确与错误",摒弃"价值自由观念","智力+品德才是教育的目的"。在我国当代,道德教育的重要性也一直受到全党和全社会的重视,从邓小平提出的"四有"新人、江泽民提出的"三个代表"到胡锦涛将"诚信友爱"作为社会主义和谐社会的重要特征,都强调和突出了道德在人才培养和人才成长中的重要性。当然,离开个人对道德发展的认同,脱离个体道德发展规律,任何道德教育都是无法起作用的。

人们道德品质形成是一个复杂的过程,要经过认识—情感—意志—信念—行为五个阶段,五个阶段在实践基础上的有机统一,才能形成一定的道德品质基础。"认识"是道德品质形成的前提和基础,"情感"和"意志"是道德品质形成的必备条件,"信念"是道德品质形成的核心和主导,"行为"则是习惯的自然持续。这是个体道德品质形成的一般规律。但任何事情都是共性和个性的统一,在道德教育中,既要遵循共性的规律,也不能忽视个体自身的特点。实践已经充分证明,有针对性进行道德教育,就是提升个人道德素质的重要经验。不断利用各种先进的科技手段、教育手段,探索新的教育方法,主要目的在于提高道德教育的实效性,根本目的在于促进人的全面发展。道德教育不是限制人的个性,而是创造出有利于个性和道德发展的和谐局面,从而促使在这样的社会里,每个人的思想的丰富、道德的纯洁和体格的完美能和谐地结合在一起。

---

① 《论语·为政》。
② 周辅成:《西方伦理学名著选辑》上卷,1964年版,第80页。

三、改善旁观者的道德认知失调

《公民道德建设实施纲要》指出:"提高公民道德素质,教育是基础。"法国思想家霍尔巴赫更是提出:"人的各种恶行和美德,……他们所养成的各种可褒或可贬的习惯,他们所获得的各种品质或才能,我们应当在教育中寻找它们的主要来源。"①在社会主义市场经济条件下,只有有效地开展公民道德教育,才能提高公民的道德认知水平,促进旁观者的自我道德反省和道德自觉,改善旁观者的道德认知失调,从而提高其履行道德规范的自觉性。为此,就必须形成有利于社会主义公民道德建设的道德教育机制。

首先,在道德教育的内容上,应当大胆吸收中华民族传统美德和世界文明中的养料,在传统文化与现代文明的结合中探求公德教育的文明基石。道德认知、道德行为发生的前提与基础,也是道德行为中的唯一重要和最有影响的要素。旁观者在道德认知方面经常表现出道德认知失调的现象,即他所表现出态度和行为,始终受到个人复杂心境的支配,当其态度和行为之间存在不一致时,经常为自己的"不作为"行为寻找借口,来安抚自己不愉快的情绪体验。这种心理和行为之间的认知不协调,导致各种消极的道德情绪,影响个人行为的意志力及个人对自己行为的正确道德评价。究其根本原因,还是对"见义勇为"等公德的社会意义缺乏深层次的认识。中华民族有着以"仁"和"义"为核心的深厚悠久的传统道德文化。这种文化在民间的风俗习惯中有着深久的积淀和丰富的蕴藏。"见义勇为"、"路见不平,拔刀相助"等思想亦已在传统的狭义文化中广为传颂。然而,自五四新文化运动以来的一百多年间,许多人将中国近代以来积贫积弱的板子打在传统文化身上,传统文化无辜地承担了中国落后的一切责任。"见义勇为"、"拔刀相助"的观念也成了只顾哥们义气的江湖陋习,而被扫进历史的垃圾堆。但事实是,这种情绪化、非理性的行为留下许多值得我们这个民族去思考去反省的问题。毛泽东对此就有清

---

① 周辅成主编:《西方伦理学名著选辑》下卷,商务印书馆1987年版,第94页。

醒的认识,他说:"中国的长期封建社会中,创造了灿烂的古代文化。清理古代文化的发展过程,剔除其封建性的糟粕,吸收其民主性的精华,是发展民族新文化提高民族自信心的必要条件;但是决不能无批判地兼收并蓄。"①毫无疑问,"见义勇为"应该是任何一个正义社会所必备的美德,更是传统文化留给我们的思想精华,它在一定程度上已经深深融入中华民族的血液之中。在现代生存竞争压力日趋严峻的形式下,对蕴涵于社会传统风尚层面的这种道德资源加以开发,使任何平凡个体的生存困境都能无一例外地得到这种"风俗习惯"的关注和化解,无疑将非常容易引起人们心灵的共鸣,从而使道德认知的导向功能和自我培育功能得到正确而有效的发挥。

我们在注意挖掘传统精华的同时,也应该注意吸收和借鉴国外的优秀成果。"外国文化也一样,其中有我们必须接受的、进步的好东西。"②现代资本主义国家都非常重视公民道德教育在维护社会安定中的重要作用,在其内容上,也分别提出了许多各具特色的理论研究成果。如1992年春天,美国一些行政与研究机构共同拟订一份《阿斯彭品格教育宣言》,呼吁学校恢复传统的品格教育模式,向学生传授"尊重、责任心、可靠、关心、公平、正义、公民美德与公民素质"等核心价值观。③ 德国的教育家鲍勒诺夫提出所谓"朴素道德"的德育观,认为人类社会中实际上蕴涵着一种更一般、更纯情、更长久且保持同一性的道德,如诚实、信赖、同情心、爱、关心等,它们是一切道德的基础。④ 此外,西方国家强烈的环保意识、人道主义精神和公益理念都值得我们借鉴和学习。

传统的以亲疏关系确定行为取舍的道德标准,主要是用来调整"全人格关系"(韦正通语)的。而在一个全球化的时代,在一个以距离和疏远为基本特征社会里,那种道德标准显然难以应对。诚如有的学者所言:

---

① 《毛泽东选集》第二卷,北京:人民出版社1991年版,第707—708页。
② 《毛泽东文集》第三卷,北京:人民出版社1996年版,第192页。
③ 参见焦国成主编:《公民道德论》,北京:人民出版社2004年版,第313页。
④ 同上书,第312页。

"我们继承了人类在史前史中形成的道德倾向结构,可在战胜现代生活世界的挑战中这些道德倾向对我们人类与其说是帮助还不如说是一种障碍。"①马克思、恩格斯也曾明确提出,由于生产力的普遍发展和与此有关的世界交往的普遍发展,"地域性的个人"将"为世界历史性的、经验上普遍的个人所代替"②。这种"世界历史性的、经验上普遍的个人",虽然还不能说是具有高尚品德的人,但是相对于"狭隘地域性的个人"来说,在道德认识水平上,在善恶评价的标准上,尤其在如何对待"道德异乡人"的问题上,理应具有更多的开放性和进步性,有更多的宽容、诚信和理性。正因此,有学者提出,全球化的发展要求伦理学界增添一种新的伦理学,即"远距离伦理学":一种对时间、空间和群体上遥远的人负责的伦理学。鲍曼认为远距离伦理有两个要点,一是自我限制,二是对恐惧的探索。③所谓自我限制,就是要摆脱道德冷漠的现代生产机制所派生的责任推卸意识与习惯,时刻警惕自己作为或不作为对他人包括"遥在"的他人的影响;所谓对恐惧的探索就要增强人们对不确定性和厄运的预测,增大人们的道德想象力,进而激发人们的道德敏感性。在此基础上,当代学者高德胜提出,远距离伦理学还应该有第三个维度,即博爱。博爱是对距离和亲疏的超越,剥去了我们行使道德行为的种种前提性条件,是一种无条件的人类情怀。只要有那么一分博爱情怀,我们对"遥在"的人们就会多一分关心和责任。④ 我们现在所倡导的包含马克思主义指导思想,中国特色社会主义共同理想,以爱国主义为核心的民族精神和以改革创新为核心的时代精神,社会主义荣辱观等基本内容的社会主义核心价值体系,就是传统文化、世界优秀文化与时代精神相结合的精华。大力弘扬社会主义

---

① [德]克劳斯·德纳:《享用道德——对价值的自然渴望》,朱小安译,北京:北京出版社2002年版,第7—8页。

② 《马克思恩格斯选集》第1卷,北京:人民出版社1995年版,第86页。

③ 参见[英]齐格蒙特·鲍曼:《后现代伦理学》,张成岗译,南京:江苏人民出版社2003年版,第256—257页。

④ 参见高德胜:《道德冷漠与道德教育》,《教育学报》2009年第6期。

的核心价值,必将增进个人的公民知识,明确公民之间互助的深刻意义解除个人内心深处的顾虑,从而有利于在全民族形成奋发向上的精神力量和团结和睦的精神纽带。

其次,在道德教育的模式上,应打破封闭的模式,将视野投向广阔的社会大环境,使学校教育与社会教育、理论与实践有机地结合起来,创造有利于公德意识生长的德育实践模式。个体良好道德的形成,仅仅依靠教育是没有用的,"对德性来说知的作用是非常微弱的,而其他条件却作用不小,而且比一切都重要……只有在恰如公正和节制的人所做的那样做时,才可以被称为公正和节制的"①,实践才是人们道德完善的真正熔炉。对此,刘少奇这样讲过:"古代许多人的所谓修养,大都是唯心的、形式的、抽象的、脱离社会实践的东西。他们片面夸大主观的作用,以为只要保持他们抽象的'善良之心',就可以改变现实、改变社会和改变自己。这当然是虚妄的。"②在道德教育中,人们懂得了哪些是道德的、哪些是不道德的,就要把这些规范、原则立即运用到自己的实践中去,使之不断地将道德原则内化为内心信念,从而有效地化解认知失调的弊端,真正达到道德认知与道德行为的统一。

以往人们习惯用人性来衡量行为,认为见义勇为、舍己救人等行为是人性善的标志,而见危不救等缺德行为是人性有缺陷。其实无论是一般公共生活还是经济生活、政治生活中缺德行为的发生,都未必是人性本身的问题,而主要是他人意识缺乏,对他人的理解和体验不够,因而没有能够有效树立良好的公共精神。"他人意识"缺乏与公民角色认同直接相关。公民角色意识成熟的公民,是在享有权利的同时能够努力为他人、社会和国家尽义务,承担相应社会政治、法律和道德责任的社会成员。可以说,加深公民对自身角色的理解和认同,是纠正道德认知失调,改变各种不

---

① 苗力田主编:《亚里士多德全集》第 8 卷,北京:中国人民大学出版社 1994 年版,第 32—33 页。

② 《刘少奇选集》上卷,北京:人民出版社 1981 年版,第 109 页。

良行为的有效途径。而要使公民能够认同自己的角色地位,首要的就是他应该而且必须认识到,"只有在共同体中,个人才能获得全面发展其才能的手段,也就是说,只有在共同体中才可能有个人自由"①。因此积极引导公民积极参与公共生活实践,加强公民与他人的沟通与交流,是培育公民对自身角色认同的一个重要途径,也是提升个人道德素质的重要经验。

再次,在道德教育的方法上,既要注意由易到难、由低到高扎实推进,也要注意抓好重点人群的教育。众所周知,优秀品德的形成,是一个逐步积累的过程,因此,我们在进行教育的时候,一定要注意循序渐进,切不可盲目拔高。《公民道德建设实施纲要》明确指出:"要在孩子懂事的时候,深入浅出地进行道德启蒙教育;要在孩子成长的过程中,循循善诱,以事明理,引导其分清是非,辨别善恶。"这就要求在道德教育上一定要坚持从基本规范抓起,把道德实践体现到日常生活和社会交往中,把德育内容渗透到游戏、谈天等日常生活中,让受教育者自然地、不知不觉地在一种和谐、自然的气氛中接受教育。使广大公民能够在参与日常社会公共生活的过程中自觉地陶冶情操、启迪思想、提升境界;在为家庭谋幸福、为他人送温暖、为社会做贡献的过程中,增强社会认同,养成良好行为习惯。

所谓抓好重点人群的教育,强调的是指针对青少年和党员干部的道德教育。既然"一个人是否充分发展人性早在童年时代就已经确定下来了"②,那么旁观者的"认知失调症"与"道德忽视症"的形成与他从小接受的教育也有非常重要的联系。从根本上说,公民道德教育的目的,就是教导个人正确辨识他人,学会处理人我关系的方法。这里所谓的他人,就是一般交往中的陌生人。在现代文明社会中,随着公共生活领域的拓展,他人越来越多地介入我们的生活。这些他人关乎我们的存在和情感投向,构成我们生活意义的一部分。我们在生活中应该不难发现,对陌生

---

① 《马克思恩格斯选集》第1卷,北京:人民出版社1995年版,第119页。

② [德]阿尔诺·格鲁恩:《同情心的丧失》,李健鸣译,北京:经济日报出版社2001年版,第10页。

"他者"危难的漠视,在我们的青少年群体中已经比较普遍。据《中国教育报》1999 年 12 月 14 日披露:"90 年代中期,我国青少年犯罪占全部涉案人员的比重高达 70% 至 80%。青少年犯罪已经与环境污染,吸毒贩毒一样被称为当今世界的三大公害。"这是一个非常令人震惊的现实,因为"在童年时代发生许多灾难性的错位,然后这些错位会不自觉地一代一代传下去"①。中国古代"家训之祖"颜之推就明确提出:"人生小幼,精神专利,长成以后,思虑散逸,固须早教,勿失机也。"②邓小平也指出:"革命的理想,共产主义的品德,要从小开始培养。"③因此,加强青少年的社会公德教育,就要从小对他们进行系统完整的思想道德教育,强化他人意识教育,要求学生做到"心中有他人"。使他们清醒地认识到世界是多样性的统一,人是有尊严和人格的存在,无论其出身、地位、性别、肤色等有何不同,都应当得到同等程度的理解和尊重;只有理解和尊重他人,才能有助于创造友善和睦的交往氛围,有利于实现交往活动与自身发展。只有这样,他们才能够学会正确评价自我和他人,把"做人"与"做事"有机地结合起来,把理性和情感因素有机地结合起来,从而养成勇于维护人民利益、敢于向邪恶势力斗争的精神。

旁观者现象的一个很大特点就在于从众心理,而在中国这样一个有着几千年封建传统的国家,人们的从众行为又很大程度上受到为政者的影响。孔子云:"其身正,不令而行;其身不正,虽令不从。"④邓小平也指出:"高级干部能不能以身作则,影响是很大的。现在,不正之风很突出,要先从领导干部纠正起。群众的眼睛都在盯着他们,他们改了,下面就好办。"⑤在当前的社会形势下,我国干部道德素质确实还存在着许多问题,

①　[德]阿尔诺·格鲁恩:《同情心的丧失》,李健鸣译,北京:经济日报出版社 2001年版,第 10 页。

②　《勉学》。

③　《邓小平文选》第二卷,北京:人民出版社 1994 年版,第 105 页。

④　《论语·子路》。

⑤　《邓小平文选》第二卷,北京:人民出版社 1994 年版,第 125 页。

诸如：一些人丧失了精神支柱；一些人淡化了公仆意识；一些人忘记了逸豫忘身的教训；一些人的监督与自我监督不到位。① 所有这些问题的存在,都可能导致为政者在遇到他人或社会公共利益受损时同样采取袖手旁观的态度,从而为广大人民群众树立了很不值得学习的"典范"。因此,加强公民道德教育,"严重的问题在于教育干部。大力加强干部队伍建设,提高广大干部特别是领导干部的素质,已经成为摆在全党面前的一项刻不容缓的重大任务"②。对广大干部进行公民道德教育应从两个方面入手,一方面是为官者的"官德"教育,即职业道德教育。胡锦涛强调权为民所用、情为民所系、利为民所谋。加强"官德"教育,就要求广大党员干部认真对待手中的权力：一是要坚持权力的社会主义性质；二是要防止权力的官僚化和平庸化；三是杜绝"四心",即杜绝"私心、贪心、色心、野心",防止权力的腐化。③ 另一方面是为官者个人社会公德的教育。加强官员的社会公德教育,就要求广大党员干部在日常生活中要注意自己的一言一行,做遵守社会公德的表率。广大党员干部在见义勇为方面的道德风范,是见义勇为精神能在社会上弘扬的催化剂和推动器。可以说,领导干部的道德示范影响,对于改变旁观者消极的从众心理和暧昧不明的态度,促使他们由他人意识发展到关心集体事业,塑造自己的公共精神有着非常重要的意义。

第二节 弘扬见义勇为的崇高精神

一、见义勇为的界定和理论依据

(一)"见义勇为"的基本界定

见义勇为与旁观行为是根本对立的。在我国典籍中,有着许多关于

---

① 参见罗国杰主编：《以德治国论》,北京：中国人民大学出版社 2004 年版,第339—341 页。

② 转引自程立显：《伦理学与社会公正》,北京：北京大学出版社 2002 年版,第 126 页。

③ 参见罗国杰主编：《以德治国论》,北京：中国人民大学出版社 2004 年版,第344 页。

见义勇为的论述,如《论语·为政》曰:"见义不为,无勇也"。《宋史·欧阳修传》中首次提出"见义勇为"概念,它说:"天资刚劲,见义勇为,虽机阱在前,触发之,不顾,放逐流离,至于再三,气自若也"。在国外,人们将见义勇为者称作"好撒玛利亚人",有大量的关于见义勇为的论述。据有关学者考证,古埃及和印度法中就有惩罚见死不救的若干规定。① 近年来,见义勇为成为道德和法律研究的热门话题。《现代汉语词典》认为,见义勇为就是看到正义的事情而勇敢地去面对。从法律角度看,见义勇为就是不负有特定义务的人,在遇到突发灾害、意外事故时为保护国家、集体和他人人身或财产权益免受损害,冒着较大的人身危险而实施的保护、施救行为或者为维护公共安全、社会秩序,与违法犯罪行为作斗争的行为。② 它主要有如下特征:(1)危险性。见义勇为或多或少的以自我牺牲为前提。在某些特殊场合,勇为者通常要人们冒着生命危险去救助他人。(2)紧迫性。见义勇为通常是在紧急情况下作出的行为。(3)利他性。人们实施见义勇为的目的,是为了保护和获救助他人的财产和生命安全。③

上述对见义勇为的研究,取得了许多有价值的理论成果,值得我们借鉴。但是其缺点在于,他们对见义勇为概念的界定,仅侧重于人对人救助关系,忽视了人与自然的关系,其时代感明显不足。其实见义勇为作为道德概念,是随着社会不断发展变化的,应体现出鲜明的时代内涵。在传统农业社会中,人们交往对象仅限于熟人圈子,在此基础上形成的传统文化价值观念,具有浓厚的人情味。这种道德情感方式具有"同情感"和"信任感"的萌芽,它在孕育和谐不欺的人际关系的同时,又有其自身的虚弱性,即它只具有私人性,而不具有理性和公正的色彩。在"陌生"的时代,

---

① 参见徐国栋:《见义勇为立法比较研究》,《河北法学》2006 年第 7 期。
② 参见曾佳蓉:《见义勇为的认定与社会保障》,《十堰职业技术学院学报》2006 年第 2 期。
③ 参见苏如飞:《见义勇为的法律审视》,《广西政法管理干部学院学报》2006 年第 3 期。

人们能否在公正的道德律令的支持下,对他人付出自己的爱心,就成为社会需要弘扬的高尚美德。见义勇为也由此获得了前所未有的意义。

近代社会以来,由于工业文明的发展,造成了环境污染、生态破坏和能源危机的严重后果。面对工业文明带来的诸多负面影响,人类重新开始反思自己的行为。事实上,人与自然是一种生命维系的关系,"自然界,就它不是人的身体而言,是人的无机的身体。人靠自然界生活,这就是说,自然界自身是人为了不致死亡而必须与之处于持续不断地交互作用过程的、人的身体"①。自然不存,人将焉存?"生态伦理学"的创始人之一英国哲学家 A. 莱奥波尔德(A. Leopold),就认为人不仅仅是人类共同体中的一个好的公民角色,而且也应该是自然界共同体中一个好的公民角色。因此,他主张把良心与义务这样的道德范畴,其适用范围扩大到自然界。② 因此,见义勇为作为传统美德,也应当把自身道德关怀的范围,扩展到整个生命世界,涵盖包括人类在内的所有生命体。

基于上述理解,本书认为,见义勇为就是指不负有法定或约定救助义务的人员(包括中国公民、外国公民和无国籍人员),当他人合法利益或自然生态遭受破坏时,自己能够积极地行动起来,不计任何回报地帮助他人,以各种方式勇敢地同破坏行为作斗争。重新界定见义勇为概念,其目的就是随着实践和时代的发展,不断超越原有的道德观念,形成全新的、具有时代气息的道德观念。其实在我国古代典籍中,就非常强调正确处理人与自然的关系,如《孟子·尽心上》谈道:"亲亲仁民,仁民爱物",只是后来由于人们在使用过程中,侧重于强调人与人之间的互助,忽视了自身对自然的道德责任。新的历史条件下,强调人对大自然的责任,既是对传统文化精华的吸收,也是充分考虑了时代的需要,有着十分重要的现实针对性。在道德生活中,敢为者与旁观者是根本对立的。为减少和改变旁观者现象的发生,本书主张将见义勇为行为的理解,由个人良好的道德

---

① 《马克思恩格斯选集》第 1 卷,北京:人民出版社 1995 年版,第 45 页。
② 参见魏英敏主编:《新伦理学教程》,北京:人民出版社 1993 年版,第 562 页。

愿望,转变为必须履行的道德义务。只有变成必需的道德义务,才有见义勇为立法的可能性,从而达到对他人人性的尊重,对自然生态的保护,以及对袖手旁观者的有效惩罚。

（二）见义勇为的道德哲学依据

人类生活的和谐与幸福,不只是物质生活的享受,更是精神生活的充实和精神世界的富有。德莫克利特说:"幸福不在于占有兽群,也不在于占有黄金,它的居所在于我们的灵魂之中。"①在他看来,"凡期待灵魂的善的人,是追求某种神圣的东西,而寻求肉体快乐的人则只有一种容易幻灭的好处"②。而人类要想获得心灵的幸福,就离不开道德理想的支撑,"人的活动如果没有理想的鼓动,就会变得空虚而渺小"③。见义勇为是属于道德理想中的一种。见义勇为的道德哲学依据,就在于道德生活中的存在、应该、理想三方面的关系。"一般说,存在的东西——应该的东西——理想的东西三位一体,虽然能用来说明人类活动的各种不同形式的许多过程,然而,其内容最充分的被揭示出来,还是在道德领域里。"④这里的道德存在即道德现实。由于道德现实总是同人们的世俗生活相联系,因而它总是复杂多样的。不能否认,我们身边确实有大量的勇为者,他们以自己的行为促成了道德生活的善。但同时也能看到,旁观者行为的存在也是构成道德现实的内容之一。"现实生活永远是道德的母亲",由于各种不道德现象的大量存在,极大地影响到人们的正常生活,所以转化旁观者才成为必要。道德应该是将道德要求义务化,即以"应该"的形式要求人们,使之成为社会进步的某种道德选择。"现实在道德中被义务化,也就是说,现实不仅以存在的东西的形式,即已有的东西的形式表

---

① 北京大学哲学系外国哲学史教研室编译:《古希腊罗马哲学》,北京:商务印书馆1961年版,第113页。

② 同上书,第107页。

③ 转引自魏英敏主编:《新伦理学教程》,北京:人民出版社1993年版,第562页。

④ ［苏］科诺瓦洛娃:《道德与认识》,杨远、石毓彬译,北京:中国社会科学出版社1983年版,第39页。

现出来;而且也以关于应该的东西的观念的形式,也就是说以关于在最近的将来应该达到并成为现实的所有物的观念的形式表现出来。"①道德理想是指人超越自己的现实性,从"是什么"而走向理性境界"应当是什么"的一种理性和意志的努力。一定社会的道德理想,寄寓着该社会人们在道德方面的向往和追求,是该社会道德价值观念的集中体现。当然,道德理想并不是无源之水,它同样来源于人们的道德现实。道德理想与道德应该的区别表现在:"应该的东西比理想更具体,更接近于现实","如果说理想或者可能属于将来,或者可能属于过去,并且距离现在相当远;那么应该的东西就是属于今天的现实。"②

我们所说的"见义勇为",应当从两个层面上来理解。首先,它是人们关于未来和谐人际关系、人与自然关系的道德理想。因为就现实而言,见义勇为还没有成为普遍的道德行为,人们的道德行为尚有待于提升。其次,在每个普通人的身边,确实存在很多人能够实施这种道德行为。他们能够做到急他人之所急,想他人之所想,助人为乐、见义勇为。他们能够善待自然,善待地球上的各种生命体,面对破坏生态环境和地球生命的行为,不做冷漠的旁观者。因此,见义勇为是理想性和现实性的统一。作为道德理想的见义勇为,其活力就在于对现实道德的改造和提升。"现实在道德中被理想化,为道德理想即道德的未来之光所照耀;道德理想在现实面前提出调整生活现象的目的,赋予这些生活现象以内在的逻辑严密性,有助于把现实理解为不断力求实现崇高的目的和道德理想的发展过程。"③尽管见义勇为以道德义务的命令形式,向社会成员提出"你应该"的要求,但是,这种要求充分考虑了每个社会成员的认知水平和行为能力,它只对那种有一定认知水平和行为能力的人追究法律责任和道德责任。既然有人遵从"择其不善而为之"的行为,那也就是说,现实中的

---

① [苏]科诺瓦洛娃:《道德与认识》,杨远、石毓彬译,北京:中国社会科学出版社1983 年版,第 38 页。

② 同上书,第 39 页。

③ 同上。

许多东西有待改善,应当过渡到新的未来的理想形式,每个人都应当为这种过渡创造有利的条件。在过渡过程中,个人的见义勇为行为,成为连接现在和未来的桥梁。"应该的东西表现为理想与现实之间的中间环节。它是存在的东西和理想的东西之间的过渡阶段。"①所以,从本质上说,见义勇为是对现实人际关系的超越,以"应该"的形式体现出来。"应该"就是联结理想和现实的纽带和桥梁。

二、见义勇为的现代道德价值

(一)见义勇为的个体道德价值

所谓个体道德,是指具有一定社会身份并起社会作用的个人,为自我完善、自我实现而准备的,并适应社会一定可观利益关系的客观要求的道德素质和指导自身行为选择的内心道德准则的总和。② 一般来说,个体道德就是社会道德的内化,或者说社会道德的个体烙印。人们所信仰和遵守的道德规范,总是被个人所接受并内化为个体素质,才能最终在个人行为中起作用。个人表现出来的道德素质,被称为个体德性。人们对个人道德德性的评价,也主要是看其道德行为的善与恶。正如个人是社会的细胞,个体德性对社会而言也具有基础性意义。社会整体道德风尚的好坏,首先取决于个体德性的完善程度。个人对待他人和大自然的态度和行为,同样可以映现出个人的德性修养,反映个体德性的总体状况。若人人都能够善待自然、善待生命,做到助人为乐、见义勇为,就能够超越个体德性界限,体现出普遍的道德价值。

马克思说过:"道德的基础是人类精神的自律。"③个体道德主要取决于个人的自觉自愿,即个人的"自律精神"。通常认为,见义勇为表现出个体德性。由于个人是自己行为的主体,因而也是见义勇为的道德载体。

---

① ［苏］科诺瓦洛娃:《道德与认识》,杨远、石毓彬译,北京:中国社会科学出版社1983年版,第39页。

② 参见唐凯麟主编:《伦理学》,北京:高等教育出版社2001年版,第158页。

③ 《马克思恩格斯全集》第1卷,北京:人民出版社1995年版,第119页。

没有人能够强迫某人见义勇为,除非借助某种道德原则,指导、规范和约束个人行为。所以能否做到见义勇为,归根到底是个人的事情。在我国传统道德中,诸如助人为乐、杀身成仁、舍生取义等,均属于个体德性的范畴。重视个体道德修养的研究,强调道德修养的重要性,一直是中外伦理思想史上的一个重要特点。在西方伦理思想史上,文艺复兴时期的资产阶级思想家,就研究了促进人们道德上"修养成熟"的社会环境和心理基础,并以此作为反对封建禁欲主义和教会专横的武器。儒家创始人孔子也说,他最忧虑的事情就是"德之不修,学之不讲,闻义不能徙,不善不能改"①,他不仅强调"修己以敬",而且强调"修己以安百姓"。《大学》、《中庸》更是把"正心"、"诚意"、"修身"提到"治国"、"平天下"的高度。认为只有有了良好的德性修养,才能够实现齐家、治国、平天下的社会理想,当国家和民族需要的时候,才能够依然担当起历史赋予的重任,甚至不惜牺牲自己的生命。其实,一个道德品质高尚的人,在帮助别人的同时,也能给自己带来快乐。高尔基在给小儿子的一封信中曾说:"如果你永远地,整个一生都给人民留下美好的东西——花朵、思想,关于你的光荣回忆。那么,你的生活就会轻松愉快。"②所谓助人为乐就是这个意思。见义勇为作为"助人"的一种重要方式,由此构成个体德性的基石。在这个过程中,个体在体验他人的存在和生命意义、体验人性的光辉和卓越的同时,个体获得崇高的道德体验,为自己的行为而自豪,并借此实现个体德性完善的目标。

没有完善的德性基础,对道德的意义缺乏深刻认知,就无法真正践行各种道德使命。我们并不否认这种逻辑的意义,但是,个体德性不可能是孤立存在的。离开他人和社会的德性修养并不存在,也无法彰显出来,因此没有任何现实意义。只有将个人德性置于社会生活中,才能显示它应有的价值和意义。况且,作为个体德性的见义勇为,完全诉诸个人的道德

---

① 《论语·述而》。
② [苏]高尔基:《高尔基作品选》,北京:中国青年出版社 1956 年版,第 32—33 页。

认知,缺乏可靠的实施机制基础,并不能保障他人需要时能够迅速行动。所以,作为见义勇为的个体德性,其弊端也是显而易见的。见义勇为固然需要个人德性基础,但是,在某些紧急场合中,某些突发事件往往使得行为者无暇思考,而是凭借道德冲动的作用,或者从他人身上汲取道德勇气。所以在某种意义上,个体道德又离不开社会道德。见义勇为对个体道德的提升,需要个人与他人的合作,也就是说,只有在社会中才能完成。"只有靠合作,个人才能达到现在他自己一个人常常够不到的欢乐,也只有靠合作,社会才能达到较高的水平。"①因此,见义勇为虽然属于个人的美德行为,但其意义却在于社会生活中。能否做到挺身而出、见义勇为,关涉他人的利益乃至生命,关涉人与人的关系和社会的总体和谐。

(二)见义勇为的社会道德价值

见义勇为作为典型的道德行为,主要体现出某个时期的道德风尚。所谓道德风尚,就是一定时期社会道德的总体状况。人类道德生活的复杂性,决定了人们实际行为存在差异。为有效地规范和约束人的行为,实现社会和谐的基本目标,社会制定了普遍的道德规范。威廉斯说过:"社会的和谐绝不可能在每个人都顽固地坚持自己的一系列乖僻行为的情况下达到,而只能通过个人依靠自然组织而达成相互融洽的那些习惯和欲望的逐渐成形来达到。"②良好道德风尚的形成,乃是点滴的个性行为构成的,其中涵盖着见义勇为的功能。作为个体德性的见义勇为,对社会道德风尚的影响,主要体现在彰显社会正气,维护社会的正义和公平。因此,尽管见义勇为不能反映社会整体道德面貌,但它能够折射社会道德风尚,因而可以视作道德风尚的晴雨表。

见义勇为是维护社会正义的需要。所谓正义,指一个社会要有是非标准,扶持社会正气,谴责歪风邪气,打击邪恶势力。在中国古代,正义是

---

① 参见[美]弗兰克·梯利:《伦理学概论》,何意译,北京:中国人民大学出版社 1987 年版,第 180 页。

② 同上。

个体道德要求，"所谓义者，为人臣忠，为人子孝，少长有礼，男女有别；非其义也，饿不苟食，死不苟生。"①正义也是良好社会风气的保证："义正者何若？曰：大不攻小也，强不侮弱也，众不贼寡也，诈不欺愚，贵不傲贱也，富不骄贫也，壮不夺老也。是以天下之庶国，莫以水火毒药兵刃以相害也。"②在古希腊语中，正义和直线是一个词，表示一定之规。查士丁尼认为，"正义是给予每个人应得的部分的这种坚定而恒久的愿望"③，柏拉图认为，正义是其他美德（勇敢、智慧、节制）实现的最高境界，没有正义，其他美德就失去了最高的目的。马克思、恩格斯反对抽象地谈论正义，他们认为正义的内涵随着生产关系而变迁。但恩格斯也这样指出："如果群众的道德意识宣布某一经济事实，……是不公正的，这就证明这一经济事实本身已经过时"。④ 由此可见，从一定意义上来说，正义作为人类追求的理想目标，是推动社会进步的精神动力。斯图亚特·汉普夏很好地表达了这一概念，他说："存在着从远古至今日绵绵不绝的具有恒定内涵和核心意义的基本正义概念。"⑤富有正义感的人"疾恶如仇"，容不得丑恶的行为，具有一种不妥协的精神。放弃正义，既意味着放弃人现有的行为准则和文明成果，还意味着放弃进步、放弃安全、放弃荣誉、放弃信任、放弃许多精神价值。休谟甚至认为："没有单个人之间的联结，人类本性绝不可能存续；而不尊重公道和正义的原则，单个人之间的联结又绝不可能发生。"⑥在一个充满正义感的社会里，社会风气纯正，邪恶将会无处藏身，社会就会最终走向和谐。

见义勇为是无私的，其道德价值不仅在于公民个体德性的完善，更在

---

① 《商君书·画策》。

② 《墨子·天下志》。

③ ［罗马］查士丁尼：《法学总论·法学阶梯》，张企泰译，北京：商务印书馆 1995 年版，第 1 页。

④ 《马克思恩格斯全集》第 21 卷，北京：人民出版社 1965 年版，第 209 页。

⑤ ［美］戴维·米勒：《社会正义原则》，应奇译，南京：江苏人民出版社，2001 年版，第 25 页。

⑥ ［英］休谟：《道德原则研究》，曾晓平译，北京：商务印书馆 2001 年版，第 57 页。

于它对社会道德风尚的引领。"某种个体道德一旦形成，又往往成为同性质社会道德必然性形成的前导。"①关于见义勇为的社会价值，雅诺斯基的总体交换理论也许能够比较形象地进行描述。雅诺斯基说："出于自我利益考虑的行为是短期行为，集中于物质利益，以自己本人为目标，由彼此交换的互惠所组成。这种行为发生于有限交换领域。""相反，出于他人利益考虑的行为是中期至长期行为，集中于物质或精神利益，以群体或社会利益为目标，由普惠或单向受惠的总体交换所组成。出于他人利益考虑的行为是由一人至他人而不期待直接回报的物质或精神的商品与服务的交换。"②通过这种互惠中的一系列"链条"，最终有某种具体的或一般的好处可能回归于施惠者，使整个社会受益。也就是说，尽管见义勇为本身不计回报，但是，一方面，见义勇为的行为总是会受到人们的褒扬（尽管也许不是直接的），"整个来说，作出贡献的人也会得到报答，即赢得热心为群众做好事的美名，即使该群体现有人员中亲自得到过他的招待的人已不多，人们仍然会记得他"③。另一方面，见义勇为不仅可以及时挽救国家、集体、他人的生命财产安全，减少社会的经济损失，更重要的在于它对社会具有极高的精神价值。它为社会树立良好的道德榜样，从而有利于增强社会的价值认同和凝聚力，营造一种良好的道德氛围。正因此，雅诺斯基指出："人们在帮助别人时，并不期待被帮助者立即作出回报，但是人们会期待从长远来看的回报，即建设一个比较公正的社会中的体面生活。"④

在我国改革开放和现代化建设的新时期，见义勇为的美德受到不同程度的挑战。据广州市万户居民的调查显示，在"文明礼貌，相互尊重；诚实守信；助人为乐，济困扶贫；见义勇为，与不良现象作斗争；爱护公物；

---

① 罗国杰主编：《伦理学》，北京：人民出版社 1989 年版，第 69 页。

② ［美］托马斯·雅诺斯基：《公民与文明社会》，柯雄译，沈阳：辽宁教育出版社 2000 年版，第 96 页。

③ 同上书，第 104 页。

④ 同上书，第 78 页。

有城市主人翁精神;讲究卫生;保护环境"等九个方面的基本道德规范中,"见义勇为"是最弱的一项。被访者对见义勇为一项最不自信,甚至有 4% 的人给自己打了最低分 1 分(满分 5 分)。数据表明,对于"见义勇为",男性认为所认识的人中有六成人可以做到,给自己的评分是 3.63 分;而女性认为只有五成九的人能够做到,给自己的评分是 3.43 分。其中,对违反社会公德行为的表现,只有 15.7% 的市民表示多数会出言制止,有 50.3% 的市民表示或偶尔出言制止,其他的则表示只会"敢怒不敢言"甚至是"当它不存在"。① 中国人民大学伦理学与道德建设研究中心 2006 年的一份调查也显示:当国家财产遭受侵害时,只有 26.14% 的人表示会勇敢地与歹徒拼搏,高达 56.18% 的人则不敢肯定自己也能这么做。上述见义勇为的现代遭遇,影响到良好道德风尚的建立。其实任何社会道德风尚的形成,都不是孤立的个人行为,而是无数人的行为积淀构成的。同样,良好的道德风尚的建立,也是一个逐渐积累的过程,需要助人为乐、见义勇为等道德行为经过逐渐积淀和发展,逐步凝聚成人类道德历史的长河。所以在日常生活中,"勿以善小而不为,勿以恶小而为之"非常重要。如果人们都能从自身做起,自觉地做到助人为乐、见义勇为,那么,我们的社会就能培养良好的道德风尚。而良好的社会风气,又有助于促进个体德性的进一步完善。"在直接现实性上,社会道德体系一旦形成,以至成为普遍流行于世的风尚,便构成这时同性质的个体道德由以生成的某种道德必然。"②

三、纠正旁观者的价值判断错位

培养社会的良好道德风尚,应当从每个公民自身做起,从生活中的小事做起。互助友爱、关心和帮助他人,应当是公民的基本道德情感和道德行为。我国现实中之所以出现冷漠的旁观者,一个重要原因就是个人的

---

① 参见舒雨等:《道德盲点》,呼和浩特:内蒙古人民出版社 2004 年版,第 175 页。
② 罗国杰主编:《伦理学》,北京:人民出版社 1989 年版,第 69 页。

价值判断错位。见义勇为者是和平时代的英雄,它与旁观者是截然对立的。在当前特定时期,要有效地纠正旁观者价值错位判断现象,就必须在全社会大力弘扬见义勇为精神,以从情感上打动旁观者,使他们的价值判断错位现象能够得到自我调节,使他们的自我牺牲精神能够得到充分的激发。

大力弘扬见义勇为的崇高精神,必须澄清对生命与道德关系的意义认识。在面对歹徒持刀行凶时,许多人甘做旁观者,在一定程度上也是因为见义勇为常常存在生命危险。《文汇报》1992 年 10 月 3 日"世说新语"专栏就杭州一单位的女出纳员为保护一个装有 2300 元人民币的钱箱而光荣牺牲的事件开展讨论时,有一篇题为《生命高于财富,还是财富高于生命》的作者就认为,这个事件"涉及的最根本的问题是生命与财富的关系问题",既然"人的生命高于任何财富的价值",那么保全生命是第一位的,保护财富是第二位的,因为"国家财富并不是最后的目的,最后的目的仍然是人"。① 人们热爱自己的生命是正确的,但现实生活中还有比生命更有价值的存在。中国古代就有"舍生取义"、"杀身成仁"的文化传统。近代以来,在中华民族面临亡国亡族的危机之时,许多仁人志士不计个人一己私利,抛头颅、洒热血,这种精神远远高于生命本身的价值。在某种意义上来说,正是这种精神的存在才使得人的生命的意义得到升华。因此我们认为,保全自己是一种选择,但绝不是一种高尚的选择,不应对它大肆辩解。在某种程度上来说,关键时刻把自己生命置之度外的精神,体现的不仅仅是一种责任感,而且是一种发自内心的对祖国、对人民的深深的热爱。邓小平明确提出:"热爱国家,热爱人民,热爱自己的党,是一个共产党员必须具备的优良品质。"②"中国人民有自己的民族自尊心和自豪感,以热爱祖国、贡献全部力量建设社会主义祖国为最大光荣,以损

---

① 参见俞吾金:《生命高于财富,还是财富高于生命》,《文汇报》1992 年 10 月 3 日。
② 《邓小平文选》第一卷,北京:人民出版社 1994 年版,第 30 页。

害社会主义祖国利益、尊严和荣誉为最大耻辱。"①因此,那种在国家、集体、他人的利益遭受损失时,能够挺身而出、舍生取义的行为才是值得我们大力倡导的精神,才是每个有强烈道德责任感的人义不容辞的道德使命。

大力弘扬见义勇为的崇高精神,必须充分发挥榜样的道德示范作用。"榜样的力量是无穷的。"一个牵动人心的道德榜样,不管它是文艺作品中的艺术形象,还是现实生活中的先进人物,只要它是道德上理想人格的体现,就会激起千百万人的学习和效法。见义勇为者给整个社会所提供的,不仅是人们道德行为的楷模,同时也是价值判断的标尺。这些道德楷模以自己的行为,承载和体现着普遍的道德精神。作为人们行为的价值坐标,这些道德典范对个体行为选择发挥着引领和定向功能。社会生活是个人道德的源泉。个人从自己身边的生活中、从道德楷模身上获得道德发展所需要的知识和经验,将促进明确自身道德提升的方向和目标。运用道德典范进行道德教育,是我党探索道德建设历史上的成功经验。无论是革命时期还是社会主义建设时期,我党都能够从实践中发现并提炼道德典范,运用人们身边的英雄或模范事迹,教育广大干部群众,积极主动地推进社会主义道德建设。革命年代的刘胡兰、邱少云、董存瑞、白求恩,社会主义建设时期的雷锋、焦裕禄、王进喜等英雄模范,都曾以巨大的道义和人格力量,发挥道德精神的辐射力和影响力。这些道德典范用亲身实践,通过典型率先垂范的方式,引导和改造后进人员(如旁观者),提升了社会主义道德的感召力。历史经验充分证明,利用道德典范转化旁观者,为普通公民确立道德仿效的坐标,能够使他们感到自己的差距,有效教育道德生活中的后进分子,引导他们学习先进和典范,努力向先进的道德典范看齐。

大力弘扬见义勇为的崇高精神,就必须对旁观者进行道义上的谴责。常言道"众口所毁,无病也死",如果社会上的公民都能够对见死不救的

---

① 《邓小平文选》第三卷,北京:人民出版社1993年版,第3页。

行为给予批评谴责，人们就会对于自己的不道德的行为产生羞愧，从而促进对自己的行为作出负责的自我批评，并努力避免类似行为的发生。这正如英国著名思想家赫胥黎所言："在许多情况下，人们之所以这样做而不那样做，并非出自对法律的畏惧，而是出自对同伴舆论的畏惧。"①当然，我们弘扬见义勇为的崇高精神，并不是否认生命的价值，并不是倡导不讲客观条件的与救人无助的蛮干。我们对生命的最高承诺，就是最大程度地创造生命的价值。生命是可贵的，正因为如此英雄的壮举才具有崇高的道德价值。我们认为，见义勇为并非一定是轰轰烈烈的壮举，相反，我们提倡"见义智为"、"见义巧为"，我们需要教育公民掌握最基本的自救和救人的方法和常识。所以，一方面我们要珍视每个个体的生命价值，反对任意地、随时随地牺牲生命；另一方面，我们要运用一切舆论宣传工具，大力宣传和褒奖见义勇为的人和事，充分肯定这种行为的社会伦理价值，对那种临阵脱逃的、不负责任的行为进行有力的谴责。只有这样，才能使"见义不为"的行为犹如"过街老鼠，人人喊打"，促使旁观者真正纠正和扭转错误的价值取向，改变道德价值判断错位的事实，使自身的道德品质得到提升，从而在全社会形成弘扬见义勇为、匡扶正义的浩然正气。

第三节　强化旁观现象的舆论监督

一、公共舆论的内涵及特点

古人云："众口铄金，积毁销骨"。这句话从实际经验方面，反映了社会舆论所具有的力量强度。公共舆论，是指社会上大多数人对共同关心的事情所表达的态度和意见。公共舆论通常发生在公共生活领域，舆论的主体通常是大多数人的社会公众，他们以个人或组织的形式，依照某种

①　转引自唐凯麟、龙兴海：《个体道德论》，北京：中国青年出版社1993年版，第239页。

社会规范或制度要求,发布对某些共同关心问题的看法,通过褒扬或贬抑的形式,实现对行为的引导和控制。现实生活中,人们的街谈巷议以及报纸、杂志、网络等媒体的评论,是社会舆论发挥作用的主要途径。社会舆论之所以能够成为强有力的社会道德的调控力量,就在于它的广泛性与权威性。日常生活中,只要有人群的地方,人们就能感觉到社会舆论的存在。可以说,舆论是一个无时不兴、无处不在的社会力量。社会舆论的权威性,就在于它是众人意志的表现,并能给人以荣誉感和耻辱感,迫使人们在行为选择时,不得不考虑社会舆论对自己的评价,因为任何个人都不可能离开他人和社会而生存和发展。

社会舆论就其形成的途径来看,有自觉形成和自发形成的两种。自觉形成的舆论主要是指一定社会组织或国家机关通过其控制的舆论机构和舆论工具表达出来的舆论,通常指报纸、杂志、电视等发出的评论;自发形成的舆论则是指一定社会生活中的人们,直接凭借传统习俗和生活经验而自发地表达和流传的看法和观点,通常所说的"街谈巷议"指的就是这一类。社会舆论就其性质而言,不管是自发的还是自觉的,都有积极和消极之分,"在公共舆论中真理和无穷错误直接混杂在一起"①。因此,我们在对待社会舆论时,必须区别积极的舆论与消极的舆论,有效地发挥积极舆论的监督作用,减少消极舆论在道德评价中的影响。所谓积极的舆论,是人们对社会中正义的、美好的人或事情的支持性意见,对非正义的、缺德的人和事的谴责性言论。消极舆论是个别人有意或无意传播小道消息或谣言,逐渐扩散造成不良影响的言论。舆论要发挥积极的作用,首先自身应当合理公正。如果舆论本身出现问题,不仅无法发挥应有的作用,还可能影响到人们对舆论的信任。

从社会道德舆论的形成来看,任何一种道德舆论都有一个传播、消化和接受的过程。社会道德舆论要成为一种公认的道德行为的价值取向,

---

① [德]黑格尔:《法哲学原理》,范扬、张企泰译,北京:商务印书馆1961年版,第333页。

制约和影响人的行为,常常需要经过酝酿、准备、传播等几个环节,才能从初期的小范围而模糊的普通心理倾向,一步步发展成为广大民众所理解的明朗的社会道德意识。社会道德舆论形成后,积累的时期越长,转变就越缓慢,越困难。因为它在漫长的过程中不断被强化,可能已经成为人们的心理定势,影响着人们的风俗习惯。从某种意义上来看,传统习惯也近似于一种道德准则或道德戒律。千百年来,凡是违反传统风俗的行为都要受到人们的谴责和批评;凡是遵从传统风俗的行为则都要受到褒奖、赞扬。社会道德舆论以及由此产生的风俗习惯作为一种外在的社会性评价力量,对人们的行为活动起着有力的约束作用和评价作用。我们应当根据社会道德舆论形成过程的规律,加强和加快先进的道德舆论建设,使它发挥出积极的道德心理作用,推进先进舆论的形成,抑制和瓦解消极的舆论。

在民主文明的社会里,公共舆论要接受法律和政治的监督。"立法应当指导社会舆论,如果舆论不公正,不符合理性或社会利益,就别让舆论凌驾于法律之上。舆论正确合理,就会是公道的。它惩邪恶,奖善良,尊敬一切为公益出力的人,但判断舆论是否正确仍然是法律的本分,这样做就能有力地鼓励公民遵从道德,防止邪恶。"①舆论的性质不同,对行为的作用也不同。公众舆论的正确性,往往取决于其正当性。舆论的组织、发挥和传播,必须建立在合法的基础上,这样才能充分反映民情民意,体现社会公平和公正原则,免除消极舆论的不良影响,发挥舆论对行为的引导和规范作用。在价值多样化时代,弘扬社会正气,倡导社会正义,必须坚持团结稳定鼓劲、正面宣传为主的基本方针。对真善美的东西,对有利于人民团结、社会稳定的思想和行为应坚决支持,大力弘扬;对假丑恶的东西,对一些落后的、保守的、不利于和谐社会建设的思想和行为,对那些毒害人们心灵的精神垃圾和社会丑恶现象,则应毫不留情地予以解剖和鞭挞,从而使社会舆论能够真正成为维护社会安定的巨大力量。

———————————

① ［法］霍尔巴赫:《自然政治论》,陈太先、眭茂译,商务印书馆1994年版,第291页。

一般而言,公共舆论对行为具有鼓励或抑制作用。通过公众舆论的客观影响力,人们可以加强计划、指令和道德规范的宣传,通过舆论的相互传递,形成一致的意见,获得统一的意志和行动;谴责背离社会规则的行为,有效抑制各种越轨行为,或者促使其改变越轨心理,以正确的心态面对生活,做他们思想和行为的向导。我国传统社会的舆论,尤其是民间的小道消息,往往缺乏法律约束,人们习惯于对一些事情捕风捉影,添油加醋,自发性和随意性很大,影响着舆论本身的公平和公正,对人们的思维和行为产生误导作用。舆论对应不同层次的价值观,因此如何有效引导个人或组织的舆论,使之向主导型舆论靠近,并与主导型舆论的目标取向取得一致,保证舆论的坚定正确的政治方向,就显得尤为重要。

二、公共舆论的道德监督功能

社会舆论监督的扬善抑恶功能,对于有效促进人们进行公民道德行为教育,引发人们对自身公德素质的思考,努力改变不道德现象存在,塑造良好的道德行为有着十分重要的作用。对此,法国思想家卢梭曾给予了充分的肯定。在他看来,社会舆论是正规法律以外的法律,"既不是铭刻在大理石上,也不是铭刻在铜表上,而是铭刻在公民的内心里;它形成了国家的真正宪法;它每天都在获得新的力量;当其他的法律衰老或消亡的时候,它可以复活那些法律或代替那些法律,它可保持一个民族的创新精神,而且可以不知不觉在以习惯的力量代替权威的力量"①。由此可见,有效的舆论监督是转化旁观者的重要方法,是纠正不良道德行为的有力武器。尽管我们建议将见义勇为制度化,但旁观者现象本质上是道德问题,转化旁观者最终还是需要通过道德途径来解决,诉诸法律的手段只能作为一种重要的辅助手段。这不仅仅因为旁观者行为的法律责任往往难以有效地界定,更因为一个社会的和谐主要在于心灵的和谐。如果把见义勇为完全划入法律范畴,用强制力让人们去"勇为",这不仅侵犯了

---

① [法]卢梭:《社会契约论》,何兆武译,北京:商务印书馆2003年版,第70页。

公民的合法权益,还会使法律的尊严受到损害。事实上,见义勇为行为之所以可贵,就在于一个"勇"字,"勇"是发自内心的,任何外在力量都不可能真正使人"勇为"。一个国家的公民如果都能自觉地形成这样的美德,则人们的精神面貌必将焕然一新。这正如爱尔维修所言:"如果谨慎、勇敢、仁慈这些有益于社会的美德,为大多数公民共同具有时,一个国家的内部就是幸福的,对外就是可畏的。"①

社会舆论监督的目的就在于使公民养成良好的道德,其方式通常都是针对某件事发表评论,例如,针对某个突发事件中的旁观行为,分析事件本身的性质以及可能造成的不同后果,引发公民的广泛关注和普遍思考,借此监督某些个人的不道德行为,提升和完善全社会的总体道德水平。在这种情况下,必须始终注意坚持正确的舆论导向。"历史经验反复证明,舆论导向正确与否,对于我们党的成长和壮大,对于人民政权的建立和巩固,对于人民的团结和国家的繁荣富强,具有重要作用。舆论导向正确,是党和人民之福;舆论导向错误,是党和人民之祸。"②坚持正确的舆论监督,就是充分发挥社会舆论的聚焦作用,通过比较鉴别,引导人们的认识,为无所适从者指路,为误入歧途者匡正,为坚持高尚者撑腰,使人们养成良好的符合社会主义道德规范的行为。

具体来说,社会舆论的道德监督功能可以从三个方面来进行分析:第一,"情感威逼"功能。③ 虽然舆论监督并未被赋予与法律一样的生杀予夺大权,但当个人的行为与社会道德舆论要求不一致时,人们常常能感受到自己处于孤立无援的处境,而不得不屈从于这种"情感的威逼",或者放弃自己的不"从众"行为,或者在内心对自己的行为产生怀疑。舆论监督常常以揭丑的方式出现,如果行为者本来自己就有错误,那么面对强大的攻势,其情感上必然会产生极大的震撼,从而调整自己的行为。此外,

---

① 周辅成:《西方伦理学名著选辑》下卷,北京:商务印书馆 1987 年版,第 60 页。
② 《江泽民文选》第一卷,北京:人民出版社 2006 年版,第 563—564 页。
③ 参见彭希林:《论社会道德舆论的形成与作用》,《湖南社会科学》2003 年第 2 期。

情感威逼功能还会影响到其他社会公民,真正起到以儆效尤的作用。第二,"解疑释惑"功能。人民当家做主,他们总希望多了解一些党和政府为人民办实事、办好事的情况。对于社会上见义勇为者出现的"英雄流血又留泪"现象,人们总是感到相当的困惑并给予无情的谴责。尽管现实体制中还有许多有待完善的地方,但党的政策和人民的利益具有高度的一致性。主导新闻媒体有责任解答群众关心的重大理论和实际问题,为群众解疑释惑,理顺情绪。第三,价值引导功能。舆论监督的目的之一,就是谴责生活中存在的各种不道德行为,倡导社会正义,弘扬高尚的道德精神。"舆论导向正确,人心凝聚,精神振奋;舆论导向失误,后果严重。"①舆论是人们了解世界、辨别是非、判断形势的重要依据。社会舆论对见义勇为行为的肯定、倡导和弘扬,对旁观者现象的批评、谴责,有利于在全社会形成一股正义之风,生活在这样社会道德环境中的人们,会自觉不自觉地使自己的行为符合社会发展的要求。

　　社会舆论监督功能的有效发挥离不开人们内心道德信念的有力支持,换句话说,只有针对有"良心"的社会公民,舆论的监督功能才能得以实现。社会舆论与内心信念有着极为显著的相互促进作用。社会舆论的形成,能够增强人们的内心信念,提高人们对行为善恶的评价能力,毕竟"人的自我观念部分地是由别人对待自己的方式来体现的"②。同时,内心信念的增强,道德责任感的增强,又会促进道德舆论的形成,使社会舆论发挥更大的力量。因此,重视积极社会舆论的宣传,是增强人们内心信念,激发人们的道德情感,消除道德冷漠,促进社会和谐的不可或缺的重要手段。

三、提高旁观者的道德责任感

　　见义勇为是道德崇高的表现。"崇高的道德行为是一种美,由此而

---

①　《毛泽东邓小平江泽民论思想政治工作》,北京:学习出版社 2000 年版,第 182 页。
②　单兴缘等编:《开放社会中人的行为研究》,北京:时事出版社 1993 年版,第 193 页。

产生公民的荣誉感和自豪感。"①也许这些见义勇为者并没有多高的学历,没有显赫的财富和地位,但是他们的行为却能够得到全社会的支持和普遍认同。这些充分证明,公民社会需要这种美德,也需要人们将这种美德落实到行动中。我国现实中之所以出现冷漠的旁观者,一个重要原因就是由于舆论监督的功能没有很好地与人们个体的内心信念有机地结合起来,从而导致道德责任感缺乏。有学者认为,在我国 20 世纪 50 至 60 年代,传媒机构曾推出一大批英雄人物,他们对提升人们的精神风貌,鼓舞人们的斗志起了巨大的作用。但是,一度电台充斥的是通俗歌曲,歌唱的主题是爱情、失恋、孤独、苦闷、梦幻,缠绵得难以提起人们的精神;电视中占据屏幕的多为油嘴滑舌、藐视一切的道德虚无主义者,"潇洒"的叫游戏人生;报刊愿花大量的版面免费捧星,对英雄人物和劳动模范却不感兴趣,懒得花笔墨。传媒中缺少的恰恰是血气方刚、大义凛然、见义勇为,维护社会秩序的稳定,主持社会公平和正义的志士。不歌颂社会的脊梁,社会风气中缺乏浩然正气,一个社会中的利他行为怎能不匮乏?② 当前社会旁观者的大量出现,显然与公共舆论的消极影响有着不可分割的联系。

　　值得鼓舞和欣慰的是,对见义勇为崇高精神的弘扬,越来越受到我们国家相关部门和新闻媒体的重视。近年来,全国各地都建立了许多见义勇为的机构,有自发的反扒窃组织,也有地方见义勇为基金会。他们开展各种各样的活动,鼓励和号召人们勇敢地与坏人坏事作斗争。中华见义勇为基金会就是以发扬中华民族传统美德,弘扬社会正气,倡导见义勇为,促进社会主义精神文明建设,加强社会治安综合治理为宗旨;以表彰奖励见义勇为先进分子,宣传英雄人物和英雄事迹,研讨见义勇为理论问题,推动见义勇为立法等为主要任务。2009 年 2 月 18 日,中央政治局常

---

① ［苏]苏霍姆林斯基:《公民的诞生》,黄之瑞、张佩珍等译,北京:教育科学出版社 2002 年版,第 317 页。

② 朱力:《旁观者的冷漠》,《南京大学学报》(哲学・人文・社会科学)1997 年第 2 期。

委、中央政法委书记周永康在全国政协办公厅报送的《关于我国见义勇为人员权益保障问题的调查报告》上批示："见义勇为是良好社会风气的表现，要建立鼓励表彰的长效机制。"2月19日，国务委员、公安部长孟建柱在调查报告上批示："加强对见义勇为人员权益的保障很有必要，这对倡导良好的社会风尚，维护社会的和谐稳定很有意义。"2009年5月2日，中共中央总书记、国家主席、中央军委主席胡锦涛在同中国农业大学师生代表座谈时，殷切希望同学们自觉践行社会主义荣辱观，多做关心集体、热心公益、扶贫济困、见义勇为的好事，真正尽到对国家、对社会、对人民应尽的责任和义务，以自己的行动影响和带动更多的人，为发展社会主义和谐人际关系、形成文明进步的良好社会风尚贡献一份力量。①

提高旁观者的道德责任感，应该注意舆论宣传形式的多样化。"为了实现安定团结，宣传、教育、理论、文艺部门的同志们，要从各方面来共同努力。毫无疑问，这些方面的工作搞好了，可以在保障、维护和发展安定团结的政治局面方面起非常大的作用。"②由于舆论监督并非针对某个人，而是针对某一类的社会现象，所以难以从根本触动旁观者，监督的效果也可能不尽如人意。因此，我们在弘扬见义勇为崇高精神时，就必须要动员社会各方面的力量，齐抓共管，形成社会舆论的合力。一方面各有关部门要密切配合，通过召开表彰会、先进事迹报告会等形式，大力宣传党和政府以及社会各界对见义勇为者的关心爱护，进一步增强见义勇为人员的光荣感和自豪感；另一方面各新闻宣传媒体（报刊、广播、电视和互联网等）都应该紧紧围绕建设社会主义核心价值体系的目的，重视挖掘宣传见义勇为先进人物和先进事迹，通过开设专题、专栏，通过新闻报道、言论评论、专家点评、群众讨论和公益广告等多种形式对见义勇为英雄事迹进行宣传，同时还要充分利用公共场所人流量大的优势，在城市街道社区、乡

---

① 参见中华见义勇为官方网站 http://www.cjyyw.com/zty_con.aspx?id=1132，2009年12月8日。
② 《邓小平文选》第二卷，北京：人民出版社1994年版，第255页。

村集市、车站、码头、机场等场所的显著位置设立宣传见义勇为的公益广告,让人们耳濡目染、受到熏陶,使见义勇为精神深入人心,从而鼓励和带动更多的人加入到见义勇为的行列中来。此外,对见义勇为崇高精神的宣传更应该贯穿到从幼儿园、小学、中学到大学整个国民教育体系,渗透到课堂教学、学校管理、课外活动等各个环节。特别要注意把家庭教育、学校教育、单位教育、社会教育有机结合起来,做到常抓不懈、持之以恒。

我们传统社会有"莫管闲事"的传统,总认为多一事不如少一事,对别人侵害公共利益、危害公共秩序的行为,总喜欢作为旁观者,或者假装没看见。这种做法缺乏基本的公民意识,更谈不上公共道德责任。只有进行全方位的宣传监督,才能营造出扶正祛邪、惩恶扬善的良好社会氛围,使旁观者周围的公民正确认识并实施自己的监督权利,对旁观者的行为给予谴责。对于旁观者来说,舆论监督所造成"道德压力",能够督促他们按照道德准则去行动。其实公共舆论监督的目的,不是限制言论自由,而是将言论自由导入正途,并培养人民良好舆论的习惯。按照休谟的观点,习惯要由习惯来克服。① 所以,各种舆论监督主要着眼于行为层面,监督和协助人们改变习惯方式,以新习惯去克服和改变旧习惯。人们良好道德行为的塑造,也就是要求公民在公共生活中,表现出稳定的一贯性道德品质。

提高旁观者的道德责任感,必须注意舆论宣传内容的丰富性。所谓内容的丰富性,就是说我们在进行舆论宣传时,应该注意避免把见义勇为的典范过分拔高,使其成为脱离生活实际的高大全的人物。公共舆论作为一种外在强制,最重要的就是要从情感上打动人们,促使个体增强道德责任感。而要真正实现"以情感人",就要求我们的英雄人物本身就是有血有肉的性情中人。英雄人物来源于现实生活,他们不应该也不可能只是抽象的道德符号。只有将真实的英雄呈现给社会,才能激发人们的道

① 参见[美]列奥·施特劳斯、约瑟夫·克罗波西主编:《政治哲学史》(下),李天然等译,石家庄:河北人民出版社1993年版,第623页。

德情感,有效地增强人们的道德责任心。这既是一种对英雄负责任的态度,也是一种对广大人民群众负责任的态度。同时,没有对责任的自觉意识,人的道德情感也无法拥有长久的生命力。韦伯曾说过:"能够深深打动人心的,是一个成熟的人(无论年龄大小),他意识到了自己行为后果的责任,真正发自内心地感受着这一责任。然后他遵照责任伦理采取行动,在做到一定的时候,他说:'这就是我的立场,我只能如此。'这才是真正符合人性的、令人感动的表现。我们每一个人,只要精神尚未死亡,就必须明白,我们都有可能在某时某刻走到这样一个位置上。"①在当代,随着全球化的不断发展,各种各样的自然和社会风险也在不断加剧。人们既不能逃避自己的责任,也不能将自己的责任转嫁给他人,而是要树立明确的责任意识和责任感,培养个人高度负责的精神。充满情感性的公共舆论无疑能增进人们对责任的理解,达到对人类责任的共识。

提高旁观者的道德责任感,应该充分利用电子媒介和网络这种先进的传媒方式。2010 年 1 月 15 日,中国互联网络信息中心(CNNIC)在京发布了《第 25 次中国互联网络发展状况统计报告》。该报告的数据显示,截至 2009 年 12 月,我国网民规模已达 3.84 亿,互联网普及率进一步提升,达到 28.9%。我国手机网民一年增加 1.2 亿,手机上网已成为我国互联网用户的新增长点。互联网络等以图文并茂、形声俱佳的方式,冲破地域、时间、民族、文化水平的限制,潜移默化地影响着人们的道德水平。按照鲍曼的理解,由于"电子城市"(telecity)的发展,观看饥荒、无家可归、大规模的死亡和完全的绝望这些画面,使得电视迷的体验与冷漠的反应之间有着显著的亲密关系。② 江泽民也明确指出:"互联网是开放的,信息庞杂多样,既有大量进步、健康、有益的信息,也有不少反动、迷信、黄色的内容。""互联网已经成为思想政治工作的一个新的阵地,国内

---

① [德]马克斯·韦伯:《学术与政治》,冯克利译,上海:三联书店 1998 年版,第195 页。

② 参见[英]齐格蒙特·鲍曼:《被围困的社会》,郇建立译,南京:江苏人民出版社2005 年版,第 223—224 页。

外的敌对势力正竭力利用它同我们党和政府争夺群众、争夺青年。"①虽然说电子媒介和网络给社会大众道德素质的提高带来了巨大冲击,但我们同样可以充分发挥其优势,牢牢把握网络思想政治教育的主动权,借助网络舆论进行道德监督,提升公民道德教育的实效性。达尔文曾经说过,人的智力越进步,经验和理性越增长,人们就越能意识到自己行为的后果,就越能正确评价别人的行为,正确对待社会舆论的称赞或谴责。因此,社会舆论制约着行为的方向和路线。在一定的社会舆论下,人们就会向着一定的方向、遵从一定的路线去行动,因而人们在一定道德观念的支配下,就能将道德化为一种强制的力量,使自己能够作出自我牺牲,撇开自己的快乐而使他人快乐与幸福。达尔文曾经指出,道德行为在舆论中产生,舆论是道德力量得以实现的重要手段,从而指明了道德评价对行为的意义。② 可以说,网络舆论监督因其信息的及时性、快捷性、超链接性而对公民良好道德素质的养成发挥着其他社会舆论所不可替代的作用。与此同时,我们还可以利用网络自身向社会大众揭示电子媒介的娱乐本性和对苦难的过度兴趣,暴露网络空间中身体隐退的道德后果,包括伦常的松懈、人际的粗鲁、义务的淡漠、责任的飘零等等,以此在一定程度上缓解、抵御因信息技术所导致的道德冷漠。我们只有主动利用互联网的优势,积极培育媒介与网络批判意识,严防各种有害信息在网上传播,才能真正促进公民的自主意识和公共责任感,达到清除毒瘤、弘扬正气的目的。

第四节　加强道德制度建设和行为调控

一、制度与道德制度建设

所谓制度就是通过权利与义务来规范主体行为和调整主体间关系行

---

① 《江泽民论有中国特色社会主义(专题摘编)》,北京:中央文献出版社 2002 年版,第 413 页。

② 参见宋希仁主编:《西方伦理思想史》,北京:中国人民大学出版社 2004 版,第 401 页。

为的规则体系。① 在我国古代,制度是指人们的行为规矩和章法。如《汉书》曰:"节以制度不伤财,不害民",《后汉书》云:"汉家自有制度,本以霸王道杂之。"制度是被制定出来的规则、程序和道德规范,约束追求效用最大化的个人行为。制度是普遍的集体理性,正当合理的制度安排有助于消除个人行为对公共利益的侵害,维护社会正常的秩序,引导公民回归理性选择。制度可以改变行为预期,使行为具有最大的可预见性。由此,制度的基本功能是调控人的行为。"制度好可以使坏人无法任意横行,制度不好可以使好人无法充分做好事,甚至会走向反面。"②鉴于目前我国公共道德存在的诸多问题,见义勇为的制度化进程正在加快。它对某些见死不救行为是一种遏制,对舍己为人的行为是一种倡导。所以,见义勇为的制度化是社会理性化的要求,也是目前遏制旁观者行为,进而达到建设和谐社会的有效途径。

日常生活中,由于受诸多因素的影响,个人的道德意志总是有限的。即使是一个意志力较强的人,有时也难免抵御不住各种利益的诱惑,或者说也有意志薄弱而见义不为的时候。因此,越来越多的学者认为,人们的道德行为不仅需要自律,同时也需要他律,也就是将一些基本的道德规范以规则的形式明确下来。在旁观者现象这件事上,便是将见义勇为行为制度化,对见死不救行为给予一定的谴责乃至处罚,对见义勇为的行为给予一定的奖赏或鼓励。道德制度建设的主要目的,就是通过约束和调节不同的个性行为,实现对公共规则的认同和遵守,培养人们的集体行为和集体心理。道德制度即伦理制度,也就是为了社会的稳定与协调而制定的明确的道德原则和规范,以引导和调节人的行为。制度化就是道德行为具体化,明确分析行为发生的境域,采取细则化措施分析并加以解决。就具体目标来看,制度最初就是与道德相关联的,包含对道德目标的具体

---

① 参见施惠玲:《制度伦理研究论纲》,北京:北京师范大学出版社 2003 年版,第10 页。

② 《邓小平文选》第二卷,北京:人民出版社 1994 年版,第 333 页。

要求。"制度存在的目的——培养公民美德"①,道德与制度本身是相辅相成的关系。制度的奥秘就在于制度的精神重于形式,只有当制度的确立获得普适化的道德内涵时,人们才可能在实际的社会化生存中道德地生活。罗尔斯说:"一个人的职责和义务预先假定了一种对制度的道德观,因此,在对个人的要求能够提出之前,必须确定正义制度的内容。这就是说,在大多数情况里,有关职责和义务的原则在制度的原则确定之后再确定。"②同时,制度的刚性又有利于促进人们良好品行的养成,规范人们的行为,维系道德的向度。在一个制度合理的社会里,即使某些个体的行为不道德,它对社会的危害也会受到抑制。所以见义勇为行为的制度化,就是将它纳入道德制度中,通过建立各种保障机制和制裁措施,为见义勇为行为提供合理与合法的前提,从而保证见义勇为的有效实施。

此外,由于本书研究的旁观者现象并非单纯的人对人的救助,也包括广义上的人对自然生命的关注和重视,因而本书将深化以往人们对见义勇为的认识。只有人际之间的互助,而缺少了人类对自然界的关爱,人类生存的自然基础就可能受到威胁,也就无法实现人类与大自然的和谐生存,同样也不能实现社会和谐的理想。正如恩格斯所说:"我们连同我们的肉、血和头脑都是属于自然界和存在于自然之中的;我们对自然界的全部统治力量,就在于我们比其他一切生物强,能够正确认识和运用自然规律。"③自然界与人类社会的高度相关性,决定我们必须像关心自身的健康那样,关心和爱护周围的大自然,寻求与自然界和谐相处之道。所以,在关于见义勇为的制度化保障措施中,也应当包括在关爱大自然中的见义勇为者,如果他们因此受到犯罪分子的伤害,也同样能够得到相应的经济保障,这些保障措施也应当纳入条例,成为人们共同遵守的基本行为准则,从而引导人们关心大自然,关心与呵护地球上的生命体。

---

① 参见[美]列奥·施特劳斯、约瑟夫·克罗波西主编:《政治哲学史》(上),李天然等译,石家庄:河北人民出版社 1993 年版,第 176 页。

② [美]罗尔斯:《正义论》,北京:中国社会科学出版社 1988 年版,第 105 页。

③ 《马克思恩格斯选集》第 4 卷,北京:人民出版社 1995 年版,第 384 页。

对于各种破坏自然、污染生态环境的行为，实施见义勇为，进行坚决斗争，是人类义不容辞的使命和责任。这是当代生态伦理的强烈呼声，反映了社会进步的某种道德要求，反映了人们对于创建和谐社会生活的价值共识。

二、道德行为调控与制度保障

加强道德行为调控与制度保障，目的是克服个人偏好行为的局限，引导旁观者行为合乎道德要求。不过应当承认，与旁观者的随意性行为相比，人们行为选择中的理性注定要占上风。遵守规则是理性对公民的要求。在公共生活中，为了规范千差万别的个体行为，避免更多的旁观者的出现，道德行为必须成为"规则化"、"制度化"行为，这本质上是社会有序发展、维护个体利益的内在要求。一旦规则被破坏，公共秩序就会走向混乱，每个人的利益都将受到损失。公民社会注重个人权利，尊重个人的正当利益和追求，但是，个人权利的来源是公共利益。个人权利唯有在公共生活中才能成长，对公共尽义务是获得权利的前提。"因为我们所作所为确实影响着他人，我们依靠日益增长的技术力量的所作所为对人们并且比以前更多的人具有更强烈的影响——我们行为的伦理意义现在达到了一个空前的高度。"①因此，强调统一是公共生活的必然趋势，主动履行道德义务也应当成为旁观者的自觉理性。公民教育的目的就是向人们指明这个前提，以及协调角色冲突的方法——遵守规则是唯一行之有效的方法。合理的规则是集体理性的产物。集体理性即各种刚性的制度，它弥补个人理性之不足。道德本身是软弱无力的，必须上升到制度层面，才能发挥调节行为的作用。

有学者认为，道德作为人的自觉行为，偏偏有人（如旁观者）不遵守，或者不自觉地破坏它，原因就在于人行为本身的不完善，以及私有制和阶

---

① 齐格蒙特·鲍曼：《后现代伦理学》，张成岗译，南京：江苏人民出版社 2003 年版，第 256 页。

级的产生所导致的结果(道德本身的分化,服从阶级利益需要)。① 在实际生活中,确实有"择其不善而从之"行为,如何认识这种现象,应当结合特定的社会条件,特别是要涉及制度供给。当今社会文化发达,如果说自己不懂得某些规则显然站不住脚。在公共生活中,选择缺德行为必非认知问题,还有其他更深层的原因,这就是理性算计。有学者认为,既然大多数人在选择行为时,都要进行成本—收益的理性权衡,只有他认为收益可能高于代价时,才可能选择这种行为。那么,造成社会道德滑坡的原因,就是社会的种种制度安排使得遵从道德的成本太高,违反道德行为付出的代价太小,从而加大了人们不遵从道德的可能性。② 一段时期以来,许多人为缺少见义勇为的英雄而痛心疾首,然而很少有人去探究其背后的深层原因。无论是见义勇为,还是对道德的遵守,其实都涉及成本—收益理性权衡的问题。见义勇为者实际上是在生产着一种公共产品,这种公共产品就是坏人受到惩罚,正义得到伸张,秩序得到维护。如果最终为这种公共产品买单的只是那些见义勇为的英雄以及那些自觉地遵守道德的人们,甚至在某些时候他们付出的是生命的代价而得不到相应的肯定与回报,那么最终的结果只能是出现这样的情形:几乎每个人都愿意社会秩序处于良好的状态,但很少有人愿意为此而付出较大的代价。同时,理性算计乃是以自我为中心,把自身置于价值衡量的极端,所以,过度的理性算计本身就是不道德的,况且绝对的理性化也不可能。因此学者孙立平提出,道德重建需要两个因素:一是硬性的,即由政府和法律代表的硬性机制。对各种缺德行为进行惩罚,使其不至于带来更多非法利益,而遵守和维护道德的行为不至于付出太多代价。二是软性的,即发挥价值观念、意识形态和宗教的作用,因为他们具有超越性和神圣性。③

---

① 参见贺培育:《制度学:走向文明与理性的必然审视》,长沙:湖南人民出版社 2004 年版,第 96 页。

② 参见孙立平:《断裂——20 世纪 90 年代以来的中国社会》,北京:社会科学文献出版社 2003 年版,第 268 页。

③ 同上书,第 276 页。

规则既是对行为的限制,也是获得行为自由的唯一基础。没有规则就没有自由。无论是交通规则还是道德规范,都需要人们去遵守,在遵守中体现规则的价值。处理规则与偏好的关系,需要从两方面入手:一是个人偏好应有所收敛;二是规则制定要合乎人性。如果能够做到二者兼顾,那么规则就有可能得到较好的遵守。当前道德制度化的问题在于,传统的人情关系网不但没有被打破,反而得到了发展。人们通过各种方式和途径,想方设法为自己编织关系网,并利用这些关系网为自己谋利益。这些网络不是情感依托,而是谋取个人利益的工具。这些人际网络的存在,直接造成了社会的不公正,这是影响公共道德行为塑造的关键。正如有学者指出的,转型期社会分化和社会重组正向纵深发展,尽管社会成员的制度化意识有了明显提高,并且政府按照市场发展的要求,规范社会行为和经济行为的能力不断增强,法制化和制度化的社会理性化进程不断深入,但是广大基层社会成员在圈子社会中依赖亲缘关系和熟悉关系开展社会交往的习惯不仅并未改变,反而在市场经济中得到了进一步强化。并且,模仿、从众和沿袭传统感性行为方式仍然是广大基层群众的基本行为方式。[1] 人情它只能安顿在私人生活中,而不能涉足公共生活,否则就会影响社会公正的实现。无法冲破这些人情网络的制约,缺乏社会公正,要求人们遵守规则就是一句空话。这乃是目前道德制度化的"瓶颈"。

三、解除见义勇为者的后顾之忧

对见义勇为者提供完善的制度保障,既能解除见义勇为者自身的后顾之忧,更重要的是可以营造一种扬善抑恶的良好社会道德氛围,从而使更多的目击者(潜在的旁观者)转化为见义勇为者。当前,为有效地转化旁观者,我们在道德制度建设方面应该遵循这样的思路:第一,通过各种制度安排,使见义勇为行为得到及时的鼓励与支持,使社会的公平、正义、秩序得到有效的维护,真正达到扶持社会正气的目的。如果正气得不到

---

① 刘少杰:《社会理性化的感性制约》,《新华文摘》2005 年第 14 期。

弘扬,见义勇为者反而受到社会舆论的嘲讽,那么,道德将处于相当尴尬的境地。这正如罗尔斯所说:"作为公平的正义可以说不受存在的需要和利益的支配,它为对社会制度的评价建立了一个阿基米德支点。"①亚当·斯密也指出:"正义犹如支撑大厦的主要支柱,如果这根柱子松动的话,那么人类社会这个雄伟而巨大的建筑必然会在顷刻之间土崩瓦解。"②既然公正的价值力量如此巨大,那么任何无视见义勇为道德价值的做法都是制度所不允许的。第二,要通过制度安排使不道德的行为付出代价,真正达到谴责歪风邪气,打击邪恶势力的目的。对于旁观者的道德责任前面已有论述,此处不作详细评说。在见义勇为行为的制度建设上,我们主要还是要以鼓励和奖赏为主,惩罚主要是对造成为恶劣影响的旁观行为而设的。

对于旁观者来说,见义勇为未必不是他们想做的,但是有时候出于某种原因最终导致了没有施救。针对这一问题,有一个专门的调查:当问及给你一个见义勇为的机会,你最先考虑的是什么时,有 63.4% 的人首先考虑的是自身安全和实力,只有 18.4% 首先考虑的是"受害人的利益"。当问到在公交车上,看见小偷正在偷人钱包,你会怎么办时,只有 16% 的人则表示上前制止,有高达 65% 的人选择沉默和躲避,还有 19.7% 的人表示不知道该怎么办,有少数的人则表示本想上前制止,但怕寡不敌众,只好选择当懦夫。多么令人痛心的数据,可见当人们在旁观和见义勇为之间选择时,考虑更多的是自身的安全和实力,这也从一个侧面说明了社会保障制度的不健全。③

值得欣慰的是,改革开放以来,以政府和民间组织为主导,我国在实

①　[美]罗尔斯:《正义论》,何怀宏等译,北京:中国社会科学出版社 1988 年版,第 252 页。

②　[英]亚当·斯密:《道德情操论》,蒋自强等译,北京:商务印书馆 1988 年版,第 106 页。

③　参见贾学雁:《旁观者现象的道德思考》,河北师范大学 2009 届硕士学位论文,第 33 页。

现见义勇为的制度化方面做了大量工作。1991年,中共中央、国务院颁布《关于加强社会治安综合治理的决定》,将弘扬见义勇为精神作为发动群众参与维护社会稳定、维护社会治安的重要措施。从1991年到2004年,全国有35个省市制定了自己的见义勇为表彰条例和规定。山东青岛开先例,首先制定了《青岛市表彰见义勇为公民的规定》,1997年修改为《青岛市表彰与保护见义勇为公民条例》;辽宁在1991年颁布《辽宁省奖励和保护维护社会治安见义勇为人员实施办法》,1994年制定了《辽宁省奖励维护社会治安见义勇为人员暂行办法》;甘肃在1992年颁布了《表彰奖励维护社会治安见义勇为积极分子的规定》;贵州在1994年颁布《维护社会治安见义勇为公民表彰奖励规定》。此外,河南、江苏、重庆、江西、深圳、太原、宁夏、浙江、湖北、四川等相继制定了有关奖励见义勇为人员的各种规定。对各种见义勇为行为,也有各种地方性法规、行政法规进行鼓励。如2003年4月27日国务院颁布的《工伤保险条例》,职工有下列情形之一的可视为工伤,如在抢险救灾等维护国家利益、公共利益时受到伤害的。这些措施的具体落实,为见义勇为者提供了各种保障,消除了后顾之忧。这些都体现着社会的进步。

波兰一位作家曾经这样讲过:"如果美德得不到应有的奖励,人间的罪恶就会横行无忌,而受不到应有的惩罚。"①历史唯物主义认为,"思想一旦离开'利益',就一定会使自己出丑。"②尽管见义勇为者在行动的时候,在自己的意识里可能会暂时抛开利益的干涉,但这恰恰体现的是道德主体对社会利益与个体利益关系长期理性思考的结果。见义勇为者可能维护的仅仅是当事人个人的利益,但从社会整体来看,他实质上是对社会整体利益的维护。因此,国家就有义务和责任保障见义勇为者在自身利益作出重大牺牲后,本人及其家人仍能维持正常生活,不致陷入种种生活

---

① 转引自唐凯麟、龙兴海:《个体道德论》,北京:中国青年出版社1993年版,第221页。

② 《马克思恩格斯全集》第2卷,北京:人民出版社1957年版,第103页。

的困境。这既是对见义勇为者的安抚,也是对见义勇为美德的弘扬。事实上,我们国家已经在践行着对见义勇为者的奖励及保障。如《云南省奖励和保护见义勇为公民条例》第 15 条规定:"因见义勇为牺牲的公民符合《革命烈士褒扬条例》规定条件的,批准为革命烈士,其家属享受烈士待遇;不符合革命烈士条件的以及负伤致残的公民,属于国家机关、社会团体和企业事业单位职工的,其抚恤、工资、福利待遇按照因公(工)伤亡人员的规定办理;无固定收入的农民、城关居民和学生等公民,由民政部门参照国家对因战伤亡的民兵民工抚恤的规定办理。"北京市开设了见义勇为负伤人员救治绿色通道,制定北京市见义勇为荣誉人员高考录取优惠政策。有些地方还为见义勇为者提供养老保险或者优先安排工作等。青岛市制定了《关于见义勇为抚恤专项资金管理和使用暂行办法》,设立见义勇为抚恤金,主要用于本市抚恤、慰问见义勇为人员,对生活困难的见义勇为伤残者和牺牲者家属提供资助,给伤残人员康复医疗提供经济补助。据《法制日报》报道,四川成都市第一骨科医院和成都市见义勇为基金会正式签订协议,《关于减免见义勇为者救治医疗费用的协议》,成为"见义勇为基金特约医院"。上海市综合办与中国人寿上海市分公司签订的见义勇为人身意外伤害保险,5 年来,先后受理 50 余人次的保险理赔,理赔金额达 100 多万元。[①] 这些对见义勇为者的奖励、补偿、劳动保护、医疗救助、人身安全保护和社会优抚,能大大降低人们对实施见义勇为安全感的顾虑,对弘扬社会正气,维护社会秩序的稳定,促进社会和谐发挥着不可估量的作用。

对见义勇为行为提供一定的物质补偿或奖励,并不是把等价交换的原则引入道德领域,也不意味着否定个人对其生活的责任。见义勇为行为存在的基础是个人、集体、社会三者利益的统一。从见义勇为者本身的行为来看,他已经维护了社会的整体利益。也就是说,他已经清醒地认识

---

　　① 参见刘福言:《上海国寿为见义勇为者提供保险》,《中国保险报》2005 年 9 月 16 日。

到,没有社会整体利益,就不可能有自己个人利益的保障。因此,当国家、社会需要的时候,他能够及时挺身而出,宁可牺牲个人利益也要保全社会整体利益。反过来说,国家、社会也就有责任把个人利益与社会利益高度地结合起来,建立相应的机制和措施来保障行为者的个人利益,使每一个社会成员都确信自己的个人利益与他捍卫、维护的社会公共利益是统一的。我们只有真正做到了个人利益和社会利益的高度的、全面的统一,见义勇为行为才可能真正化为群众性的实际行为。当然,从另外一个角度上来说,这种救助的范围还是有限的。它并不是用金钱来购买生活中的高尚精神,更何况人们的道义精神也是无价的。见义勇为的物质补偿,主要以那些陷入了个人能力所不能克服的困境中的人为救助对象。它本质上不过是对个人主体性在特殊前提下的一种制度性扶持和充实,以对个人主体性的尊重、保护和开发为根本前提。同时,对见义勇为者提供物质上的保障,并不是认为利益保障是转化旁观者的灵丹妙药,它并没有否认转化旁观者其他手段的重要性。只有把加强教育、提高修养、强化舆论、提供制度保障等多种措施有机地结合起来,才能够使旁观者在认知、情感等方面以顽强的意志克服自己的不足,增强对自己国家和民族的认同感和责任感,勇于承担社会道德义务,使自己的行为符合他人和社会利益的需要。

结束语　走向互助和谐的道德生活

　　人类社会是不断发展的历史过程。建立平等、互助、友爱、协调的理想社会,是人类孜孜以求的美好理想。党的十六届四中全会通过的《中共中央关于加强党的执政能力建设的决定》,首次完整提出了"构建社会主义和谐社会"思想。这是我们党坚持中国特色社会主义道路,用发展着的马克思主义指导新的实践的重要成果,是中国共产党执政理念的重要升华。我国所要建设的和谐社会,是民主法治、公平正义、诚信友爱、充满活力、安定有序、人与自然和谐相处的社会。这些对和谐社会的诸多规定,蕴涵着最基本、最重要的道德要求。其中,民主法治、公平正义、诚信友爱、人与自然和谐相处等,就是这些道德要求的集中体现。所谓民主法治就是社会主义民主得到发扬,依法治国基本方略得到落实,各方面的积极因素得到调动。公平正义就是社会各方面的利益关系得到妥善协调,人民内部矛盾和其他矛盾得到正确处理,社会公平和正义得到切实维护和实现。诚信友爱就是全社会互帮互助、诚实守信,全体人民平等友爱、融洽相处。人与自然和谐相处就是生产发展,生活富裕,生态环境良好等。人类是世界的一个组成部分,是宇宙运动的主体之一。在社会生活中,每个人只是社会生活的一分子,社会生活的质量、人在社会中价值的实现,既取决于人际之间的和谐和人与社会环境的和谐,同时也取决于人与自然的和谐。而只有实现这几对关系的和谐统一,才能构成一个和谐的人生、一个和谐的社会、一个和谐的世界。

我国当代提出的构建和谐社会的目标,有着丰富的传统文化底蕴。追求和谐是中国文化的基本精神。如《论语》曰:"礼之用,和为贵",认为礼制的主要用处,就是维持社会各方面的和谐有序。"君子和而不同,小人同而不和",所谓"和",即和谐、和睦、融合、平和等。按照矛盾法则解释,"和"的基本含义就是各个对立面之间相互配合、统一而达到的平衡状态。子思在《中庸》中指出:"中也者,天下之大本也。和也者,天下之达道也。致中和,天地位焉,万物育焉。""中和"是天下万物存在的根据,也是万物普遍规律的体现。和谐是宇宙万物生存和发展的基础,也是做人的基本准则和目标。《易传》提出"太和"的观念,丰富了关于和谐的思想。北宋思想家张载在《正蒙》中进一步认为:"太和所谓道,中涵浮沉、升降、动静相感之性,是生氤氲相荡胜负屈伸之始。"这里的"太和"就是道,最高的理想和追求,最佳的整体和谐状态。如果从数千年的角度纵向观察人们对社会理想的追求,无论是陶渊明的"世外桃源"、洪秀全的"太平天国"、康有为的"大同社会",还是孙中山先生所倡导的"天下为公",都深深体现出对"社会和谐"理想的渴望。

西方也有许多关于和谐的理想和实践。早在古希腊时期,毕达格拉斯学派哲学家尼柯马赫在其《数学》中就提出:"美是和谐的比例"。柏拉图在《理想国》中提出,理想国中各个阶层的人应该如同人的灵魂的各部分器官,各司其职、协调和谐。19世纪空想社会主义大家傅立叶曾天才般地预言,不合理、不公正的现存制度和现存社会,终将被新的和谐制度、和谐社会所取代。魏特林则直接把资本主义社会称为"病态社会",把社会主义社会称为"和谐与自由的社会",并且指出,新社会的"和谐"不是"个人的和谐",而是"全体的和谐"。在此基础上,马克思把共产主义定义为"人和自然之间、人和人之间的矛盾的真正解决",恩格斯也把共产主义称为"人类同自然的和解以及人类自身的和解"。①

---

① 参见傅治平:《和谐社会导论》,北京:人民出版社 2005 年版,第 7 页。

由此可见,构建社会主义和谐社会,既有着深刻的思想史根源,也符合人类发展的"共同旨趣"。透过古今中外的和谐理念以及和谐社会实践,我们可以看出,和谐社会既是社会发展的一种理想目标,也是社会发展的一种价值取向,它更是一种渗透着道德精神的具有生机和活力的社会。因为道德以追求人与人、人与自然之间的和谐,以创建和谐融洽的社会关系为使命。只有以和谐、均衡、公正为本,才能和乐人民,实现人与自然之间的和谐相处,实现国家的强盛和人民的幸福。从这个意义上来说,和谐社会不仅需要道德的支撑,它本身就是一种道德化的社会。

"和谐"是一种至高的"善"。天、地、人三才的融通就是最大的和谐,即所谓"天地人和"。实现社会和谐的最本质要求就在于个体内心对他人、社会以及自然的正义感和友爱之心。正义是一个开放式的命题,历来是一个内涵丰富的范畴。早在古希腊时期,亚里士多德就从伦理学和政治学两个角度探讨个人正义和城邦正义。在亚里士多德看来,对于个人而言,正义是人的一种内在能力和尚善的伦理美德,"正义即公平的精神",人与人之间"存在相互的善意,这才是合乎正义(合法)"①。而对于国家来说,正义就是政治正义,是以善为目的治理原则。亚里士多德说:"城邦以正义为原则。由正义衍生的礼法,可凭此判断是非曲直,正义恰是树立社会秩序的基础。"②从当代社会对正义的理解来看,人们也常常把公平和正义放在一起加以讨论。我们认为,公平主要表达的是人们对人与人之间经济利益关系合理性的认同。而正义从伦理学的意义来说,它就是一种"至善",是人之所以为人的真正之义。学者贾华强在《构建社会主义和谐社会》中指出,所谓"社会公平",就是在平等的规则下,人人享有同等的机会和权利,以达到资源分配上的公平。所谓正义,一般是指一个社会要有是非标准,扶持社会正气,谴责歪风邪气,打击邪恶势力。③ 之所以把

① [古希腊]亚里士多德:《政治学》,北京:商务印书馆 1965 版,第 16 页。
② 同上书,第 9 页。
③ 参见贾华强等:《构建社会主义和谐社会》,北京:中国发展出版社 2005 年版,第 112 页。

公平和正义相提并论,是因为公平与正义相辅相成。正义是公平的基础,没有正义的公平必定沦落为平均主义,必定酿成善恶不分、荣辱不辨的社会局面;而没有公平的正义,是难以为继的正义。马克思认为,人们奋斗所争取的一切,都同他们的利益有关。作为道德命令,正义是无条件的。然而,作为利益交换的规则,正义的实现又是有条件的。"有条件"的意思就是说,如果社会上的非正义行为没有得到有效的制止或制裁,那么具有正义愿望的人可能就会在不同程度上仿效这种行为,从而造成非正义行为的泛滥。正因为"非正义局面的易循环性",就迫切"需要有约定和法律来把权利与义务结合在一起,并使正义能符合于它的目的"①。也正是在这个意义上,温家宝总理明确提出:要让正义成为社会主义国家制度的首要价值,公平和正义比太阳更有光辉。

社会主义和谐社会应该是一个相互关爱的社会,只有人与人之间真正实现相互友爱,实现心的交融、爱的交汇,才可能有真正的人际和谐。爱,是一种生命力,一种原始的生命力。对此罗洛·梅予以高度肯定,他指出:"在正常情况下,原始生命力是一种向对方拓展,依靠性来增强生命,投入创造和文明的内在动力。它是一种喜悦和狂欢,是一种单纯的保证,即知道自己能够影响他人,塑造他人,能够行使一种有意义的权利,它是一种确证我们自身价值的方式。"②"友爱"是人类思想史上极富活力的话题,同时也是现代人际关系的一种理想状态。"友爱"中的"友",原指的是兄弟相敬爱,"善兄弟为友"。"爱"是人类情感中最本质、最核心的内容。"人无仁义,无异于禽兽",这里讲的仁义指的就是"爱",就是人与人之间的关怀、宽容之心。兄弟相敬爱的"爱",在早期一般不用于陌生人。友爱不等于友善,友善主要强调的是一种态度,而友爱还包括友善的情感,它具有构成一种深情的关系即友谊的潜力。由于社会交往的扩大和市场经济的发展,我们今天所说的"友爱"主要是指"全体人民平等

---

① [法]卢梭:《社会契约论》,商务印书馆1980年版,第49页。
② [美]罗洛·梅:《爱与意志》,北京:国际文化出版公司1987年版,第154—155页。

友爱、融洽相处"，它不仅指执政者者对民众的"仁爱"，更着重强调建立在"人本身是最高价值"基础上的平等主体之间的相互关爱。这种友爱的前提是承认人都是平等的，有平等对待的权利。对于整个社会来说，需要一种普遍的、基本的、彼此友善相待的态度和情感，这种友爱使非亲非故者也能得到社会的关心和善待。作为一种对待他人的社会道德要求，友爱意味着一视同仁地尊重人、对待人，真心实意地关心人、同情人和帮助人。实现社会和谐的关键在于每个人社会角色的良好表现。在社会上，每个人既是服务者，同时又是被服务者；既是文明的创造者，同时又是文明的受惠者。因此，和谐社会所倡导的价值取向应该是"我爱人人，人人爱我"。一个缺乏爱的社会是没有前途的社会，一个缺乏爱心的人孤独的、与社会分离的人，归根到底是没有前途的人。我们要让未来社会充满生命的活力，让未来社会变得和谐美好，就要在人心、在社会、在整个世界，大力倡导超越功利和私欲的友爱精神，响亮地奏起爱的和弦。

胡锦涛明确地把人与自然和谐相处作为和谐社会的一个重要特征提了出来，这是对人类生存和发展提出的一种前瞻性和预警性的要求，展示了一种人与自然关系的全新理念。"自然界，就它不是人的身体而言，是人的无机的身体。人靠自然界生活，这就是说，自然界自身是人为了不致死亡而必须与之处于持续不断地交互作用过程的、人的身体。"①"我们连同我们的肉、血和头脑都是属于自然界和存在于自然之中的。"②也就是说，人与自然的关系应当是一种生命维系的关系，自然不存，人将焉附？然而，自从第一次工业革命以来，人类过分强调以自己为中心，片面追求工业经济的高速增长，造成了环境污染、生态破坏和资源能源危机等严重后果。就世界范围来看，生态环境已经成为威胁人类生存的重大问题。人类与自然环境的尖锐对立，最终受到惩罚的还是人类自己。对此，经典作家们曾明确地警告我们："我们不要过分陶醉于我们对自然界的胜利。

---

① 《马克思恩格斯选集》第1卷，北京：人民出版社1995年版，第45页。
② 《马克思恩格斯选集》第4卷，北京：人民出版社1995年版，第384页。

对于每一次这样的胜利,自然界都报复了我们。"①为了实现人类的可持续发展,必须改变传统的发展模式,代之以科学的发展观。这就要求我们将人类道德关怀的范围由人类自身扩展到对自然的关爱,不仅要爱人,而且要由己及物,像人类相互自爱一样爱护大自然。对自然之爱的力量越大,人和万物结合得就越紧密,万物就越有生气。"凡是有助于维护生物群落的完整性、稳定性的行为,就应当是正当的、善良的、美好的。"②一种伦理理论如果不包括人影响自然的行为规范,不确认人和生态是一个特别亲密、生死攸关的关系,就不能算是完善的伦理理论。培养对同类以及他类的爱心,不仅可以协调人与人因物质利益而变得紧张的关系,而且可以协调人与自然之间的紧张关系,使人与人、人与社会、人与自然重新恢复和谐。反过来,人们对社会和谐的认识,又在更高层次引导人与自然和谐关系的创立。这正是未来美好社会赋予我们的重大使命。

促进社会全方位的和谐生活的建立,既是人类崇高的社会理想,也是我们正在进行的伟大的社会主义实践。要构建社会主义和谐社会,就必须在全社会大力倡导团结互助、扶贫济困的风尚,形成平等友爱、融洽和谐的人际环境;就必须大力弘扬一方有难、八方支援的优良传统,大力表彰见义勇为精神,拒斥各种见死不救、见义不为的旁观行为。在我们社会的正义感和友爱之心相对缺乏的今天,认真研究旁观者存在的原因及其根源,为转化旁观者提供理论依据,实现他们个体道德素质的提升,进而从旁观者转化为参与者,最终成为勇为者,敢于并善于同各种不良道德现象作斗争。在此基础上,弘扬见义勇为的高尚美德,不仅有助于培育广大民众的道德信仰,引导他们对人生"至善"境界的追求,而且有助于巩固和发展团结互助、平等友爱、共同前进的社会主义人际关系,有助于形成文明、健康、崇尚科学的社会风尚,有助于建立一种新型的人与自然之间的平等关系,实现人与自然之间的和睦相处。和谐社会拒绝冷漠,而旁观

① 《马克思恩格斯选集》第 4 卷,北京:人民出版社 1995 年版,第 383 页。
② 转引自傅治平:《和谐社会导论》,北京:人民出版社 2005 年版,第 120 页。

行为正是对社会正义感和"仁者爱人"本质的公开亵渎和挑战,是人们道德冷漠的集中体现。面对每个人都可能遭遇的痛苦、灾难和危机,当务之急是拯救冷漠的灵魂,只有常怀悲天悯人之心来善待受难者,让见义勇为、扶危济困的行为内化为人的道德自觉,我们才是一个令人尊敬的仁者,才是一个有爱心的健康人。当全社会每个人都有一颗爱人爱物之心的时候,一个和谐的社会就会以迷人的色彩出现在每个人的面前。

参 考 文 献

一

1.《马克思恩格斯全集》第 1 卷,北京:人民出版社 1995 年版。

2.《马克思恩格斯全集》第 2 卷,北京:人民出版社 2005 年版。

3.《马克思恩格斯全集》第 3 卷,北京:人民出版社 2002 年版。

4.《马克思恩格斯全集》第 3 卷,北京:人民出版社 1960 年版。

5.《马克思恩格斯全集》第 11 卷,北京:人民出版社 1995 年版。

6.《马克思恩格斯全集》第 42 卷,北京:人民出版社 1979 年版。

7.《马克思恩格斯选集》第 1—4 卷,北京:人民出版社 1995 年版。

8.《列宁全集》第 25 卷,北京:人民出版社 1988 年版。

9.《列宁全集》第 55 卷,北京:人民出版社 1990 年版。

10.《列宁选集》第 1—4 卷,北京:人民出版社 1995 年版。

11.《毛泽东选集》第一——四卷,北京:人民出版社 1991 年版。

12.《刘少奇选集》上卷,北京:人民出版社 1981 年版。

13.《邓小平文选》第一——三卷,北京:人民出版社 1994、1993 年版。

14.《江泽民文选》第一——三卷,北京:人民出版社 2006 年版。

15.《毛泽东邓小平江泽民论社会主义道德建设》,北京:学习出版社

2001 年版。

16.《江泽民论有中国特色社会主义（专题摘编）》，北京：中央文献出版 2002 年版。

17.《梁启超全集》第 1 册，北京：北京出版社 1999 年版。

18.《鲁迅全集》第 1 卷，北京：人民文学出版社 1981 年版。

19.《鲁迅全集》第 2 卷，北京：人民文学出版社 1981 年版。

20. 林语堂：《吾国与吾民》，黄嘉德译，西安：陕西师范大学出版社 2003 年版。

21. 秦弓：《中国人的德行》，北京：华龄出版社 1997 年版。

22. 杨国枢：《现代社会的心理问题》，台北：台湾巨流图书公司 1986 年版。

23. 李亦园、杨国枢主编：《中国人的性格》，南京：江苏教育出版社 2006 年版。

24. 苗力田主编：《亚里士多德全集》第 8 卷，北京：中国人民大学出版社，1994 年版。

25. 苗力田主编：《古希腊哲学》，北京：中国人民大学出版社 1989 年版。

26. 张岱年：《中国伦理思想研究》，南京：江苏教育出版社 2005 年版。

27. 周辅成主编：《西方伦理学名著选辑》上卷，北京：商务印书馆 1964 年版。

28. 周辅成主编：《西方伦理学名著选辑》下卷，北京：商务印书馆 1987 年版。

29. 周辅成主编：《西方著名伦理学家评传》，上海：上海人民出版社 1987 年版。

30. 罗国杰主编：《伦理学》，北京：人民出版社 1989 年版。

31. 罗国杰主编：《中国革命道德·规范卷》，北京：中共中央党校出版社 1999 年版。

32. 罗国杰、马博宣、余进编著：《伦理学教程》，北京：中国人民大学出版社 1986 年版。

33. 罗国杰、宋希仁编著：《西方伦理思想史》，北京：中国人民大学出版社 1985 年版。

34. 宋希仁主编：《西方伦理思想史》，北京：中国人民大学出版社 2004 年版。

35. 魏英敏主编：《新伦理学教程》，北京：北京大学出版社 1993 年版。

36. 唐凯麟等：《伦理大思路——当代中国道德和伦理学发展的理论审视》，长沙：湖南人民出版社 2001 年版。

37. 唐凯麟主编：《伦理学》，北京：高等教育出版社 2001 年版。

38. 唐凯麟、龙兴海：《个体道德论》，北京：中国青年出版社 1993 年版。

39. 贺麟：《文化与人生》，北京：商务印书馆 1988 年版。

40. 吴潜涛：《日本伦理与日本现代化》，北京：中国人民大学出版社 1994 年版。

41. 吴潜涛：《伦理学与思想政治教育》，郑州：河南人民出版社 2003 年版。

42. 吴潜涛等：《现代思想政治教育学》，北京：人民出版社 2001 年版。

43. 吴潜涛主编：《思想理论教育热点问题》，北京：高等教育出版社 2006 年版。

44. 廖申白等主编：《伦理新视点》，北京：中国社会科学出版社 1997 年版。

45. 曾钊新、李建华：《道德心理学》，长沙：中南大学出版社 2002 年版。

46. 舒雨等：《道德盲点》，呼和浩特：内蒙古人民出版社 2004 年版。

47. 叶浩生：《西方心理学的历史与体系》，北京：人民教育出版社

2005 年版。

48. 单兴缘等编:《开放社会中人的行为研究》,北京:时事出版社1993 年版。

49. 李培超:《环境伦理》,北京:作家出版社 1998 年版。

50. 王海明:《新伦理学》,北京:商务印书馆 2001 年版。

51. 王勤:《非理性的价值及其引导》,北京:中央党校出版社 2001年版。

52. 北京大学哲学系外国哲学史教研室编译:《十八世纪法国哲学》,北京:商务印书馆 1963 年版。

53. 梁漱溟:《人心与人生》,北京:学林出版社 1984 年版。

54. 李秋零主编:《康德著作全集》第 6 卷,北京:中国人民大学出版社 2007 年版。

55. 欧阳谦:《20 世纪西方人学思想导论》,北京:中国人民大学出版社 2002 年版。

56. 中国科学院哲学研究所西方哲学史组编:《存在主义哲学》,北京:商务印书馆 1963 年版。

57. 龚宝善主编:《现代伦理学》,台北:中国台湾商务印书馆 1974年版。

58. 曹杰编著:《行为科学》,北京:科学技术文献出版社 1987 年版。

59. 张秀雄主编:《公民教育的理论与实施》,台北:台湾师大书苑1998 年版。

60. 瞿葆奎:《教育学文集·教育目的》,台北:人民教育出版社 1989年版。

61. 赵汀阳:《论可能生活》,北京:生活·读书·新知三联书店 1994年版。

62. 李萍:《东方伦理思想简史》,北京:中国人民大学出版社 1998年版。

63. 黄建中:《比较伦理学》,济南:山东人民出版社 1998 年版。

64. 焦国成主编:《公民道德论》,北京:人民出版社 2004 年版。

65. 施惠玲:《制度伦理研究论纲》,北京:北京师范大学出版社 2003年版。

66. 程立显:《伦理学与社会公正》,北京:北京大学出版社 2002年版。

67. 贺培育:《制度学:走向文明与理性的必然审视》,长沙:湖南人民出版社 2004 年版。

68. 孙立平:《断裂——20 世纪 90 年代以来的中国社会》,北京:社会科学文献出版社 2003 年版。

69. 孙立平:《博弈——断裂社会的利益冲突与和谐》,北京:社会科学文献出版社 2006 年版。

70. 刘军宁等编:《经济民主与经济自由》,北京:生活·读书·三联书店 1997 年版。

71. 贾华强等:《构建社会主义和谐社会》,北京:中国发展出版社2005 年版。

72. 傅治平:《和谐社会导论》,北京:人民出版社 2005 年版。

73. 许启贤编:《中国伦理学百科全书》,长春:吉林人民出版社 1993年版。

74. 熊月之编:《和谐社会论》,北京:时事出版社 2005 年版。

75. 吴弈新:《当代中国道德建设研究》,北京:中国社会科学出版社2003 年版。

76. 秦宣主编:《构建社会主义和谐社会专辑》,北京:中国人民大学出版社 2005 年版。

77. 李君如主编:《社会主义和谐社会论》,北京:人民出版社 2005年版。

78. 吴灿新:《当代中国伦理精神》,广州:广东人民出版社 2001年版。

79. 罗国杰:《以德治国论》,北京:中国人民大学出版社 2004 年版。

80. 朱贻庭:《中国传统伦理思想史》,上海:华东师范大学出版社2004 年版。

81. 马德普:《社会主义基本价值论》,北京:中央编译出版社1997年版。

82. 丰子义主编:《树立和落实科学发展观》,北京:中国人民大学出版社2005 年版。

83. [古希腊]柏拉图:《理想国》,郭斌和、张竹明译,北京:商务印书馆2003 年版。

84. [古罗马]查士丁尼:《法学总论:法学阶梯》,张企泰译,北京:商务印书馆1995 年版。

85. [古希腊]亚里士多德:《政治学》,吴寿彭译,北京:商务印书馆1998 年版。

86. [德]黑格尔:《法哲学原理》,范扬、张企泰译,北京:商务印书馆1961 年版。

87. [英]休谟:《道德原则研究》,曾晓平译,北京:商务印书馆2000年版。

88. [英]亚当·斯密:《道德情操论》,余涌译,北京:中国社会科学出版社2003 年版。

89. [荷兰]斯宾诺莎:《伦理学》,贺麟译,北京:商务印书馆1995年版。

90. [法]萨特:《存在与虚无》,北京:生活·读书·新知三联书店1987 年版。

91. [德]奥特弗利德·赫费:《作为现代化之代价的道德》,邓安庆、朱更生译,上海:上海世纪出版集团2005 年版。

92. [德]阿尔诺·格鲁恩:《同情心的丧失》,李健鸣译,北京:经济日报出版社2001 年版。

93. [美]罗伯特·路威:《文明与野蛮》,吕叔湘译,北京:生活·读书·新知三联书店2005 年版。

94. [美]列奥·施特劳斯、约瑟夫·克罗波西主编:《政治哲学史》,李天然等译,石家庄:河北人民出版社1993年版。

95. [美]弗兰克·梯利:《伦理学概论》,何意译,北京:中国人民大学出版社1987年版。

96. [德]莫里茨·石里克:《伦理学问题》,孙美堂译,北京:华夏出版社2001年版。

97. [美]弗洛姆:《人的潜能与价值》,陈钢林译,北京:华夏出版社1987年版。

98. [美]R.A.巴伦、D.伯恩:《社会心理学》(第10版)下册,黄敏儿、王飞雪等译,上海:华东师范大学出版社2004年版。

99. [美]斯蒂芬·P.罗宾斯:《组织行为学》(第10版),孙健敏、李原译,北京:中国人民大学出版社2005年版。

100. [美]埃利奥特·阿伦森:《社会性动物》,郑日昌等译,北京:新华出版社2002年版。

101. [英]费尔夫:《西方文化的终结》,丁万江、曾艳译,南京:江苏人民出版社2004年版。

102. [俄]克鲁泡特金:《互助论》,李平沤译,北京:商务印书馆1963年版。

103. [美]大卫·洛耶:《达尔文:爱的理论》,单继刚译,北京:社会科学文献出版社2004年版。

104. [美]罗伯特·赖特:《道德的动物——我们为什么如此》,陈蓉霞、曾凡林译,上海:上海科学技术出版社2002年版。

105. [英]齐格蒙特·鲍曼:《被围困的社会》,郇建立译,南京:江苏人民出版社2005年版。

106. [英]齐格蒙特·鲍曼:《后现代伦理学》,张成岗译,南京:江苏人民出版社2003年版。

107. [英]齐格蒙特·鲍曼:《生活在碎片之中——论后现代道德》,郁建兴等译,北京:学林出版社2002年版。

108. [英]齐格蒙特·鲍曼:《后现代性及其缺憾》,郇建立、李静韬译,上海:学林出版社 2002 年版。

109. [英]齐格蒙特·鲍曼:《个体化社会》,范祥涛译,上海:上海三联书店 2002 年版。

110. [美]托马斯·雅诺斯基:《公民与文明社会》,柯雄译,沈阳:辽宁教育出版社 2000 年版。

111. [德]西美尔:《金钱、性别、现代生活风格》,顾仁明译,上海:学林出版社 2002 年版。

112. [德]诺贝特·埃利亚斯:《文明的进程》,北京:生活·读书·新知三联书店 1998 年版。

113. [苏]科诺瓦洛娃:《道德与认识》,杨远、石毓彬译,北京:中国社会科学出版社 1983 年版。

114. [苏]施瓦茨曼:《现代资产阶级伦理学——幻想与现实》,刘隆惠译,上海:上海译文出版社 1986 年版。

115. [苏]阿尔汉格斯基:《马克思主义伦理学》,郑裕人译,北京:中国人民大学出版社 1989 年版。

116. [苏]苏霍姆林斯基:《公民的诞生》,黄之瑞、张佩珍等译,北京:教育科学出版社 2002 年版。

117. [苏]雅科布松:《情感心理学》,王玉琴等译,哈尔滨:黑龙江人民出版社 1988 年版。

118. [苏]高尔基:《高尔基作品选》,北京:中国青年版出版社 1956 年版。

119. [意]丹瑞欧·康波斯塔:《道德哲学与社会伦理》,李磊、刘玮译,哈尔滨:黑龙江人民出版社 2005 年版。

120. [德]莫里茨·石里克:《伦理学问题》,孙美堂译,北京:华夏出版社 2001 年版。

121. [匈]阿格妮丝·赫勒:《日常生活》,衣俊卿译,重庆:重庆出版社 1990 年版。

122. ［日］岩崎、允胤主编:《人的尊严、价值及自我实现》,刘奔译,北京:当代中国出版社 1993 年版。

123. ［日］小仓志祥编:《伦理学概论》,吴潜涛译,北京:中国社会科学出版社 1990 年版。

124. ［瑞士］皮亚杰:《发生认识论原理》,王宪钿等译,北京:商务印书馆 1981 年版。

125. ［德］赫尔穆特·施密特:《全球化与道德重建》,柴方国译,北京:社会科学文献出版社 2001 年版。

126. ［美］托马斯·雅诺斯基:《公民与文明社会》,柯雄译,沈阳:辽宁教育出版社 2000 年版。

127. ［美］保罗·库尔兹编:《21 世纪的人道主义》,肖峰等译,北京:东方出版社 1998 年版。

128. ［美］A. 麦金太尔:《德性之后》,龚群、戴扬毅等译,北京:中国社会科学出版社 1995 年版。

129. ［美］里奇拉克:《发现自由意志与个人责任》,许泽民、罗选民译,贵阳:贵州人民出版社 1994 年版。

130. ［美］富勒:《法律的道德性》,郑戈译,北京:商务印书馆 2005 年版。

131. ［美］戴维·米勒:《社会正义原则》,应奇译,南京:江苏人民出版社 2001 年版。

132. ［美］博登海默:《法理学:法律哲学与法律方法》,邓正来译,北京:中国政法大学出版社 1999 年版。

133. ［英］伯特兰·罗素:《伦理学与政治学中的人类社会》,肖魏译,北京:中国社会科学出版社 1992 年版。

134. ［美］罗尔斯:《正义论》,何怀宏等译,北京:中国社会科学出版社 2003 年版。

135. ［美］加布里埃尔·A. 阿尔蒙德、西维尼·维伯:《公民文化》,北京:华夏出版社 2003 年版。

136. ［德］马克斯·韦伯：《学术与政治》，冯克利译，上海：上海三联书店 1998 年版。

137. ［法］霍尔巴赫：《自然政治论》，陈太先、眭茂译，北京：商务印书馆 1994 年版。

二

1. 林家有：《论孙中山改造国民性的思想》，《华南师范大学学报》（社会科学版）2005 年第 1 期。

2. 朱力：《旁观者的冷漠》，《南京大学学报》1997 年第 2 期。

3. 鲁小双：《介入的旁观者》，《人文杂志》2004 年第 5 期。

4. 池应华：《"见死不救"行为的事实认定与法律评价》，《法商研究》2005 年第 6 期。

5. 张志敏：《变"言语德育"为"行动德育"》，《上海教育》2004 年第 2 期。

6. 王中杰、刘华山：《校园欺负中的欺负/受欺负者和旁观者群体研究综述》，《心理发展与教育》2004 年第 1 期。

7. 于杰兰、李春斌：《保障见义勇为行为的另一种思路》，《乐山师范学院学报》2005 年第 9 期。

8. 曾佳蓉：《见义勇为的认定与社会保障》，《十堰职业技术学院学报》2006 年第 2 期。

9. 胡晓阳：《对"旁观者冷漠现象"的思考》，《国际关系学院学报》1996 年第 3 期。

10. 刘翔平：《旁观者效应的道德决策模型》，《北京师范大学学报》1996 年第 4 期。

11. 苏如飞：《见义勇为的法律审视》，《广西政法管理干部学院学报》2006 年第 5 期。

12. 徐国栋：《见义勇为立法比较研究》，《河北法学》2006 年第 7 期。

13. 徐启斌：《论道德情感的基本特征》，《江西社会科学》1997 年第 2 期。

14. 吴潜涛:《诚信友爱:社会主义和谐社会的一个基本特征》,《郑州轻工业学院学报》2006 年第 5 期。

15. 冯秀军:《荣辱观教育中的情感机制》,《河北学刊》2006 年第 5 期。

16. 朱小蔓:《中国传统的情感性道德教育及其模式》,《教育研究》1996 年第 9 期。

17. 肖群忠:《道德的约束性与道德自由》,《甘肃社会科学》1992 年第 5 期。

18. 朱勇、朱晓辉:《"见死不救"不能被设定为犯罪》,《云南大学学报法学版》2005 年第 5 期。

19. 高德胜:《道德冷漠与道德教育》,《教育学报》2009 年第 3 期。

20. 黎宏:《"见死不救"行为定性的法律分析》,《法商研究》2002 年第 6 期。

21. 孙昌军、张辉华:《"见死不救"的刑事责任分析》,《湖南大学学报》2005 年第 1 期。

22. 张新根:《见义勇为的法律分析》,《广东青年干部学院学报》2006 年第 4 期。

23. 许疆生:《见义勇为行为的法律分析》,《新疆大学学报》2005 年第 5 期。

24. 晓浩:《公民道德建设要为和谐社会提供精神动力》,《光明日报》2005 年 10 月 17 日。

25. 郭广银:《从道德层面推进和谐社会的构建》,《江海学刊》2005 年第 4 期。

26. 龚建玲:《道德是实现和谐社会的伦理保障》,《江苏社会科学》2005 年第 3 期。

27. 俞吾金:《生命高于财富,还是财富高于生命》,《文汇报》1992 年 10 月 3 日。

28. 万俊人:《再谈"道德冷漠"》,《中国青年报》1995 年 5 月 9 日。

29. 黄岩:《和谐伦理精神探析》,《伦理学研究》2006 年第 1 期。

后　记

　　党的十六大报告明确把"社会更加和谐"列为全面小康社会的一个重要目标,这是党中央根据马克思主义的本质要求,充分总结人类社会的发展规律与中华民族的历史实践得出的重要结论。"和谐"是一个有着深厚文化底蕴和丰富内涵的概念,它深刻地表达了人们对全社会互帮互助、诚实守信,全体人民平等友爱、融洽相处的美好生活理想的期待。然而,近几年来新闻报道的一系列事件,诸如孙志刚事件、彭宇案、毒奶粉事件、渔船见钱捞人等,似乎在告诉我们,曾以礼仪之邦而闻名于世的中华民族,在社会转型的今天,道德似乎成了日益稀缺的社会资源。法国启蒙思想家卢梭曾经说过:生为一个自由国家的公民并且是主权者的一个成员,不管我的呼声在公共事务中的影响是多么微弱,但是对公共事务的投票权就足以使我有义务去研究它们。正是这样一种责任感支撑着我一直在思考与关注当代中国社会的道德问题。

　　阿基米德曾说过:"给我一个支点,我可以撬起整个地球。"在确定自己学术研究"支点"的时候,我谨记着我的导师吴潜涛先生提出的"大处着眼、小处着手、富有新意"的基本原则,经过反复斟酌,最终确定以"旁观者"作为研究的"支点"。"旁观者"的大量出现,是现代社会政治、经济、文化、社会等多种因素综合作用的结果,是流动的现代性社会中面对陌生人而普遍存在的一种社会现象。从某种意义上说,旁观者的冷漠心态从道德源头上否定了道德,如果任由这种冷漠现象不断蔓延,将会造成整个社会道德风气及人际关系的极度恶化。更为可怕的是,社会道德风气与道德状况的恶化达到一定程度,就可能会以战争、屠杀甚至种族灭绝等尖锐而极端的形式暴露出来,进而演变成全人类的灾难。因此,对"旁观者"这一现象的深入把握,对于构建社会主义和谐社会有着极为重要的理论和现实意义。然而,目前国内已有的研究并没有将"旁观者"作为一个专门的问题进行探讨,只是在某些社会心理学、法学或伦理学的著作中,涉及旁观者心理和道德分析的内容,从而影响了对它的纵深探讨和通约性把握,致使对该问题的研究一直不够深入。

作为现代都市社会中的一种"通病",国外学者对"旁观者"亦有广泛的研究。因此,在研究和写作的过程中,我在充分考虑中国特有的文化环境的前提下,搜集并阅读了大量国外学者的相关文献,力求广泛吸收国际上的最新研究成果。

虽然展现在读者面前的这本小书,远没有达到自己期望的水准,但在书中涉及的一些问题上,我还是力图站在前人的肩膀上,提出自己的一家之言。第一,从切入角度来看,本书从伦理学的角度为旁观者的研究提供了一个崭新的视角。"旁观者"现象是一个涉及多学科领域的现象,但旁观行为本质上是道德问题,从伦理学的视角研究有利于深入把握其深层原因。第二,在整体框架方面,本书提出了一个具有一定新颖度与严整性的体系结构。本书通过对人们道德品质形成过程中知、情、意、行等要素依次探讨,构成了一个相对完整的理论分析框架,为实现旁观者向见义勇为者的转化奠定了理论基础。第三,在具体观点方面,本书提出了一些新的说法。如:将"旁观者"和"见义勇为者"的概念从人际关系扩展到人与自然的关系,强调了对动物和一切生命体的重视;将见义勇为的个体道德价值和社会道德价值结合起来进行分析,认为见义勇为是求义与求善的统一,它的意义不仅在于使他人免除不幸,还在于帮助自己提升做人的境界,养成崇高的道德品格;提出旁观者的责任认定主要区分为法律责任认定和道德责任认定,并且应当以后者为重点;等等。当然,提出观点是一个方面,所提观点是否站得住脚,又是另一个方面。我期待着来自各方面的批评与指正。

呈现在读者面前的这本著作是在我的博士论文《旁观者现象的道德分析》基础上反复修改而成的。本书能得以正式出版,凝聚了许多人的智慧与鼓励。首先我要感谢的是我的导师吴潜涛先生和师母给予无私的关怀和帮助。忘不了我在中国人民大学求学期间,先生在治学、做人方面对我的谆谆教诲;忘不了在我最彷徨的时候,先生和师母几度同我谈论人生的哲理,劝导我放下包袱,助我从困境中走出。我的博士论文更是凝聚着先生的智慧和心血,无论是选题的确定、逻辑结构的安排、观点的提炼,还是语言文字的润色、标点符号的运用,先生都进行了仔细的推敲。本书准备出版时,先生又不辞辛苦,审阅书稿,拨冗作序。从先生处,我学到的不仅是专业知识,更重要的是如何坦然地面对生活,如何在逆境中不断奋进。先生执著严谨的治学风范和诚恳豁达的生活态度,给了我无尽的精神财富,将使我终生受益。

读博期间,我亲聆了段忠桥教授、刘建军教授、张新教授、葛晨虹教授、肖群忠教授、龚群教授等诸多先生的教诲。他们渊博的学识、严谨的学风,犹如随风潜入夜、润物细无声的春雨,给予我极大的滋润。我的博士论文在评审和答辩的过程中,得到了北京大学的赵存生教授、北京教育工委的王民忠教授、中央宣传部的戴木才教授、清华大学的刘书林教授、首都师范大学的王淑芹教授等的关心和指导,他们在对论文的基本观点给予充分肯定的同时,也提出了许多建设性的修改意见,使我获益甚多。在此,谨向曾经关心和帮助过我的各位前辈和老师一并表示我最诚挚的谢意!

感谢在人民大学就读期间相互鼓励和扶持的同窗好友以及同门的各位师兄弟姐妹,三年时间铸就的浓浓同学深情会让我永铭于心;感谢国内外诸多学者在相关领域的前期研究给予我的深深启迪和思考;感谢在本书出版过程中给予我极大支持和鼓励的周光迅教授、赵祖地教授、余龙进教授;感谢为本书的出版付出了大量心血的人民出版社钟金铃编辑,他的耐心与认真给我留下了深刻的印象;感谢杭州电子科技大学对本书的出版资助。没有他们的关心与支持,本书不可能这么快面世。在此深表谢意!

　　最后,我还要感谢给予我全力支持的家人,他们是我完成此书的坚强后盾!

　　书稿虽然完成了,但我总难有释然放怀的感觉。旁观现象是一个异常复杂的现象,其涉及的领域极为广泛,我学识浅陋,对诸多方面挖掘尚是不足,书中错讹之处也在所难免。敬请读者不吝指正。未来之路还很长,值此书稿付梓之际,谨借此言励志——路漫漫其修远兮,吾将上下而求索!

黄　岩
2010 年 3 月 20 日于杭州

责任编辑:钟金铃
版式设计:陈　岩

图书在版编目(CIP)数据

旁观者道德研究/黄岩 著. —北京:人民出版社,2010.9
ISBN 978 - 7 - 01 - 009159 - 4

Ⅰ.①旁…　Ⅱ.①黄…　Ⅲ.①道德社会学–研究　Ⅳ.①B82–052

中国版本图书馆 CIP 数据核字(2010)第 145100 号

旁观者道德研究
PANGGUANZHE DAODE YANJIU

黄　岩 著

人民出版社 出版发行
(100706　北京朝阳门内大街 166 号)

环球印刷(北京)有限公司印刷　新华书店经销

2010 年 9 月第 1 版　2010 年 9 月北京第 1 次印刷
开本:710 毫米×1000 毫米 1/16　印张:16
字数:230 千字　印数:0,001–2,500 册

ISBN 978 - 7 - 01 - 009159 - 4　定价:35.00 元

邮购地址 100706　北京朝阳门内大街 166 号
人民东方图书销售中心　电话 (010)65250042　65289539